卷积传媒
AIRBOOK

信息学竞赛宝典

基础算法

张新华 胡向荣 葛阳 ◉ 编著

人民邮电出版社
北京

图书在版编目（CIP）数据

信息学竞赛宝典 ：基础算法 / 张新华，胡向荣，葛阳编著. -- 北京 ：人民邮电出版社，2023.4（2024.6重印）
ISBN 978-7-115-59659-8

Ⅰ. ①信… Ⅱ. ①张… ②胡… ③葛… Ⅲ. ①算法分析—自学参考资料 Ⅳ. ①TP301.6

中国版本图书馆CIP数据核字(2022)第162810号

内 容 提 要

本书的核心是信息学竞赛中经常用到的9种基础算法，包括模拟算法、递归算法、枚举算法、递推算法、分治算法、贪心算法、排序算法、高精度算法和搜索算法。本书直接以各类竞赛真题入手，内容讲解上由浅入深，设计合理：对于引入新知识点的题目，书中会提供该题目的完整参考代码，但随着读者对此知识点理解的逐步加深，后续的同类型题目将逐步向仅提供算法思路、提供伪代码和无任何提示的方式转变；对于一些思维跨度较大的题目，本书会给出一定的提示；此外，本书还安排了相关习题。

本书中的每一章都分为普及组和提高组两部分。普及组涉及的内容对应NOIP普及组难度，读者可初步掌握每种算法的思想和用法；提高组涉及的内容对应NOIP提高组难度，读者可复习和提高已讲解过的算法内容。

本书既适合作为学习了C++语言和算法入门知识的读者的进阶教材，也适合作为有一定编程基础的读者学习算法的独立用书。

◆ 编　　著　张新华　胡向荣　葛　阳
　责任编辑　赵祥妮
　责任印制　陈　犇
◆ 人民邮电出版社出版发行　　北京市丰台区成寿寺路 11 号
　邮编　100164　　电子邮件　315@ptpress.com.cn
　网址　https://www.ptpress.com.cn
　北京盛通印刷股份有限公司印刷
◆ 开本：787×1092　1/16
　印张：17.75　　　　2023 年 4 月第 1 版
　字数：418 千字　　　2024 年 6 月北京第 5 次印刷

定价：79.90 元

读者服务热线：(010)81055410　印装质量热线：(010)81055316
反盗版热线：(010)81055315
广告经营许可证：京东市监广登字 20170147 号

本书编委会

前言
PREFACE

编程竞赛介绍

随着计算机逐步深入人类生活的各个方面，利用计算机及其程序设计来分析、解决问题的算法在计算机科学领域乃至于整个科学界的作用日益明显。相应地，各类以算法为主的编程竞赛也层出不穷：在国内，有全国青少年信息学奥林匹克联赛（National Olympiad in Informatics in Provinces，NOIP），该联赛与全国中学生生物学联赛、全国中学生物理竞赛、全国高中数学联赛、全国高中学生化学竞赛，并称为国内影响力最大的“五大奥赛”；在国际上，有面向中学生的国际信息学奥林匹克竞赛（International Olympiad in Informatics，IOI），面向亚太地区在校中学生的信息学科竞赛，即亚洲与太平洋地区信息学奥林匹克（Asia-Pacific Informatics Olympiad，APIO）以及由国际计算机学会（Association for Computing Machinery，ACM）主办的面向大学生的国际大学生程序设计竞赛（International Collegiate Programming Contest，ICPC）等。

各类编程竞赛的参赛选手不仅要具有深厚的计算机算法功底、快速并准确编程的能力以及创造性的思维，还要有团队合作精神和抗压能力，因此编程竞赛在高校、IT 公司和其他领域中获得越来越多的认同与重视。编程竞赛的优胜者更是 Microsoft、Google、百度、Meta（原 Facebook）等全球知名 IT 公司争相高薪招募的对象。因此，除了参加各类编程竞赛的选手外，很多不参加此类竞赛的研究工作者和 IT 行业的从业人士，也都希望能进行这方面的专业训练，并从中得到一定的收获。

为什么要学习算法?

经常有人说：“我不学算法也照样可以通过编程开发软件。”那么，为什么我们还要学习算法呢?

首先，算法（algorithm）一词源于算术（algorism），具体地说，算法是指由已知推求未知的运算过程。后来，人们把它推广为一般过程，即把完成某一工作的方法和步骤称为算法。一个程序要完成一个任务，多会涉及算法的实现，算法的优劣直接决定了程序的优劣。因此，算法是程序的“灵魂”。学好了算法，就能够设计出更加优异的软件，以非常有效的方式实现复杂的功能。例如，要设计一个具有较强人工智能的人机对弈棋类游戏，程序员没有深厚的算法功底是很难实现的。

其次，算法是对事物本质的数学抽象，是初等数学、高等数学、线性代数、计算几何、离散数学、概率论、数理统计和计算方法等知识的具体运用。真正懂计算机的人（不是“编程匠”）通常都在数学上有相当高的造诣，他们既能用科学家的严谨思维来求证，也能用工程师的务实手段来解决问题——这种思维和手段的最佳演绎之一就是“算法”。学习算法，能锻炼我们的思维，使思维变得更清晰、更有逻辑，更有深度和广度。学习算法更是培养逻辑推理能力的非常好的方法之一。因此，学习算法，其意义不仅在于算法本身，更重要的是，对我们日后的学习、生活和思维方式也会产生深远的影响。

最后，学习算法很有意思、很有趣味。所谓“技术做到极致就是艺术”，当一个人真正沉浸到算法研究中时，他既会感受到精妙绝伦的算法的艺术之美，也会为它“巧夺天工”的构思而深深震撼，并从中体会到一种不可言喻的美感和愉悦。虽然算法的那份“优雅”与“精巧”很吸引人，但也令很多人望而生畏。事实证明，对很多人来说，学习算法的确是一件非常有难度的事情。

本书的特色及用法

为了提高读者的学习效率，本书直接以各类竞赛真题入手，以精练而准确的语言，全面细致地介绍了编程竞赛中经常用到的各类基础算法；为了帮助读者更深刻地理解和掌握算法的思想内涵，本书还通过精挑细选，由浅入深地安排了相关习题。考虑到读者的接受水平，一般引入新知识点的题目时，书中会提供该题目的完整参考代码以供读者参考，但随着读者对知识点的理解逐步加深，后续的同类型题目将逐步向仅提供算法思路、提供伪代码或无任何提示的方式转变。此外，对于一些思维跨度较大的题目，本书会酌情给予读者一定的提示。

本书每章分为普及组和提高组两部分。通常，普及组所涉及的内容对应 NOIP 普及组难度，提高组所涉及的内容对应 NOIP 提高组难度。一个合理的学习安排是将本书的内容分为两个阶段学习，即第一个阶段学习各章的普及组内容，初步掌握每种算法的思想和用法，第二个阶段学习各章的提高组内容，作为之前学习的算法内容的复习和提高。

配套资源

为了帮助读者通过本书更好地掌握算法知识，本书提供了丰富的配套资源，包括源码、题目讲解视频、PPT。读者可通过以下方式获取配套资源。

- 源码和 PPT 的下载地址为 https://box.ptpress.com.cn/y/59659
- 题目讲解视频可在线观看。

方法一：在异步社区网站搜索本书书名，进入本书页面，单击【在线课程】，可在线观看讲解视频。

方式二：“内容市场”微信小程序或 App 中搜索本书书名，即可在线观看视频。

适合阅读本书的读者

本书可作为 NOIP 复赛的教材和 ICPC 的参考与学习用书，也可作为计算机专业学生、IT 工程师、科研人员、算法爱好者的参考和学习用书。

本书既可以作为学习完《编程竞赛宝典：C++ 语言和算法入门》的读者继续学习的教材，也可以作为有一定编程基础的读者学习算法的独立用书。

致谢

感谢全国各省市中学、大学的信息学奥赛指导老师，他们给本书提了许多真诚而有益的建议，并对编者在写书过程中遇到的一些困惑和问题给予了热心的解答。

在本书编写过程中，编者使用了 NOIP 的部分原题、在线评测网站的部分题目，并参考和收集了其他创作者发表在互联网、杂志等媒体上的相关资料，无法一一列举，在此一并表示衷心感谢。

感谢卷积文化传媒（北京）有限公司 CEO 高博先生和他的同事。

最后要说的话

由于编者水平所限，书中难免存在不妥之处，欢迎各位同人或读者赐正。读者如果在阅读中发现任何问题，请发送电子邮件到 hiapollo@sohu.com。也希望读者对本书提出建设性意见，以便修订再版时改进。

本书对应的题库网址为 www.magicoj.com，题库正在不断完善中。

希望本书的出版，能够给学有余力的中学生、计算机专业的大学生、程序算法爱好者以及 IT 从业者提供学习算法有价值的参考。

广州市第六中学强基计划基地教材编委会
2023年1月

目录

CONTENTS

第 05 章 分治算法

第 06 章 贪心算法

第07章 排序算法

第08章 高精度算法

第09章 搜索算法

第 01 章　模拟算法

模拟算法即程序完整地按题目所描述的方式运行，最终得到答案。模拟算法通常对算法设计要求不高，但是要求编程者选择最合适的数据结构进行模拟，一般代码量略大。

1.1 普及组

1.1.1　互送礼物

【例题讲解】互送礼物（gift）USACO 1.1.2 Greedy Gift Givers

每个人都准备了一些钱用于给他的朋友们送礼物，他们把准备的钱平分后购买礼物给各自的朋友们，所有人送礼物的钱都是整数，而且尽可能多准备，没能花出的钱由送礼物者自己保留。

请你统计每个人因此而产生的最终盈亏数。

【输入格式】

第 1 行为一个整数 n（$2 \leqslant n \leqslant 10$），表示总人数。

随后用 n 行描述每个人的名字，假设没有人的名字会长于 14 个字符。

随后描述每个人送礼物的情况：每个人对应的第 1 行是他的名字，第 2 行有两个数字，第 1 个数字为他准备的钱的金额（范围为 0 ～ 2000），第 2 个数字是他要送礼物的朋友数 m，随后 m 行为他要送礼物的朋友的名字。

【输出格式】

输出 n 行，即按输入顺序输出每个人的名字和他因互送礼物而产生的盈亏数，名字与数字之间以空格间隔。

【输入样例】

```
5
dave
laura
```

owen
vick
amr
dave
200 3
laura
owen
vick
owen
500 1
dave
amr
150 2
vick
owen
laura
0 2
amr
vick
vick
0 0

【输出样例】

dave 302
laura 66
owen -359
vick 141
amr -150

【算法分析】

按题目的要求模拟计算即可。保存每个人的名字和钱的金额可以使用结构体或者标准模板库(Standard Template Library,STL) 里的 map。计算时注意除数为 0 时的处理。

参考代码如下。

```
1  //互送礼物
2  #include <bits/stdc++.h>
3  using namespace std;
4
```

```
5    map<string,int>ans;                               //使用 map，名字为数组下标（索引）
6
7    int main()
8    {
9      int n,money;
10     cin>>n;
11     string name[15],s,Friend;                       //friend 为关键字，故 Friend 中的 F 大写
12     for(int i=1; i<=n; i++)
13       cin>>name[i];
14     for(int i=1,num; i<=n; i++)
15     {
16       cin>>s>>money>>num;
17       for(int j=1; j<=num; j++)
18       {
19         cin>>Friend;
20         ans[Friend]+=money/num;                     //该朋友收到的礼物对应的钱的金额
21       }
22       if(num!=0)                                    //必须先确保除数不为 0
23         ans[s]=ans[s]-money+money%num;              //计算本人盈亏数
24     }
25     for(int i=1; i<=n; i++)
26       cout<<name[i]<<' '<<ans[name[i]]<<endl;
27     return 0;
28   }
```

□1.1.2　幽灵粒子

【上机练习】幽灵粒子（ghost）

有一条从上到下垂直于地面的线段，长为 L，可用坐标从上向下标记为 1,2,⋯,L，无数的“幽灵粒子”在该线段上的初始坐标均为整数且各不相同。“幽灵粒子”的初始移动方向只有两个，即向上移动或者向下移动，“幽灵粒子”在任何时候的移动速度均为 1。

多个“幽灵粒子”同向移动时，坐标可以重叠（要不怎么叫“幽灵粒子”呢？），但异向面对面碰到时，两个“幽灵粒子”均会改变方向反向移动，改变方向不需要时间。

当“幽灵粒子”移到坐标 0 或 L+1 的位置时就会消失，求所有“幽灵粒子”消失所需要的最短时间和最长时间。

【输入格式】

第 1 行为一个整数 N（$1 \leqslant N \leqslant 5000$），表示“幽灵粒子”的数量。

第 2 行为一个整数 L（$N \leqslant L \leqslant 10000$），表示线段的长度。

第 3 行为 N 个整数，表示“幽灵粒子”的初始坐标。

【输出格式】

两个整数，表示“幽灵粒子”消失所需要的最短时间和最长时间。

【输入样例】

3

5

123

【输出样例】

35

□1.1.3 平台上的小球

【上机练习】平台上的小球（ball）

无数小球沿着每个平台左右滚动并下落。1,2,3,4,5，这 5 个平台如图 1.1 所示。

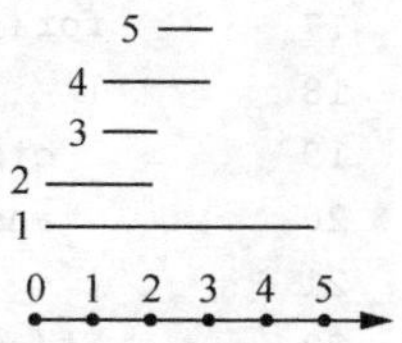

小球从平台 5 向左滚动会落到平台 4 上，向右滚动会落到平台 1 上；小球从平台 4 向左滚动会落到平台 2，向右滚动会落到平台 1；小球从平台 3 向左滚动会落到平台 2，向右滚动会落到平台 1；小球从平台 2 向左滚动会落到地面（以 0 表示），向右滚动会落到平台 1……

图 1.1

已知平台不会两两重叠，也不会有两个平台的边缘碰在一起。试输出所有平台上的小球左右滚动后落到的平台的序号（序号由输入顺序决定，第 1 个输入的平台序号为 1）。

【输入格式】

第 1 行为一个整数 N（$1 \leqslant N \leqslant 1000$），表示平台数量。

接下来 N 行中，每行有 3 个整数 H、L、R（$0 \leqslant H$、L 和 $R \leqslant 50000$），分别代表平台的高度、左端点坐标和右端点坐标。

【输出格式】

输出共 N 行，每行两个数，分别为从平台左端点和右端点落下后到达的平台的序号。

【输入样例】

5

105

202

312

413

523

【输出样例】

00

01

21

21

41

□1.1.4 字符串的展开

【上机练习】字符串的展开（expand）NOIP 2007

如果在输入的字符串中含有类似于“d-h”或者“4-8”的子串，我们就把它当作一种简写。输出时，用连续递增的字母或数字串替代其中的“-”，即将上面的两个子串分别输出为“defgh”和“45678”。在本题中，我们通过增加一些参数，使字符串的展开更为灵活。约定如下。

（1）遇到下面的情况需要进行字符串的展开：在输入的字符串中，出现了“-”，“-”两边同为小写字母或同为数字，且按照 ASCII 的顺序，“-”右边的字符严格大于左边的字符。

（2）参数 p_1：当 p_1=1 时，对于字母子串，填充小写字母；p_1=2 时，对于字母子串，填充大写字母（这两种情况下数字子串的填充方式相同）；p_1=3 时，不论是字母子串还是数字子串，都用与要填充的字母或数字个数相同的星号“*”来填充。

（3）参数 p_2：填充字符的重复个数。p_2=k 表示同一个字符要连续填充 k 次。例如当 p_2=3 时，子串“d-h”应扩展为“deeefffgggh”。“-”两边的字符不变。

（4）参数 p_3：确定是否改为逆序。p_3=1 表示维持原来顺序，p_3=2 表示采用逆序输出，注意这时候仍然不包括“-”两边的字符。例如当 p_1=1、p_2=2、p_3=2 时，子串“d-h”应扩展为“dggffeeh”。

（5）如果“-”右边的字符恰好是左边字符的后继，删除中间的“-”，例如“d-e”应输出为“de”,“3-4”应输出为“34”。如果“-”右边的字符按照ASCII的顺序小于或等于左边的字符，输出时，保留中间的“-”，例如“d-d”应输出为“d-d”，“3-1”应输出为“3-1”。

【输入格式】

第 1 行为用空格分隔的 3 个正整数，依次表示参数 p_1、p_2、p_3。

第 2 行为字符串，仅由数字、小写字母和“-”组成，行首和行末均无空格。

【输出格式】

只有一行，为展开后的字符串。

【输入样例 1】

1 2 1

abcs-w1234-9s-4zz

【输出样例 1】

abcsttuuvvw1234556677889s-4zz

【输入样例 2】

2 3 2

a-d-d

【输出样例 2】

aCCCBBBd-d

【输入样例 3】

3 4 2

di-jkstra2-6

【输出样例 3】

dijkstra2************6

【数据规模】

40% 的数据满足：字符串长度不超过 5。

100% 的数据满足：$1 \leqslant p_1 \leqslant 3$，$1 \leqslant p_2 \leqslant 8$，$1 \leqslant p_3 \leqslant 2$，字符串长度不超过 100。

【算法分析】

虽然这是一道简单的模拟题，但是细节要考虑周全，例如“-”可能出现在字符串的第一个或最后一个，也可能连续出现。

此外，对于字符 c 来说，判断它是否为小写英文字母可以用 islower(c)，判断它是否为大写英文字母可以用 isupper(c)，判断它是否为数字可以用 isdigit(c)，将之转为小写字母可以用 tolower(c)，将之转为大写字母可以用 toupper(c)。

□1.1.5 序列变换

【上机练习】序列变换（change）

对一个由 n 个整数构成的序列有以下两种操作。

操作 1 为“1 x y”，表示所有 a[kx]（k 为正整数，$kx \leqslant n$）的值都加上 y（$|y| \leqslant 1000000$）。

操作 2 为“2 i”，表示输出 a[i]（$i \leqslant n$，操作数不超过 10000 条）的值。

【输入格式】

第 1 行为两个整数 n 和 m（$n \leqslant 1000000$，$m \leqslant 100000$），表示有 n 个数，m 条操作。

第 2 行为 n 个数（这些数的绝对值小于或等于 1000000）。

随后 m 行为 m 条操作。

【输出格式】

输出若干行，每行对应完成一次操作 2 后输出的值。

【输入样例】

5 4

6 9 9 8 1

2 4

1 2 5

1 3 1

2 4

【输出样例】

8

13

【算法分析】

因为数据规模过大，在执行操作 1 时，如果将所有 a[kx] 逐个加上 y，显然会超时，所以需要考虑更优的算法。

□1.1.6　计算机病毒

【上机练习】计算机病毒（virus）

假设 $n \times n$ 台计算机组成了一个 $n \times n$ 的矩阵，初始时有的计算机感染了病毒，以后每隔一小时其会使邻近的未安装杀毒软件的计算机染上病毒，试计算在 m 小时后感染病毒的计算机数。

【输入格式】

第 1 行为一个整数 n（$n \leqslant 100$）。

接下来 n 行，每行 n 个字符。其中"*"表示初始时未感染病毒的计算机，"#"表示该计算机已安装杀毒软件，"@"表示初始时已感染病毒的计算机。

最后一行是一个整数 m（$m \leqslant 100$），表示小时数。

【输出格式】

一个整数，即第 m 小时后感染病毒的计算机数。

【输入样例】

```
5
****#
*#*@*
*#@**
#****
*****
4
```

【输出样例】

16

□1.1.7　猫和老鼠

【例题讲解】猫和老鼠（catmouse）

设"C"表示猫，"M"表示老鼠，"*"表示障碍，"."表示空地。猫和老鼠在 10×10 的矩阵中，例如：

```
*...*.....
```

```
......*...
...*...*..
..........
...*.C....
*.....*...
...*......
..M......*
...*.*....
.*.*......
```

初始时猫和老鼠都面向北方（矩阵方向为上北下南、左西右东），它们每秒走一格，如果它们在同一格中，那么猫就抓住老鼠了（“对穿”是不算的）。猫和老鼠的移动方式相同：平时沿直线走，下一步如果会碰到障碍物或者出界，就用1秒的时间右转90°。

试计算猫抓住老鼠需要多少秒。

【输入格式】

第1行为一个整数 N（$N \leqslant 10$），表示有 N 组测试数据。

每组测试数据为10行10列，格式如题目所描述。

【输出格式】

如果100步内无解，输出 -1，否则输出猫抓住老鼠的时间。

【输入样例】

```
1
*...*.....
......*...
...*...*..
..........
...*.C....
*.....*...
...*......
..M......*
...*.*....
.*.*......
```

【输出样例】

```
49
```

【算法分析】

设（x,y）为老鼠的坐标，（X,Y）为猫的坐标，0,1,2,3 表示猫 / 老鼠移动的4个方向，每次按题目描述的移动方式更改老鼠和猫的坐标，直至两者坐标重合或步数超过100步为止。

参考代码如下。

```
1   //猫和老鼠
2   #include <bits/stdc++.h>
3   using namespace std;
4   
5   int main()
6   {
7     int N,x,y,X,Y;                         //(x,y) 为老鼠的坐标, (X,Y) 为猫的坐标
8     cin>>N;
9     for (int k = 0; k < N; k++)
10    {
11      int m=0,c=0,count=0;                          //m 为猫的方向, c 为老鼠的方向
12      string Map[10];                               //储存地图
13      for (int j = 0; j < 10; j++)
14        cin>>Map[j];                                // 一次读一行
15      for (int i = 0; i < 10; i++)
16        for (int j = 0; j < 10; j++)
17          if (Map[i][j] == 'C')                     //获取猫所在的位置并标记
18          {
19            X = i;
20            Y = j;
21          }
22          else if (Map[i][j] == 'M')                //获取老鼠所在的位置并标记
23          {
24            x = i;
25            y = j;
26          }
27      while (count < 100 && (X!=x || Y!=y))      //未到 100 步或未抓到则继续
28      {
29        if (m==0 && x-1>=0 && Map[x-1][y]!='*')//模拟老鼠的移动
30          x--;
31        else if (m==1 && y+1<10 && Map[x][y+1]!='*')
32          y++;
33        else if (m==2 && x+1<10 && Map[x+1][y]!='*')
34          x++;
35        else if (m==3 && y-1>=0 && Map[x][y-1]!='*')
36          y--;
37        else
38          m=(++m)%4;                                 //改变方向
39        if (c==0 && X-1>=0 && Map[X-1][Y]!='*') //模拟猫的移动
40          X--;
41        else if (c==1 && Y+1<10 && Map[X][Y+1]!='*')
42          Y++;
43        else if (c==2 && X+1<10 && Map[X+1][Y]!='*')
44          X++;
45        else if (c==3 && Y-1>=0 && Map[X][Y-1]!='*')
46          Y--;
47        else
48          c=(++c)%4;                                 //改变方向
49        ++count;
50      }
```

```
51        printf("%d\n",(X == x && Y == y)?count:-1);
52      }
53      return 0;
54    }
```

□1.1.8　推棋子

【上机练习】推棋子（game）HDU 2414

一张 8×8 的棋盘，棋盘上有一些棋子和一个玩偶，操作方式有 4 种，描述如下。

（1）move n：n 是非负整数，表示玩偶按目前所在方向前进 *n* 步，如果即将走出棋盘，则停止；如果面前有棋子，则将其向前推一步，棋子可以被推出棋盘。

（2）turn left：向左转 90°。

（3）turn right：向右转 90°。

（4）turn back：向后转。

已知玩偶的初始位置和方向，求经过一系列操作后的棋盘状态。

【输入格式】

输入前 8 行，每行 8 个字符，表示棋盘初始状态。其中“.”表示该格为空，字母表示棋子，不同字母表示不同的棋子。玩偶所在位置用“∧”“＜”“＞”“∨”这 4 个符号中的 1 个表示，分别表示上、左、右、下 4 个方向。

接下来有若干行，每行表示一个操作，最后一行以“#”结束。操作数不超过 1000 个。

【输出格式】

输出 8 行，每行 8 个字符，表示经过一系列操作后棋盘和玩偶的状态。

【输入样例】

......bA
.....^..
....
....
....
....
....
....
move 2
turn right
move 1
#

【输出样例】

......＞b

....

....

....

....

....

....

....

❑1.1.9　奶牛的命运

【上机练习】奶牛的命运（poorcow）UVA 10273

农夫有 N 头奶牛，可由于产奶太少，他决定以后把每天产奶最少的奶牛卖给肉铺老板，但如果当天不止一头奶牛产奶最少，便“放过”它们。设奶牛产奶是周期性的，问最后有多少头奶牛幸存。

【输入格式】

第 1 行为一个整数 T（$1 \leqslant T \leqslant 500$），表示有 T 组测试数据。

每组数据的第 1 行为一个整数 N（$N \leqslant 1000$），表示奶牛总数。

随后 N 行表示每头奶牛的产奶周期（不超过 10 天）以及每天的产奶量（产奶量不超过 250）。

【输出格式】

输出幸存的奶牛数（可能全被卖）及最后一头奶牛是在哪一天被卖的。

【输入样例】

```
1
4
4 7 1 2 9
1 2
2 7 1
1 2
```

【输出样例】

2 6（2 指最后剩下 2 头奶牛，6 指最后一头奶牛是在第 6 天被卖的。）

【算法分析】

普通的模拟算法效率很低，可以试着优化。

由于每头奶牛的产奶周期不会超过 10 天，因此几头奶牛具有同样的产奶周期的概率很大。而具有同样产奶周期的奶牛的“命运”是有紧密关联的，即任意一天有奶牛被卖，假设被卖的是这几头奶牛中的一头，那么它肯定是其中产奶量最少的一头。因此，可以将具有相同“命运”的奶牛们作为一个整体来维护（前期可用STL中的multiset容器实现，后期可以用效率更高的手写堆排序实现），每次将其中产奶量的最小值和其他整体进行比较，当奶牛被卖后重新维护该整体，即可大大减少计算量。

1.2 提高组

□1.2.1 蚯蚓

【例题讲解】蚯蚓（earthworm）NOIP 2016

本题中，我们将用符号⌊c⌋表示对c向下取整，例如：⌊3.0⌋=⌊3.1⌋=⌊3.9⌋=3。

“蛐蛐国”最近蚯蚓成灾了！“蛐蛐国王”只好去请“神刀手”来帮他们消灭蚯蚓。

蛐蛐国里现在共有 n（n 为正整数）只蚯蚓。每只蚯蚓都有一定的长度，我们设第 i 只蚯蚓的长度为 a_i（i=1,2,⋯,n），并保证所有蚯蚓的长度都是非负整数（可能存在长度为 0 的蚯蚓）。

每一秒，神刀手都会在所有的蚯蚓中准确地找到最长的那一只（如有多只则任选一只），然后将其切成两半。神刀手切开蚯蚓的位置由常数 p（p 是满足 $0<p<1$ 的有理数）决定，设这只蚯蚓长度为 x，神刀手会将其切成两只长度分别为 $\lfloor px \rfloor$ 和 $x-\lfloor px \rfloor$ 的蚯蚓。特殊地，如果这两个数的其中一个为 0，则这只长度为 0 的蚯蚓也会被保留。此外，除了刚刚产生的两只新蚯蚓，其余蚯蚓的长度都会增加 q（q 是一个非负整数）。

蛐蛐国王知道这样不是长久之计，因为蚯蚓不仅会越来越多，还会越来越长。蛐蛐国王决定求助一位有着“洪荒之力”的神秘人物，但是救兵还需要 m（m 为非负整数）秒才能到来……蛐蛐国王希望知道：

m 秒内，每一秒被切断的蚯蚓被切断前的长度（有 m 个数）；

m 秒后，所有蚯蚓的长度（有 $n+m$ 个数）。

【输入格式】

第 1 行包含 6 个整数 n,m,q,u,v,t，其中：n、m、q 的意义见例题讲解；u、v、t 均为正整数；你需要自己计算 $p=u/v$（保证 $0<u<v$）的值；t 是输出参数，其含义将会在输出格式中解释。

第 2 行包含 n 个非负整数，为 $a_1,a_2,\cdots,a_n$，即初始时 n 只蚯蚓的长度。

同一行中相邻的两个数之间用一个空格分隔。

保证 $1 \leqslant n \leqslant 10^5$，$0 \leqslant m \leqslant 7\times10^6$，$0<u<v \leqslant 10^9$，$0 \leqslant q \leqslant 200$，$1 \leqslant t \leqslant 71$，$0 \leqslant a_i \leqslant 10^8$。

【输出格式】

第1行输出⌊m/t⌋个整数，按时间顺序，依次输出第t秒、第2t秒、第3t秒……被切断蚯蚓（在被切断前）的长度。

第 2 行输出$\lfloor (n+m)/t \rfloor$个整数，输出 m 秒后所有蚯蚓的长度：需要按从大到小的顺序，依次输出第 t 秒、第 $2t$ 秒、第 $3t$ 秒……时蚯蚓的长度。

同一行中相邻的两个数之间用一个空格分隔。即使某一行没有任何数需要输出，也应输出一行空行。

请阅读输入样例来更好地理解这个格式。

【输入样例 1】

3 7 1 1 3 1

3 3 2

【输出样例 1】

3 4 4 4 5 5 6

6 6 6 5 5 4 4 3 2 2

【样例 1 说明】

在神刀手到来前：3 只蚯蚓的长度为 3、3、2，p 为 1/3。

1 秒后：一只长度为 3 的蚯蚓被切成了两只长度分别为 1 和 2 的蚯蚓，其余蚯蚓的长度增加了 1。最终 4 只蚯蚓的长度分别为（1、2）、4、3。括号表示这个位置刚刚有一只蚯蚓被切断。

2 秒后：一只长度为 4 的蚯蚓被切成了 1 和 3。5 只蚯蚓的长度分别为 2,3,（1、3）,4。

3 秒后：一只长度为 4 的蚯蚓被切断。6 只蚯蚓的长度分别为 3,4,2,4,（1、3）。

4 秒后：一只长度为 4 的蚯蚓被切断。7 只蚯蚓的长度分别为 4,（1、3）,3,5,2,4。

5 秒后：一只长度为 5 的蚯蚓被切断。8 只蚯蚓的长度分别为 5,2,4,4,（1、4）,3,5。

6 秒后：一只长度为 5 的蚯蚓被切断。9 只蚯蚓的长度分别为（1、4）, 3,5,5,2,5,4,6。

7 秒后：一只长度为 6 的蚯蚓被切断。10 只蚯蚓的长度分别为 2,5,4,6,6,3,6,5,（2、4）。

所以，7 秒内被切断的蚯蚓的长度依次为 3,4, 4,4,5,5,6。7 秒后，所有蚯蚓长度从大到小排序为 6,6,6,5,5,4,4,3,2,2。

【输入样例 2】

3 7 1 1 3 2

3 3 2

【输出样例 2】

4 4 5

6 5 4 3 2

【样例 2 说明】

这个样例中只有 t=2 与上个数据不同。只需在每行都改为每两个数输出一个数即可。

虽然第 1 行最后有一个 6 没有被输出，但是第 2 行仍然要重新从第 2 个数再开始输出。

【输入样例 3】

3 7 1 1 3 9

3 3 2

【输出样例 3】

2

【样例 3 说明】

这个数据中只有 t=9 与上个数据不同。注意：第 1 行没有数要输出，但也要输出一行空行。

【算法分析】

一种简单的方法是将每一只蚯蚓的长度都放入一个优先队列（大根堆）中，每次从堆顶（队首）取出最长的那只蚯蚓切成两段，再将新产生的两只蚯蚓直接放回优先队列即可，因为优先队列的特性之一是自动排序。神刀手操作 m 次后，逐个输出队首（堆顶）的数即可。这种使用 STL 中的优先队列存储所有的蚯蚓，模拟神刀手的操作过程可以处理大部分测试数据。

要想通过全部测试数据，需要对操作过程进行优化，即神刀手每次操作后，其余蚯蚓的增长没有必要实时更新，可以定义一个变量 sum 统计其余蚯蚓的总增长量。操作过程中，如果切断的蚯蚓入队，给它减去 sum 减去 q 的长度；如果队首的蚯蚓出队，给它加上 sum 的长度后再处理即可。

参考代码如下。

```
1   // 蚯蚓 —— 使用优先队列模拟可处理大部分数据
2   #include <bits/stdc++.h>
3   using namespace std;
4   
5   int main()
6   {
7     priority_queue<int> earthworm;   // 优先队列默认由大到小排列蚯蚓长度
8     int n,m,t,q,u,v,sum=0;           //sum 用于保存累计增加的 q 值
9     cin>>n>>m>>q>>u>>v>>t;
10    double p=double(u)/v;
11    for(int i=0,temp; i<n; ++i)
12    {
13      cin>>temp;
14      earthworm.push(temp);          // 入队列
15    }
16    for(int i=1; i<=m; i++)
17    {
18      int Big=earthworm.top()+sum;   // 队首为最大值，出队时还原回真实值
19      earthworm.pop();               // 删除队首的蚯蚓
20      if(!(i%t))                     // 输出第 i*t 秒切的蚯蚓
21        cout<<Big<<" ";
22      int cut=floor(p*double(Big)); // 用 floor 函数，以防因编译器不同而出现误差
23      earthworm.push(cut-sum-q);     // 被切割的蚯蚓无须加 q，所以先减去
24      earthworm.push(Big-cut-sum-q);
25      sum+=q;                        // 累计增长量
```

```
26    }
27    cout<<'\n';
28    for(int i=1; i<=n+m; ++i)
29    {
30      if(!(i%t))
31        cout<<earthworm.top()+sum<<' ';
32      earthworm.pop();                //逐个删除队首的蚯蚓
33    }
34    cout<<'\n';
35    return 0;
36  }
```

因为每一次操作都要找出最大的一个数，如果用排序的方法会超时，所以考虑采用 3 个由大到小排列的队列来完成（使用 STL 里的优先队列会超时，需要自己编写代码）。第 1 个队列 p[0] 保存的是已经由大到小排好序的 n 只蚯蚓的长度，p[2]、p[3] 分别保存每一次切割后的前半段和后半段长度，每次取 3 个队列中队首最大的元素进行切割后存入 p[2] 和 p[3] 中，请思考 p[2]、p[3] 需要由大到小排序吗?

试根据以上分析，完成满分代码（指完成的代码可通过全部测试数据）。

❑1.2.2　小球钟

【例题讲解】小球钟（ballclock）POJ 1879

小球钟是一种通过不断在轨道上移动小球来度量时间的设备。每分钟，一个转动臂将一个小球从小球队列的底部移走，让它上升到钟的顶部，并将它安置在一个表示 1 分钟、5 分钟、15 分钟和小时的轨道上。它可以显示从 1:00 到 24:59（这正是奇怪之处）内的时间，若有 3 个球在 1 分钟轨道，1 个球在 5 分钟轨道，2 个球在 15 分钟轨道及 15 个球在小时轨道上，就表示时间为 15:38。

当小球通过钟的机械装置被移动后，它们就会改变其初始次序。仔细研究它们次序的改变，可以发现相同的次序会不断出现。由于小球的初始次序迟早会重复出现，因此这段时间的长短是可以被度量的，这完全取决于所提供的小球的总数。

每分钟，最近最少被使用的那个小球从位于球钟底部的小球队列被移走，并将上升到显示 1 分钟的轨道上，这里可以放置 4 个小球。当第 5 个小球滚入该轨道，它们的重量（重量为质量的俗称）使得轨道倾斜，原先在轨道上的 4 个小球按照与它们原先滚入轨道的次序相反的次序加入钟底部的小球队列。引起倾斜的第 5 个小球滚入显示 5 分钟的轨道。该轨道可以放置 2 个球。当第 3 个小球滚入该轨道，它们的重量使得轨道倾斜，原先的 2 个小球同样以相反的次序加入钟底部的小球队列。而第 3 个小球滚入了显示 15 分钟的轨道。这里可以放置 3 个小球。当第 4 个小球滚入该轨道，它们的重量使得轨道倾斜，原先在轨道上的 3 个小球按照与它们原先滚入轨道的次序相反的次序加入钟底部的小球队列，而这第 4 个小球滚入了显示小时的轨道。该轨道可以放置 23 个球，但这里有一个外加的、固定的（不能被移动的）小球，这样小时的值域就变为 1 ～ 24。从 15 分钟轨道滚入的第 24 个小球将使小时轨道倾斜，这 23 个球同样以相反的次序加入钟底部的小球队列，然后第 24 个小球同样加入钟底部的小球队列。

【输入格式】

输入小球时钟序列。每个时钟都按照前面描述的那样运作。所有时钟的区别仅在于它们在时钟启动时刻小球初始个数的不同。在输入的每行上给出一个时钟的小球数，它并不包括那个在小时轨道上的固定的小球。合法的数据为 33 ~ 250。0 表示输入的结束。

【输出格式】

输出中的每一行只有一个数，表示对应的输入情形中给出的小球数量的时钟在经过多少天的运行后可以回到它的初始小球序列。

【输入样例】

```
33
55
0
```

【输出样例】

```
22
50
```

【算法分析】

可以通过模拟出每个小球回到原来位置上所需的天数，然后求它们的最小公倍数的方法来解决这个问题，但这样速度仍然很慢。改进方法是先模拟小球钟最先 24 小时的运行情况，得到 24 小时后的钟底部的新小球队列。设初始时，钟底部的小球编号依次是 $1,2,3,\cdots,n$。24 小时后，钟底部的小球编号依次是 $p_1, p_2, p_3,\cdots, p_n$。则可以建立这样的置换：

$$
\begin{matrix} 1 & 2 & 3 & \cdots & n \\ p_1 & p_2 & p_3 & \cdots & p_n \end{matrix}
$$

注意到小球钟的运作规则保证了上述置换是不变的，就可以计算出小球钟运行 48 小时后、72 小时后……钟底部的小球队列情况，直至队列情况重新是 $1,2,3,\cdots,n$。这样，在求得以上置换的基础上，我们可以求每一个小球回到原位置的周期，然后求它们的最小公倍数即可。

现举例说明每一个小球（如 1 号小球）回到原位置的周期是怎么计算的。

如图 1.2 所示，假设初始队列为 1 2 3 4，则 24 小时后的队列为 4 1 2 3。可以看出 4 号位置上的 4 号小球跑到了 1 号位置上，3 号位置上的 3 号小球跑到了 4 号位置上。显然再过 24 小时，4 号位置上的 3 号小球会跑到 1 号位置上，而 3 号位置上的 2 号小球会跑到 4 号位置上。

初始队列：① ② ③ ④

24小时后：④ ① ② ③

48小时后：③ ④ ① ②

图1.2

再过 24 小时，4 号位置上的 2 号小球跑到 1 号位置，而 4 号位置将被 1 号小球占据，因为第 1 个 24 小时后，1 号位置上的 1 号小球跑到了 2 号位置上。

再过 24 小时，4 号位置上的 1 号小球跑到了初始的 1 号位置上，1 号小球的周期计算完毕。

参考代码如下。

```
1   // 小球钟
2   #include <bits/stdc++.h>
3   using namespace std;
4
5   const int Limit[4] = {5,3,4,24};// 定义每种轨道容纳的小球数
6   int Line[4][25];                 //4 种轨道，即 1 分钟、5 分钟、15 分钟、小时轨道
7   int solved[300];                 // 保存计算好的结果
8   deque<int> Q;                    // 队列
9
10  int GCD(int m, int n)            // 求最大公约数
11  {
12    return n==0?m:GCD(n,m%n);
13  }
14
15  long long GetDay(int n)
16  {
17    int j,k;
18    long long ans = 1;
19    for (int i = 0; i < n; ++i)   // 枚举每个小球
20    {
21      for (j = Q[i], k = 1; j != i; j = Q[j], ++k);// 计算每个小球的周期 k
22      ans=ans*k/GCD(ans, k);// 求此小球与之前所有小球的周期的最小公倍数
23    }
24    return ans;
25  }
26
27  int Solve(int n)
28  {
29    Q.clear();                                   // 清空队列
30    for (int i = 0; i < n; ++i)                  // 初始化队列
31      Q.push_back(i);
32    while(1)
33    {
34      Line[0][++Line[0][0]]=Q.front();           //Line[i][0] 记录第 i 种轨道已有的球数
35      Q.pop_front();
36      for (int i = 0; i < 3; ++i)                // 枚举 1 分钟、5 分钟、15 分钟的轨道
37        if (Line[i][0] == Limit[i])              // 若本轨道达到了容纳极限
38        {
39          Line[i+1][++Line[i+1][0]]=Line[i][Line[i][0]--];// 最后一个球滚入下一轨道
40          while (Line[i][0] != 0)
41            Q.push_back(Line[i][Line[i][0]--]);// 剩余的球依次逆序入队列
42        }
43      if (Line[3][0] == Limit[3])                // 若 24 小时到了
44      {
45        int o = Line[3][0]--;                    // 先记录本球的编号
46        while (Line[3][0] != 0)                  // 其他球依次入队列
47          Q.push_back(Line[3][Line[3][0]--]);
48        Q.push_back(Line[3][0]);                 // 最后一个球滚入队列
49        break;
50      }
```

```
51      }
52      return GetDay(n);
53    }
54
55    int main()
56    {
57      int n;
58      while (cin >> n, n != 0)
59        if (solved[n] != 0)                    //如果之前已计算过，直接输出结果
60          cout<<solved[n]<<'\n';
61        else
62          cout<<(solved[n]=Solve(n))<<'\n'; //记录计算结果并输出
63      return 0;
64    }
```

□1.2.3 立体图

【上机练习】立体图（drawing）NOIP 2008

有一块面积为 $m \times n$ 的矩形区域，上面有 $m \times n$ 个边长为 1 的格子，每个格子上堆了一些同样大小的积木（积木的长、宽、高都是 1），我们定义每块积木为如下样式，并且不会进行任何旋转，只会严格以图 1.3 所示的形式摆放。

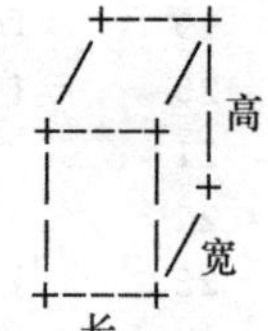

图1.3

积木的每个顶点用 1 个“+”表示，长用 3 个“-”表示，宽用 1 个“/”表示，高用 2 个“|”表示。字符“+”“-”“/”“|”的 ASCII 值分别为 43,45,47,124。字符“.”（ASCII 值为 46）需要作为背景输出，即立体图里的空白部分需要用“.”代替。立体图的画法如图 1.4 所示。

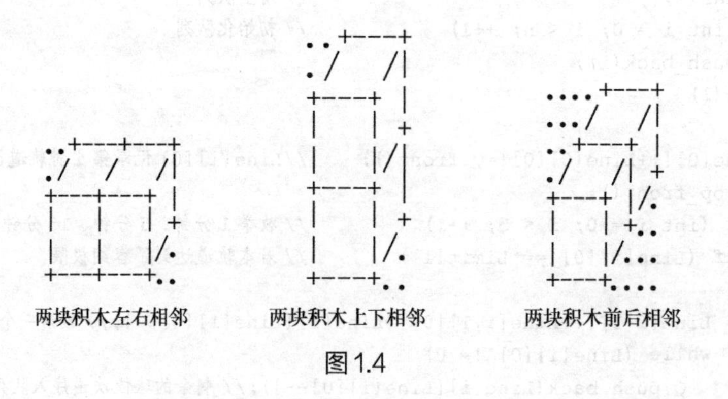

图1.4

在立体图中，定义位于 $(m,1)$ 的格子（即第 m 行第 1 列的格子）上面自底向上的第 1 块积木（即最下面的一块积木）的左下角顶点为整张图最左下角的点。

【输入格式】

输入两个整数 m 和 n，表示有 $m \times n$ 个格子（$1 \leqslant m,\ n \leqslant 50$）。

接下来的 m 行，是一个 $m \times n$ 的“矩阵”，每行有 n 个用空格分隔的整数，其中第 i 行第 j 列上的整数表示第 i 行第 j 列的格子上的积木数（$1 \leqslant$ 每个格子上的积木数 $\leqslant 100$）。

【输出格式】

输出满足题目要求的立体图，是一个 K 行 L 列的字符矩阵，其中 K 和 L 表示最少需要 K 行 L 列才能按规定输出立体图。

【输入样例】

3 4
2 2 1 2
2 2 1 1
3 2 1 2

【输出样例】

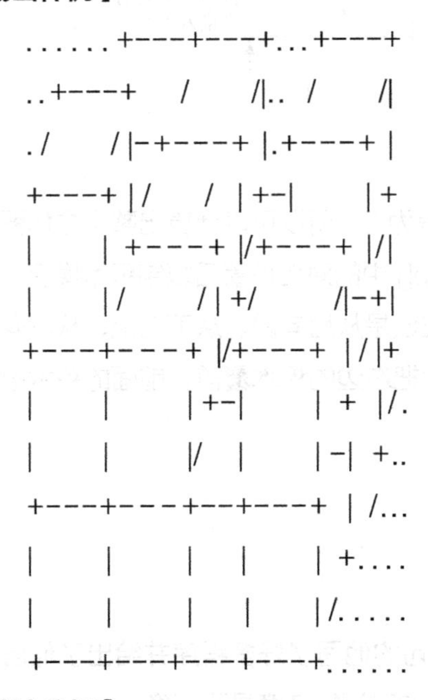

```
......+---+---+...+---+
..+---+  /   /|../   /|
./   /|-+---+ |.+---+ |
+---+ |/   /| +-|   | +
|   | +---+ |/+---+ |/|
|   |/   /| +/   /|-+ |
+---+---+ |/+---+ |/| +
|   |   | +-|   | + |/.
|   |   |/  |   |-| +..
+---+---+---+---+ |/...
|   |   |   |   | +....
|   |   |   |   |/.....
+---+---+---+---+......
```

【算法分析】

定义一个全局字符数组 Map[1001][1001] 用于保存立体图并最后输出，全局字符数组的所有元素值会自动初始化为 NULL（即 0）；再定义一个字符数组 Model[6][8] 保存一个积木模板。

参考代码如下。

```
1  char Map[1001][1001],Model[6][8]=
2  {
3    "  +---+",
4    " /   /|",
5    "+---+ |",
6    "|   | +",
7    "|   |/ ",
8    "+---+  "
9  };
```

这样在生成立体图时，就可以按题目要求，将积木模板逐个复制到全局字符数组 Map[] 的相应位置了。另外，方便起见，积木模板左上角的空白处和右下角的空白处无须赋值，这样全局字符数组 Map[] 中没有被赋值的位置的元素值仍为 NULL，输出时直接以“.”代替即可。

那么积木的高度怎么计算呢？由图 1.5（a）可以看出，我们可以将积木分成上面和下面两部分，上面部分为 3 行，下面部分为 3 行，则积木高度为 3× 积木块数 +3，计算积木宽度同理。

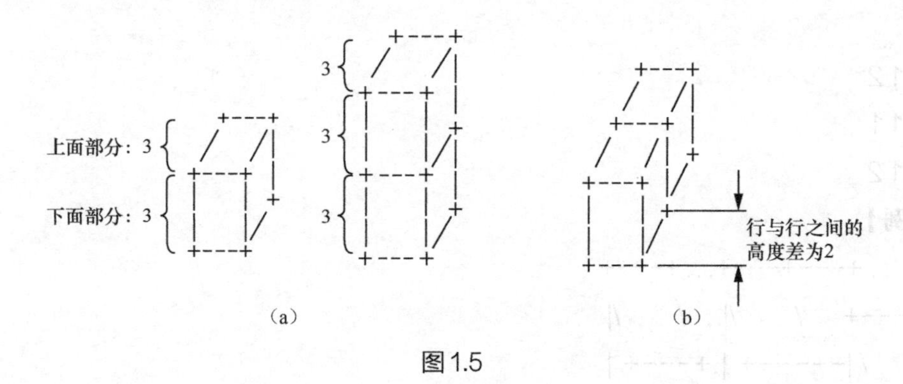

图 1.5

由图 1.5（b）可以看出，同一层积木，行与行的高度差为 2，所以可以计算出整个立体图输出的高度值，也可以计算出每个立方体在全局字符数组 Map[] 中的对应位置后复制积木模板。复制模板时从积木模板的左下角开始，所有积木的复制顺序应该是从后向前、从下向上、从左向右依次覆盖。这样上面的积木把下面的积木覆盖，右边的积木把左边的积木覆盖，前面的积木把后面的积木覆盖，就处理好了视觉遮挡的问题。

❑1.2.4 时间复杂度

【上机练习】时间复杂度（complexity）NOIP 2017

小明正在学习一种新的编程语言 A++，刚学会循环语句的他写了好多程序并给出了他自己算出的时间复杂度，请你编程判断小明对他的每个程序给出的时间复杂度是否正确。

A++ 语言的循环结构如下：

```
F i x y
    循环体
E
```

其中“F i x y”表示新建变量 i（变量 i 不可与未被销毁的变量重名）并初始化为 x，然后判断 i 和 y 的大小关系，若 i 小于或等于 y 则进入循环，否则不进入。每次循环结束后 i 都会被修改成 i+1，一旦 i 大于 y 终止循环。

x 和 y 可以是正整数（x 和 y 的大小关系不定）或变量 n。n 是一个表示数据规模的变量，在时间复杂度计算中需保留该变量而不能将其视为常数，该数远大于 100。

“E”表示循环体结束。循环体结束时，这个循环体新建的变量也被销毁。

注：方便起见，在描述时间复杂度时，使用大写英文字母“O”表示通常意义下“Θ”的概念。

【输入格式】

第 1 行为一个正整数 t，表示有 t（$t \leqslant 10$）个程序需要计算时间复杂度。每个程序我们只需抽取其中的“F i x y”和“E”即可计算时间复杂度。注意：循环结构允许嵌套。

接下来每个程序的第 1 行包含一个正整数 L（$L \leqslant 100$）和一个字符串，L 代表程序行数，字符串表示这个程序的时间复杂度。$O(1)$ 表示常数复杂度，$O(n$^$w)$ 表示时间复杂度为 n^w，其中 w 是一个小于 100 的正整数（输入不包含引号），保证输入的时间复杂度只有 $O(1)$ 和 $O(n$^$w)$ 两种类型。

接下来 L 行代表程序中循环结构中的“F i x y”或者“E”。程序行若以“F”开头，表示进入一个循环，之后有空格分隔的 3 个字符（串）“i x y”，其中 i 是一个小写字母（保证不为 n），表示新建的变量名，x 和 y 可能是正整数或变量 n，已知若 x 和 y 为正整数则一定小于 100。

程序行若以“E”开头，则表示循环体结束。

【输出格式】

输出 t 行，对应输入的 t 个程序，每行输出“Yes”或“No”或者“ERR”（输出不包含引号）。若程序实际时间复杂度与输入给出的时间复杂度一致则输出“Yes”，否则输出“No”。若程序有语法错误（其中，语法错误只有“F”和“E”不匹配，以及新建的变量与已经存在但未被销毁的变量重复两种），则输出“ERR”。

注意：即使在程序不会执行的循环体中出现了语法错误也会编译错误，要输出“ERR”。

【输入样例】

```
8
2 O(1)
F i 1 1
E
2 O(n^1)
F x 1 n
E
1 O(1)
F x 1 n
4 O(n^2)
F x 5 n
F y 10 n
E
E
4 O(n^2)
F x 9 n
```

```
E
F y 2 n
E
4 O(n^1)
F x 9 n
F y n 4
E
E
4 O(1)
F y n 4
F x 9 n
E
E
4 O(n^2)
F x 1 n
F x 1 10
E
E
```

【输出样例】

```
Yes
Yes
ERR
Yes
No
Yes
Yes
ERR
```

【样例说明】

第 1 个程序 i 从 1 到 1 是常数复杂度。

第 2 个程序 x 从 1 到 n 是 n 的一次幂复杂度。

第 3 个程序有一个“F”开启循环却没有“E”结束，语法错误。

第 4 个程序二重循环，n 的平方复杂度。

第 5 个程序两个一重循环，n 的一次幂复杂度。

第 6 个程序第 1 重循环正常，但第 2 重循环开始即终止（因为 n 远大于 100，100 大于 4）。

第 7 个程序第 1 重循环无法进入，故为常数复杂度。

第 8 个程序第 2 重循环中的变量 x 与第 1 重循环中的变量重复，出现上述第 2 种语法错误，输出“ERR”。

【算法分析】

判断“F”和“E”是否匹配及循环结构的嵌套可以使用堆栈来实现，可以采取边读入程序行边处理的在线处理方式，也可以采取读取完全部程序行后再处理的离线处理方式。如果程序行以“F”开头就存入结构体数组并入栈（此时如果该程序行中的循环变量与还在栈中未销毁的循环变量重名，则输出“ERR”并退出，如果程序行以“E”开头就出栈。出栈时如果堆栈为空或者栈首不是以“F”开头的程序行就输出“ERR”。

结构体结构如下。

```
1  struct Code
2  {
3    char F,i;                              //操作符、循环变量
4    int x,y;                               //变量初始值和结束值
5  } code[200];
```

计算时间复杂度也在堆栈中实现，计算程序行“F i x y”中的 y 与 x 的差值，如果 y-x 的值是一个极大值（即循环 n 次）则“贡献” n 的时间复杂度。注意：如果 y-x 的值是负数，它及它后面所嵌套的循环均无法贡献时间复杂度。

□1.2.5　拱猪游戏

【上机练习】拱猪游戏（poker）

拱猪游戏的计分方法如下。

用 S、H、D 及 C 分别代表黑桃、红心、方块及梅花，并以数字 1 ～ 13 来代表 A、2……Q、K 等牌点，例如 H1 为红心 A，S13 为黑桃 K。

牌局结束时，各玩家持有的有关计分的牌（计分牌）仅有 S12（猪）、所有红心牌、D11（羊）及 C10（加倍）等 16 张牌，其他牌均弃置不计。若未持有这 16 张牌中的任一张则以 0 分计算。

若持有 C10 的玩家只有该牌而没有任何其他牌则得 +50 分，若除了 C10 还有其他计分牌，则将其他计分牌所得分数加倍计算。

若红心牌不在同一玩家手中，则 H1 ～ H13 这 13 张牌均以负分计，其数值依次为 -50，-2,-3,-4,-5,-6,-7,-8,-9,-10,-20,-30 和 -40，而且 S12 与 D11 分别以 -100 及 +100 分计算。

若红心牌 H1 ～ H13 均在同一玩家手中，有下列情形。

所有红心牌以 +200 分计算。

若 S12、D11 皆在持有所有红心牌的玩家手中，则此玩家得 +500 分。

而 C10 还是以前面所述原则计算之。

例 1：若各玩家持有计分牌如下。

A：D11 H8 H9

B：C10 H1 H2 H4 H6 H7

C：H10 H11 H12

D：S12 H3 H5 H13

则各玩家得分依序为 +83、-138、-60 及 -148。

例 2：若各玩家持有计分牌如下（D 未持有任何计分牌）。

A：H1 H2 H3 H4 H5 H6 H7 H8 H9 H10 H11 H12 H13

B：S12 C10

C：D11

则各玩家之得分依序为 +200、-200、+100 及 0。

例 3：A 持有所有 16 张计分牌，得 +1000 分；其余 3 个玩家均得 0 分。

【输入格式】

输入多组测试数据，每组测试数据有 4 行，每一行第 1 个数为该玩家持有的计分牌总数，而后列出其持有的所有计分牌，牌数与各计分牌均以一个以上的空格分隔，读到持牌数为 0 表示输入结束。

【输出格式】

每一行输出一组测试数据对应的结果，依次输出各玩家所得分数。

【输入样例】

```
4 S12 H3 H5 H13
3 D11 H8 H9
6 C10 H1 H2 H4 H6 H7
3 H10 H11 H12
13 H1 H2 H3 H4 H5 H6 H7 H8 H9 H10 H11 H12 H13
2 S12 C10
1 D11
0
0
0
0
0
```

【输出样例】

```
-148 +83 -138 -60
+200 -200 +1000
```

【算法分析】

可将 15 张牌的分值预先存到 s[17] 数组中，s[1] ～ s[13] 表示 H1 ～ H13 的分值，s[14] 和

s[15] 分别表示 S12 和 D11 的分值。将 4 个人的牌读入 MAP[5][17] 数组，例如 MAP[1][16]=1 表示第 1 个玩家有一张 C10 的牌。

计分时，需按所有红心牌全在同一玩家手中和不在同一玩家手中两种情况来讨论、模拟。

□1.2.6 梭哈

【上机练习】梭哈（showhand）

梭哈是一种二人扑克牌游戏，每位玩家手里有 5 张牌，要比较每位玩家手里牌型的大小以确定赢家，牌型最大的玩家赢得牌局。

所有 5 张牌的组合，按以下顺序，由大至小排行分为不同牌型。

（1）同花顺（Straight Flush）：同一花色，顺序的牌。例：Q♦ J♦ 10♦ 9♦ 8♦。

（2）四条（Four of a Kind）：有 4 张同一点数的牌。例：10♣ 10♦ 10♥ 10♠ 9♥。

（3）满堂红（Full House）：3 张同一点数的牌，加一对其他点数的牌。例：8♣ 8♦ 8♠ K♥ K♠。

（4）同花（Flush）：5 张同一花色的牌。例：A♠ K♠ 10♠ 9♠ 8♠。

（5）顺子（Straight）：5 张顺连的牌。例：K♦ Q♥ J♠ 10♦ 9♦。

（6）三条（Three of a Kind）：有 3 张同一点数的牌。例：J♣ J♥ J♠ K♦ 9♠。

（7）两对（Two Pairs）：两张相同点数的牌，加另外两张相同点数的牌。例：A♣ A♦ 8♥ 8♠ Q♠。

（8）一对（One Pair）：两张相同点数的牌。例：9♥ 9♠ A♣ J♠ 8♥。

（9）无对（Zilch）：不能排成以上组合的牌，以点数决定大小。例：A♦ Q♦ J♠ 9♣ 8♣。

若牌型一样，则通过点数和花色决定胜负（点数优先）。

点数的顺序（从大至小）为 A > K > Q > J > 10 > 9 > 8 > 7 > 6 > 5 > 4 > 3 > 2。（注：当 5 张牌是 5 4 3 2 A 的时候，A 可以看作最小的牌，此时的牌型仍然为顺子，是顺子里面最小的。）

花色的顺序（从大至小）为 黑桃（♠）>红心（♥）>梅花（♣）>方块（♦）。

举例说明：

（1）Q♦ J♦ 10♦ 9♦ 8♦ > 8♣ 8♥ 8♠ K♥ K♠（前者牌型为同花顺，比后者大）；

（2）9♣ 9♦ 9♠ Q♥ Q♠ > 8♣ 8♦ 8♠ K♥ K♠（两者牌型均为满堂红，比较牌型中 3 张同一点数的牌 9 比 8 大）；

（3）A♣ A♦ 8♥ 8♠ Q♠ > A♠ A♥ 7♥ 7♠ K♠（两者牌型均为两对，且最大的对子相同，此时比较次大的对子，8 比 7 大）；

（4）A♠ Q♠ J♥ 9♥ 8♥ > A♦ Q♦ J♠ 9♣ 8♣（两者牌型均为无对，所有数码均相同，此时比较最大牌的花色，A♠ >A♦）；

（5）4♠ 4♥ A♦ Q♦ 5♦ > 4♣ 4♦ A♠ Q♠ 5♠（两者牌型均为一对，所有数码均相同，此时对

4 为牌型里最大的部分，因此比较 4♠ > 4♣）。

【输入格式】

输入多组数据，每组数据用一个空行分隔，数据组数不超过 2000。

每组数据都是共 10 行。

前 5 行每行用两个整数描述玩家 A 手上的牌：第 1 个数表示牌的数码（1 表示 A，13 表示 K，12 表示 Q，11 表示 J），第 2 个数表示牌的花色（1 表示黑桃，2 表示红心，3 表示梅花，4 表示方块）。

后 5 行每行用两个整数描述玩家 B 手上的牌：第 1 个数表示牌的数码（1 表示 A，13 表示 K，12 表示 Q，11 表示 J），第 2 个数表示牌的花色（1 表示黑桃，2 表示红心，3 表示梅花，4 表示方块）。

保证两位玩家手里没有同一张牌。

【输出格式】

对于每组输入数据，如果玩家 A 的牌大，输出“Player A win!”，否则输出“Player B win!”。

【输入样例】

```
12 4
11 4
10 4
9 4
8 4
8 1
8 2
8 3
10 1
10 2
```

【输出样例】

```
Player A win!
```

【数据规模】

30% 的数据保证两位玩家的牌型都一样。

30% 的数据保证两位玩家的牌型都不一样。

余下 40% 的数据为各种可能情况。

第 02 章　递归算法

程序调用自身的编程技巧称为递归（recursion）。它通常把一个大型且复杂的问题层层转化为一个与原问题相似的规模较小的问题来求解。递归策略只需少量的语句就可描述出解题过程所需要的多次重复计算，可大大地减少程序的代码量。

2.1 普及组

□ 2.1.1　棋子移动

【例题讲解】棋子移动（piece）

有 $2N$（$N \geqslant 4$）个棋子排成一行，开始时白子全部在左边，黑子全部在右边，例如当 N=4 时，棋子排列情况如下：

○○○○●●●●

移动棋子的规则：每次必须同时移动相邻两个棋子，颜色不限，可以左移或右移到空位上去，但不能调换两个棋子的左右位置。每次移动必须跳过（不能平移）若干个棋子，要求最后移成黑白相间的一行棋子。例如当 N=4 时，最终排列情况如下：

○●○●○●○●

试求出移动步骤。

【输入格式】

输入一个整数 N（$4 \leqslant N \leqslant 20$）。

【输出格式】

输出移动步骤，每一步操作占一行。

【输入样例】

4

【输出样例】

4,5-- > 9,10

8,9-- ＞ 4,5

2,3-- ＞ 8,9

7,8-- ＞ 2,3

1,2-- ＞ 7,8

【算法分析】

遇到这种类型的题，通常需要选择一些简单的样例进行手动模拟来寻找规律。

例如当 N=4 时，操作如下。

初始态：○○○○●●●●

第 1 步：○○○　　●●●●○●

第 2 步：○○○●○●●　　●

第 3 步：○　　●○●●○○●

第 4 步：○●○●○●　　○●

第 5 步：　　○●○●○●○●

当 N=5 时，操作如下。

初始态：○○○○○●●●●●

第 1 步：○○○○　　●●●●●○●

第 2 步：○○○○●●●●　　○●

当 N=6 时，操作如下。

初始态：○○○○○○●●●●●●

第 1 步：○○○○○　　●●●●●●○●

第 2 步：○○○○○●●●●●　　○●

由此可见：当 $N=K$（K＞4）时，先将第 K 和第 K+1 个棋子移到最右边，再将第 2K−1 和 2K 个棋子移到原第 K 和第 K+1 处，则规模为 K 的问题可转化为规模为 K−1 的问题。

参考代码如下。

```
1   //棋子移动
2   #include <bits/stdc++.h>
3   using namespace std;
4
5   void Move(int k)
6   {
7     if(k==4)
8     {
9       cout<<"4,5-->9,10\n";
10      cout<<"8,9-->4,5\n";
11      cout<<"2,3-->8,9\n";
12      cout<<"7,8-->2,3\n";
13      cout<<"1,2-->7,8\n";
14    }
15    else
```

```
16      {
17        cout<<k<<','<<k+1<<"-->"<<2*k+1<<','<<2*k+2<<endl;
18        cout<<2*k-1<<','<<2*k<<"-->"<<k<<','<<k+1<<endl;
19        Move(k-1);
20      }
21    }
22
23    int main()
24    {
25      int N;
26      cin>>N;
27      Move(N);
28      return 0;
29    }
```

□2.1.2 地盘划分

【上机练习】地盘划分（territory）

将一个给定的矩形划分为一个个正方形，其规则是先从矩形中划分出一个尽可能大的正方形，接下来，在剩下的矩形中再划分出一个尽可能大的一个正方形，依此类推。例如，图 2.1 所示是一个宽 × 长为 3×4 的矩形，最少可划分为 4 个正方形。也就是说，取走一个 3×3 的正方形后，将问题规模变成 3×1，然后变成 2×1，最后变成 1×1。规模每缩小一次，正方形的个数加 1。试计算划分出的正方形的个数。

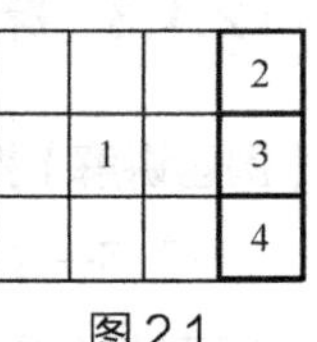

图 2.1

【输入格式】

输入两个整数，表示矩形的长和宽。

【输出格式】

输出一个整数，表示划分的正方形个数。

【输入样例】

4 3

【输出样例】

4

1. 普通递归算法

未经优化的普通递归算法可以处理数据规模较小的测试数据，但是对于数据规模较大的测试数据，处理时会因为递归深度过大而导致程序的崩溃。

核心代码如下。

```
1   int Square(int a,int b)      //计算长和宽分别为 a 和 b 的矩形能划分出多少个正方形
2   {
3     if(a==b)
4       return 1;
5     if(a>b)
```

```
6        swap(a,b);
7      return Square(a,b-a) + 1;
8    }
```

2. 优化递归算法

我们可以通过优化递归算法减小递归深度，即用长与宽两数中较大的数除以长与宽两数中较小的数。

（1）若较大的数能整除较小的数，则正方形的个数为两者之商，程序退出递归。例如矩形长为 100、宽为 1 时，则 100/1=100，共可划分为 100 个正方形。

（2）若不能整除，则正方形个数为商的整数部分，程序继续对余数与除数递归。例如矩形长为 100、宽为 3 时，100/3=33 余 1。首先可划分成 33 个正方形，剩下的矩形为 1×3，又可划分为 3 个正方形，故答案为 33+3=36。

试完成优化后的代码。

□2.1.3　拆分自然数

【例题讲解】拆分自然数（distribution）

任何一个大于 1 的自然数 N，总是可以拆分成若干个小于 N 的自然数之和。例如当 N=3 时，有两种拆分方案，即 3=1+2 和 3=1+1+1。试求出自然数 N 的所有拆分方案。

【输入格式】

输入一个自然数 N（$1 < N < 49$）。

【输出格式】

输出每一种拆分方案（不分先后），每一种拆分方案占一行，最后一行为方案总数。

【输入样例】

3

【输出样例】

3=1+2

3=1+1+1

2

【算法分析】

读者如果一时对某个问题无从下手，可以通过对一些简单的实例进行分析来寻找规律。来看以下实例。

N=2：2=1+1

N=3：3=1+2

　　3=1+1+1

N=4：4=1+3

　　4=1+1+2

4=1+1+1+1

4=2+2

……

可以发现，后面的数总是大于或等于前面的数。N=7 的拆分过程如图 2.2 所示。

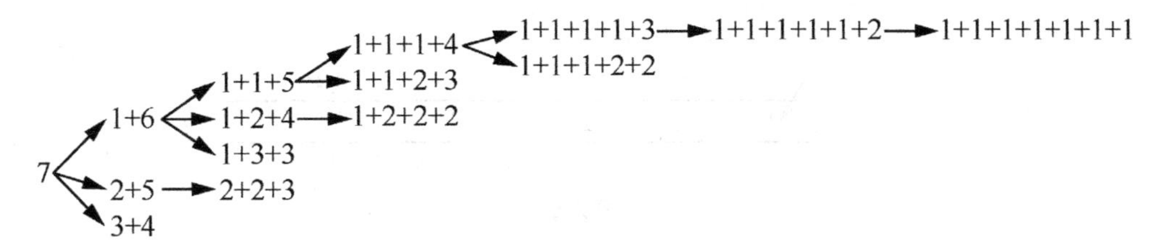

图 2.2

1. 回溯算法

回溯算法也称试探法，它的基本思想是：从问题的某一种状态（初始状态）出发，搜索从这种状态能到达的所有其他状态，当一条“路”走到“尽头”的时候（不能再前进），要后退一步或若干步，从另一种可能的状态出发，继续搜索，直到所有的“路径”（状态）都试探过。这种通过不断“前进”、不断“回溯”来寻找解的方法，就称作“回溯算法”。

回溯算法是深度优先搜索（depth first search，DFS）的一种应用。

如图 2.3 所示，所谓深度优先搜索，简单来讲，就好比一个人要从起点出发走遍所有路径上的每个顶点。他采取的策略是找到一条路就把这条路一直走到底，如果走到前面没有路了，就返回到上一个顶点，另选一条没有走过的路一直走到底……如此反复，直到所有的顶点全部被走过。

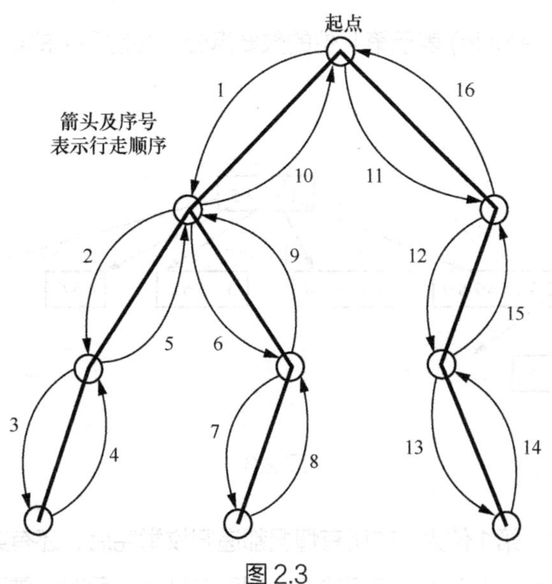

图 2.3

多数 DFS 程序用递归来实现，而递归算法是依赖堆栈来实现的，因为保存当前顶点、返回上一顶点等操作通常要用到堆栈。

本题的答案可以保存到数组 Num[50] 中。例如当 N=10 时，10=1+2+3+4 保存在数组中，如图 2.4 所示。

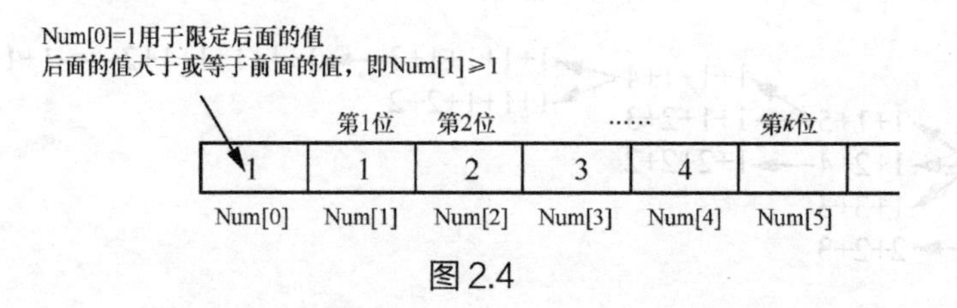

图 2.4

DFS 算法可以递归枚举出所有可能的答案。以 N=10 为例，第 1 位即 Num[1]=1，可得第 2 位的取值范围为 1 ～ 9。接下来，如果选 Num[2] =1，则 Num[3] 的取值范围为 1 ～ 8；如果选 Num[2]=2，则 Num[3] 的取值范围为 2 ～ 7……显然将图 2.5 中所有的路都“走”一遍，就能将答案全部找出来，通常用一个 for 循环来实现。

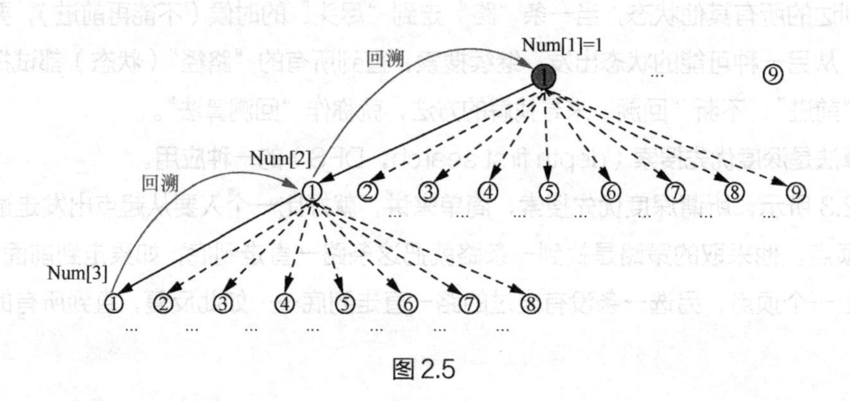

图 2.5

设递归函数 DFS(k,remain) 表示第 k 位的数要拆分，当前剩下的数为 remain，则递归过程如图 2.6 所示。

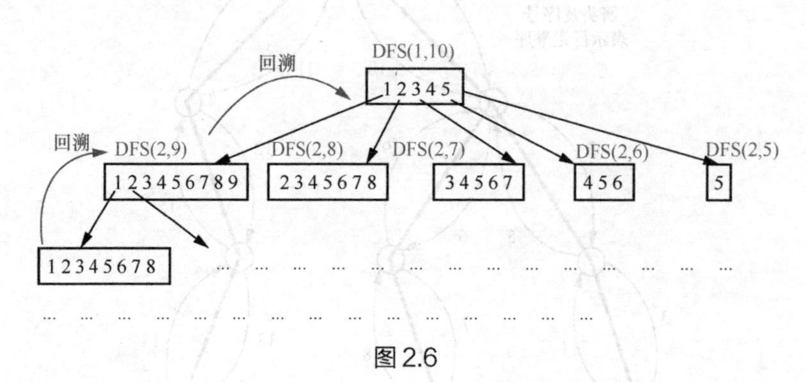

图 2.6

可以看出，当 N=10，第 1 位为 1 的所有情况都递归枚举完后，还有第 1 位的数分别是 2、3、4、5 的情况需要递归枚举，所以当从递归的下一层回溯到上一层时，需要恢复 remain 为之前的值。例如当 DFS(2,9) 递归完毕返回最顶层时，remain 的值应该由 9 恢复到 10，这样当第 1 位的数取值为 2 时，remain 的值为 10-2=8，开始执行 DFS(2,8)……

完整的参考代码如下。

```
1   //拆分自然数 —— 回溯算法
2   #include <bits/stdc++.h>
3   using namespace std;
4
5   int N, Num[50]= {1}, Count=0;
6
7   void Print(int k)                                //输出找到的一个解
8   {
9     printf("%d=%d",N,Num[1]);
10    for(int i=2; i<k; i++)
11      printf("+%d",Num[i]);
12    printf("\n");
13    ++Count;                                       //方案总数加 1
14  }
15
16  void DFS(int k,int remain)                       //k 为当前位数，remain 为剩下的数
17  {
18    if(remain==0 && k>2)                           //k>2 防止输出 N=N 的情况出现
19      Print(k);
20    else
21      for(int i=Num[k-1]; i<=remain; i++)          //当前第 k 位的值不小于前一位数的值
22      {
23        Num[k]=i;                                  //当前第 k 位的值为 i
24        remain-=i;                                 //新的剩下的数
25        DFS(k+1,remain);                           //继续递归拆分新的剩下的数
26        remain+=i;                                 //恢复原状态后回溯
27      }
28  }
29
30  int main()
31  {
32    scanf("%d",&N);
33    DFS(1,N);
34    printf("%d\n",Count);
35    return 0;
36  }
```

DFS() 函数的伪代码如下。

```
1   void DFS(访问状态 S)
2   {
3     if(满足边界条件)
4     {
5       判断是否为目标状态;
6       退出;
7     }
8     else
9       for(i=状态变化规则数)
```

```
10      {
11          Si=S+规则 i
12          保存当前状态 Si
13          DFS(Si)
14          还原状态到 S
15      }
16  }
```

2. 非递归算法

递归算法的运行效率较低，无论是耗费的计算时间还是占用的存储空间都比非递归算法要多，在竞赛中如果系统栈很小的话，过深的递归会让栈溢出。解决方法是手动模拟递归算法中栈的操作，将递归算法转化为非递归算法。

在下面的参考程序中，p 相当于堆栈的指针，指向当前拆分的数的位置。sum 为已经拆分出来的数的和，如果 sum < N，则继续往下拆分，并且下一个拆分的数不小于前一个拆分的数；如果 sum=N，则输出这一组解；如果 sum > N，则返回到上一个数，并把上一个数加 1 后继续查找下一组解。

```
1   //拆分自然数 —— 非递归算法
2   #include <bits/stdc++.h>
3   using namespace std;
4   
5   int Num[100];
6   int N,sum,Count;
7   
8   void Print(int k)
9   {
10    printf("%d=%d",N,Num[1]);
11    for(int i=2; i<=k; i++)
12      printf("+%d",Num[i]);
13    printf("\n");
14    ++Count;
15  }
16  
17  int main()
18  {
19    scanf("%d",&N);
20    Num[1]=1;
21    for(int p=1; p>=1;)              //p 类似于堆栈的指针，指向当前拆分的数的位置
22      if(sum+Num[p]<N)               //如果拆分的数的和 sum<N，继续拆分
23      {
24        sum+=Num[p];                 //拆分的数累加到 sum
25        p++;                         //指向下一个数的位置
26        Num[p]=Num[p-1];             //后面的数不小于前面的数
27      }
28      else                           //加起来的和大于或等于 N 的情况
29      {
30        if(sum+Num[p]==N && p!=1)//p!=1 防止出现 N=N 的输出
31          Print(p);                  //找到一组解，输出
32        p--;                         //返回上一个数的位置
```

```
33        sum-=Num[p];                //恢复到上一个数
34        Num[p]++;                   //上一个数加 1，继续寻找下一组解
35      }
36    printf("%d\n",Count);
37    return 0;
38  }
```

2.1.4　魔方阵

【例题讲解】魔方阵（matrix）

将 1～9 这 9 个数字排成 3 行 3 列，如图 2.7 所示，使其每行、每列，以及每条对角线上的 3 个数之和均相同。试编程求所有的方案。

2	9	4
7	5	3
6	1	8

图 2.7

【输入格式】

无输入数据。

【输出格式】

输出所有方案（方案不分先后），每种方案之间以一个空行分隔，最后一行输出方案数。

【输入样例】

无。

【输出样例】

618

753

294

816

357

492

…（略）

8

【算法分析】

与拆分自然数一题类似，使用递归算法的思想是，魔方阵中间的数必定为 5（请思考为什么），因此当其他任一位置的值为 x 时，与之对应的另一位置的值必为 $10-x$。

参考代码如下。

```
1   //魔方阵
2   #include <bits/stdc++.h>
3   using namespace std;
4
5   int a[10]={0,0,0,0,0,5,0,0,0,0},num=0;// 中间值为 5
6
7   int Fun(int m)
```

```
8    {
9      if(m==5)
10     {
11       for(int j=1; j<=3; ++j)                    //验证魔方阵是否成立
12         if(a[j]+a[j+3]+a[j+6]!=15 || a[3*j]+a[3*j-1]+a[3*j-2]!=15)
13           return 0;
14       printf("%d%d%d\n",a[1],a[2],a[3]);  //如成立则输出结果
15       printf("%d%d%d\n",a[4],a[5],a[6]);
16       printf("%d%d%d\n\n",a[7],a[8],a[9]);
17       num++;
18     }
19     else
20       for(int i=1; i<=9; ++i)                    //枚举9个格子
21         if(a[i]==0)                              //如果该格子未填数
22         {
23           a[i]=m;                                //该格子填数
24           a[10-i]=10-m;                          //对应格子填数
25           Fun(m+1);                              //递归填下一个数
26           a[i]=0;                                //恢复原样，否则无法继续填其他数
27           a[10-i]=0;                             //恢复原样，否则无法继续填其他数
28         }
29   }
30
31   int main()
32   {
33     Fun(1);                                      //从数字1开始填
34     printf("%d\n",num);
35     return 0;
36   }
```

□2.1.5　放苹果

【上机练习】放苹果（apple）POJ 1664

小光要把 M 个苹果放在 N 个相同的盘子里，允许有的盘子空着不放，问共有多少种不同的放法（5、1、1和1、5、1是同一种放法）？

【输入格式】

第1行为一个整数 t（$0 \leqslant t \leqslant 20$），表示有 t 组测试数据。随后 t 行，每行为两个整数 M 和 N（$1 \leqslant M$, $N \leqslant 20$）。

【输出格式】

输出有多少种不同放法。

【输入样例】

1
7 3

【输出样例】

8

□2.1.6　N 皇后问题

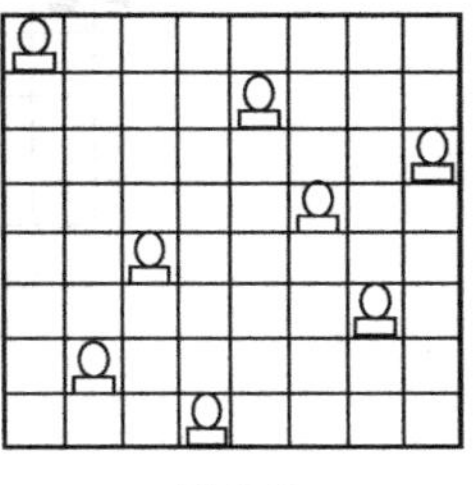
图 2.8

【例题讲解】N 皇后问题（queen）

在 $n \times n$ 格的棋盘上摆放 n 个国际象棋中的皇后棋子（简称皇后），使其不能互相攻击，即任意两个皇后都不能处于同一行、同一列或同一斜线上，请问有多少种摆法，并将每种摆法输出来。图 2.8 所示即摆法的一种。

【输入格式】

输入一个整数 n（$3 < n < 14$）。

【输出格式】

输出所有摆法，每种摆法占一行。

【输入样例】

4

【输出样例】

2

【输出说明】

n=4 的棋盘输出的两种摆法如图 2.9 所示。

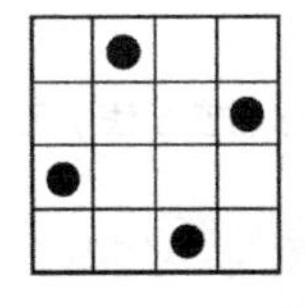
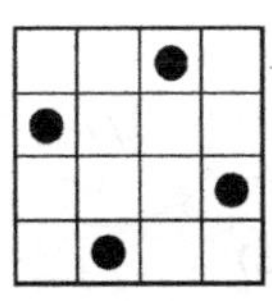

图 2.9

1. 递归算法 1

若想遍历所有摆法而无一遗漏，可以逐行从上至下、从左至右尝试棋子的摆法。以 n=4 的棋盘为例，其遍历过程如图 2.10 所示。

棋盘坐标一般用二维数组来表示，如定义二维数组 board[8][8]，则 board[0][0]=1 代表棋盘第 1 行第 1 列有棋子，board[3][4]=0 代表棋盘第 4 行第 5 列无棋子……但实际上可以只用一个一维数组解决该问题，即用数组下标表示行。

例如使用 board[8] 来表示棋盘坐标时，board[0]=7，表示第 1 行第 7 列有棋子，board[1]=2，表示第 2 行第 2 列有棋子，这种方法无须再判断两皇后是否在同一行。

可以定义一个 Try(x,y) 函数判断棋盘 (x,y) 处是否可以放皇后，能放置的条件如下：

（1）任意两个皇后不在同一列；

（2）任意两个皇后不在同一斜线上，即有两棋子坐标分别为 (x_1,y_1) 和 (x_2,y_2)，则 $|x_1-x_2| \neq |y_1-y_2|$。

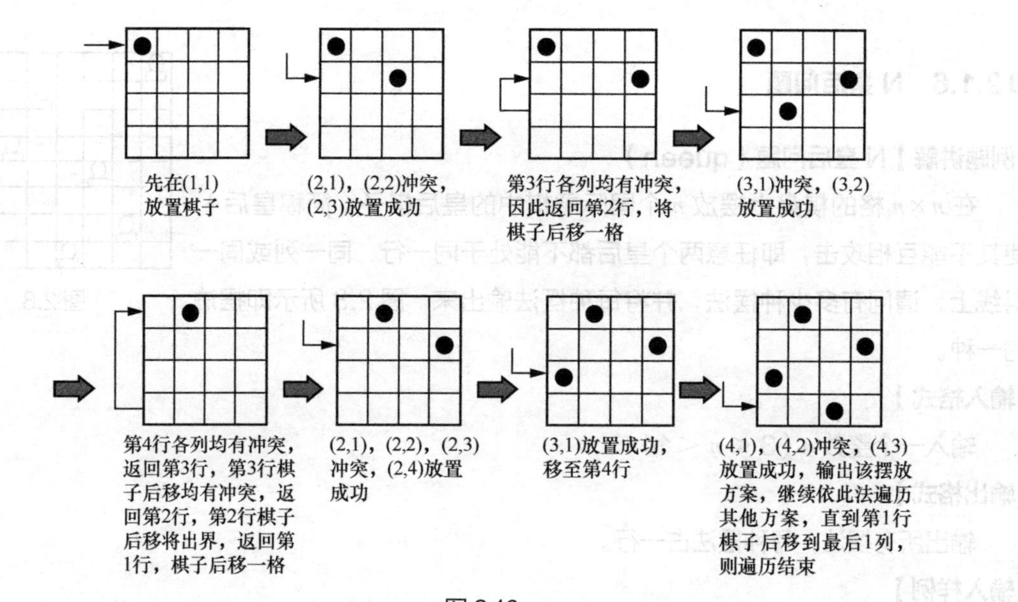

图 2.10

可以图形化输出所有符合摆法规则的参考代码如下。

```
1   //N 皇后 —— 递归算法 1
2   #include <bits/stdc++.h>
3   using namespace std;
4
5   int n,board[21];
6
7   void PrintGraph()                  // 图形化输出棋盘摆法，用于调试
8   {
9     for(int i=1; i<=n; ++i)
10    {
11      for(int j=1; j<=n; ++j)
12        if(board[i]==j)
13          printf("◎");              // 特殊符号可在 Word 软件里的插入符号中寻找
14        else
15          printf("□");              // 特殊符号可在 Word 软件里的插入符号中寻找
16      puts("");
17    }
18    puts("");
19  }
20
21  int Try(int x,int y)               // 测试 x 行 y 列可否摆放棋子，成功返回 1，否则返回 0
22  {
23    for(int j=1; j<x; j++)          // 与数组中已放好的数比较
24      if((board[j]==y) || (abs(x-j)==abs(board[j]-y)))
25        return 0;
26    return 1;
27  }
28
```

```
29  void Place(int x)              //递归函数
30  {
31    if(x>n)                      //棋子第 n 行已摆好，则输出成功摆法
32      PrintGraph();              //若使用该语句，可图形化输出棋盘摆法
33    else
34      for(int y=1; y<=n; ++y)    //该行棋子尝试从左向右摆放
35        if(Try(x,y))             //如果可以摆放
36        {
37          board[x]=y;            //给 board [x] 赋值
38          Place(x+1);            //继续下一行的递归
39        }
40  }
41
42  int main()
43  {
44    scanf("%d",&n);
45    Place(1);                    //从第 1 行开始递归
46    return 0;
47  }
```

该程序中有一个用于调试的 PrintGraph() 函数，使用它可图形化显示摆法，如图 2.11 所示。

□□□□□□□◎
□□◎□□□□□
◎□□□□□□□
□□□□□◎□□
□◎□□□□□□
□□□□◎□□□
□□□□□□◎□
□□□◎□□□□

图 2.11

模拟该程序运行过程时会发现，通过不断“进进退退”，最后就输出了全部的摆法。由此可知，递归中常常隐含回溯，回溯即选择一条路走下去，若发现走不通，就返回去再选其他路走。

当 n=8 时，以一维数组形式来表示的所有 92 种摆法如下：

15863724　16837425　17468253　17582463　24683175　25713864　25741863
26174835　26831475　27368514　27581463　28613574　31758246　35281746
35286471　35714286　35841726　36258174　36271485　36275184　36418572
36428571　36814752　36815724　36824175　37285146　37286415　38471625
41582736　41586372　42586137　42736815　42736851　42751863　42857136
42861357　46152837　46827135　46831752　47185263　47382516　47526138
47531682　48136275　48157263　48531726　51468273　51842736　51863724
52468317　52473861　52617483　52814736　53168247　53172864　53847162
57138642　57142863　57248136　57263148　57263184　57413862　58413627
58417263　61528374　62713584　62714853　63175824　63184275　63185247
63571428　63581427　63724815　63728514　63741825　64158273　64285713
64713528　64718253　68241753　71386425　72418536　72631485　73168524
73825164　74258136　74286135　75316824　82417536　82531746　83162574
84136275

2. 递归算法 2

当 $n>13$ 时，运行递归算法 1 的程序，速度将慢得让人“难以忍受”，一种简单的优化方法是放置一个棋子后，即将它的“势力”（攻击）范围标记出来，在放置下一个棋子时，直接避开已划分好的“势力”范围进行尝试即可。

例如可以定义一个布尔型数组 Y[] 判断列冲突。如果 Y[i]=1，说明前面已有棋子放在了第 i 列，再放会发生列冲突；如果 Y[i]=0，说明当前第 i 列还没有放置棋子。

如何判断某条斜线上是否已放置有棋子呢？以 n=4 为例，图 2.12(a) 有 $2n$-1 条正斜线，图 2.12(b) 有 $2n$-1 条反斜线。

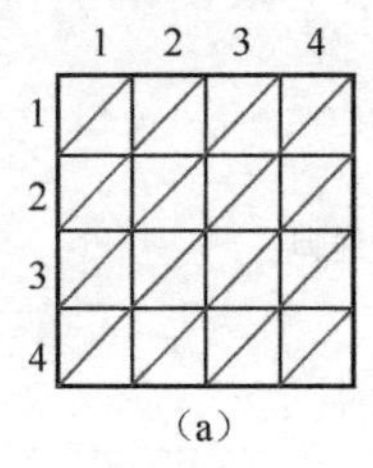

（a）

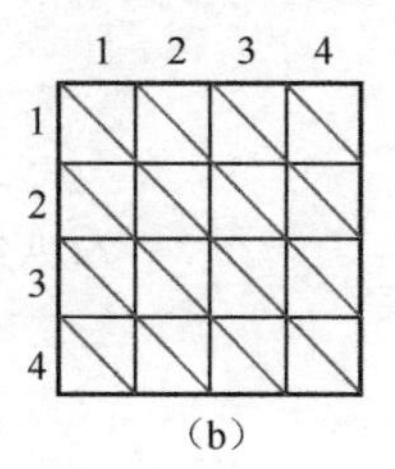

（b）

图 2.12

从左向右看，可以发现：

第 1 条正斜线所占据的棋盘位置坐标为 (1,1)；

第 2 条正斜线所占据的棋盘位置坐标为 (1,2)、(2,1)；

第 3 条正斜线所占据的棋盘位置坐标为 (1,3)、(2,2)、(3,1)；

第 4 条正斜线所占据的棋盘位置坐标为 (1,4)、(2,3)、(3,2)、(4,1)；

第 5 条正斜线所占据的棋盘位置坐标为 (2,4)、(3,3)、(4,2)；

第 6 条正斜线所占据的棋盘位置坐标为 (3,4)、(4,3)；

第 7 条正斜线所占据的棋盘位置坐标为 (4,4)。

从右向左看，可以发现：

第 1 条反斜线所占据的棋盘位置坐标为 (1,4)；

第 2 条反斜线所占据的棋盘位置坐标为 (1,3)、(2,4)；

第 3 条反斜线所占据的棋盘位置坐标为 (1,2)、(2,3)、(3,4)；

第 4 条反斜线所占据的棋盘位置坐标为 (1,1)、(2,2)、(3,3)、(4,4)；

第 5 条反斜线所占据的棋盘位置坐标为 (2,1)、(3,2)、(4,3)；

第 6 条反斜线所占据的棋盘位置坐标为 (3,1)、(4,2)；

第 7 条反斜线所占据的棋盘位置坐标为 (4,1)。

可得结论：

（1）同一正斜线所占据的棋盘单元行列号之和相等，如图 2.12(a) 中，7 条正斜线的行列号之和分别为 2,3,4,5,6,7,8；

（2）同一反斜线所占据的棋盘单元行列号之差相等，如图 2.12(b) 中，7 条反斜线的行列号

之差分别为 -3,-2,-1,0,1,2,3。

故可以用布尔型数组 x1[i] 来记录行列号之和为 i 的正斜线是否已经被占据，布尔型数组 x2[i] 来记录行列号之差为 i 的反斜线是否已经被占据。考虑到行列号之差可能为负数，棋盘坐标 (x,y) 对应 x2[x-y+n] 即可。

核心参考代码如下。

```
1   void Place(int x)                                    // 递归函数，x 表示行数
2   {
3     if(x>n)
4       ++num;                                           // 找到一种摆法，摆法加 1
5     else
6       for(int i=1; i<=n; ++i)
7         if(Y[i]==0 && x1[x+i]==0 && x2[x-i+n]==0)    // 如果列、正斜线、反斜线无冲突
8         {
9           board[x]=i;                                  // 给 board[x] 赋值
10          Y[i]=1;                                      // 给列坐标添加标记
11          x1[x+i]=1;                                   // 给正斜线添加标记
12          x2[x-i+n]=1;                                 // 给反斜线添加标记
13          Place(x+1);                                  // 继续下一行的递归
14          Y[i]=0;                                      // 恢复列坐标标记为 0
15          x1[x+i]=0;                                   // 恢复正斜线标记为 0
16          x2[x-i+n]=0;                                 // 恢复反斜线标记为 0
17        }
18  }
```

3. 递归算法 3

优化后，程序运行速度提高了很多，但是当 $n \geqslant 14$ 时，运行速度还是相对较慢，需要在此基础上继续优化。

仔细观察输出的方案，有没有发现有些方案本质上是一样的呢？即一种方案可以通过“旋转”或“对称”变成另一方案。不过“旋转”比较复杂，此题只讨论“对称”，即一定存在两种旋转方案是关于中间那一列或那条线对称的，当 n 为偶数时是关于中间那条线对称，当 n 为奇数时是关于中间那一列对称。

我们可以利用对称性使工作量减少一半，即把第 1 行的皇后放在左边一半区域，也就是列值小于或等于 $(n+1)/2$ 的区域，而其他位置没有限制。例如当 n=5 时，第 1 行皇后在左边区域所生成的方案数为 6，如图 2.13 所示。

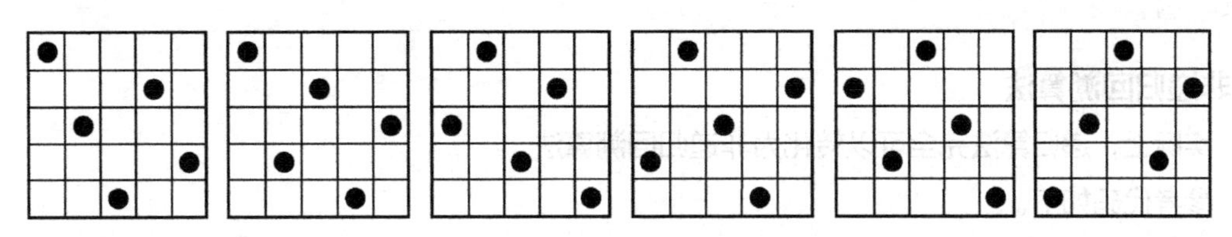

图 2.13

如图 2.14 所示，对图 2.13 中的各方案，通过“对称”获得另一种方案，可以发现后面的两

对方案是重复的。针对这种情况可以这样处理：当 n 为奇数且第 1 行的皇后刚好放在 $(n+1)/2$ 位置的时候，为了避免重复，第 2 行的皇后必须放在左边一半区域，其他位置没有限制。

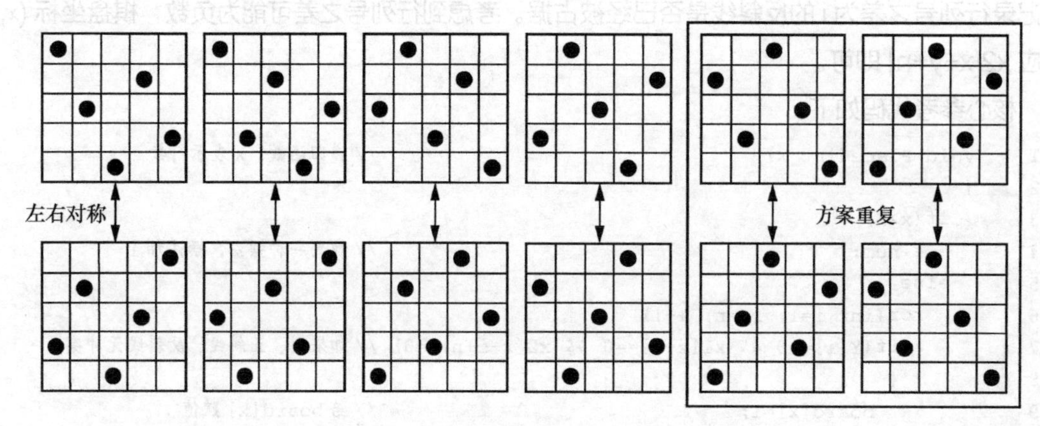

图 2.14

重新定义递归函数 Place(int x,int k)，表示在第 x 行上尝试放置一个皇后，尝试位置限制在该行的 1 ～ k 列，最后找到的方案数 ×2 即最终的答案。

核心参考代码如下。

```
1   void Place(int x,int k)
2   {
3     if(x==n+1)
4       total++;
5     else
6       for(int i=1; i<=k; i++)
7         if((!y[i]) && (!x1[x+i]) && (!(x2[x-i+n])))     //如果皇后没有冲突
8         {
9           a[x]=i;
10          y[i]=1;                                      //则该列标记为 1
11          x1[x+i]=1;                                   //该正斜线标记为 1
12          x2[x-i+n]=1;                                 //该反斜线标记为 1
13         if(n%2!=0 && x==1 && a[1]==(n+1)/2)           //当第 1 行的皇后放中间时
14            Place(2,(n+1)/2-1);                        //第 2 行的皇后必须放在左边
15          else
16            Place(x+1,n);
17          y[i]=0;                                      //还原列标记为 0
18          x1[x+i]=0;                                   //还原正斜线标记为 0
19          x2[x-i+n]=0;                                 //还原反斜线标记为 0
20        }
21  }
```

4. 非递归回溯算法

实际上，递归算法完全可以转化为非递归回溯算法。

参考代码如下。

```
1   //N 皇后问题 —— 非递归回溯算法
2   #include <bits/stdc++.h>
3   using namespace std;
```

```
4
5   int board[21];                              // 存放皇后位置，从数组下标为 1 的位置开始保存
6
7   int Try(int k)                              // 判断该位置是否可放置皇后
8   {
9     for(int i=1; i<=k-1; i++)
10      if((board[i]==board[k]) || (abs(board[i]-board[k])==abs(i-k)))
11        return 0;
12    return 1;
13  }
14
15  int main()
16  {
17    int n,Count=0;
18    cin>>n;
19    for(int k=1; k>0;)
20    {
21      board[k]++;                             // 皇后的位置向右移一位
22      while((board[k]<=n) && (!Try(k)))       // 直到试到一个合适的位置
23        board[k]++;
24      if(board[k]>n)                          // 如果越界
25        k--;                                  // 回溯到上一行
26      else if(k==n)                           // 如果放置好最后一行皇后
27        Count++;
28      else
29        board[++k]=0;                         // 继续放置下一行皇后（初始化为 0）
30    }
31    cout<<Count<<endl;
32    return 0;
33  }
```

□2.1.7　冲突

【上机练习】冲突（conflict）POJ 1315

关猛兽的笼子是一个长 × 宽 × 高不超过 4×4×4 的正方体，里面设置了一些障碍物，每个笼子里关着的猛兽脾气都很大，只要有两只猛兽位于同一行或同一列就会发生冲突，但障碍物可以阻挡同行或同列猛兽的冲突，问最多可关几只猛兽而不会发生冲突。

图 2.15(a) 表示初始笼子（为表示方便，笼子以平面图形代替），图 2.15(b) ~ (e) 表示 4 种关猛兽的方案（猛兽以实心圆表示），当然，(d)、(e) 方案因为猛兽有冲突，所以是错误的。

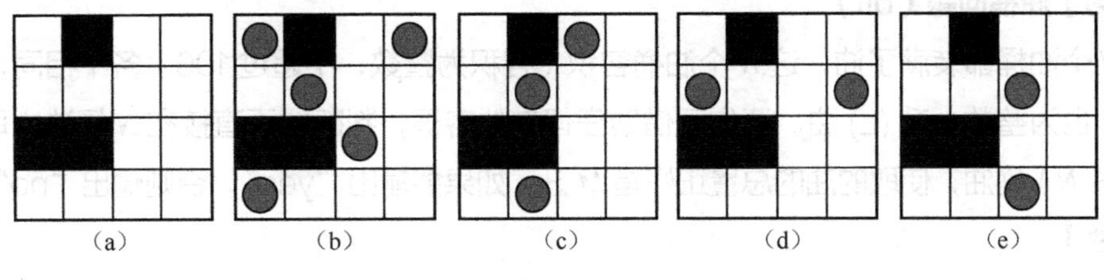

图 2.15

【输入格式】

输入多组测试数据，每组数据的第 1 行为一个整数 N，表示笼子大小。

随后 N 行 N 列为描述笼子初始状态的字符，其中“.”描述笼子，“X”表示障碍物。

所有测试数据结束的标志为 0。

【输出格式】

每组数据输出占一行，表示最多可放的猛兽数。

【输入样例】

```
4
.X..
....
XX..
....
3
.X.
X.X
.X.
3
...
.XX
.XX
0
```

【输出样例】

```
5
5
2
```

□2.1.8 油桶问题

【上机练习】油桶问题（oil）

有 N 个油桶都装满了油，这 N 个油桶容积（容积为整数，不超过 100）各不相同，小光需要 M（M 也为整数）升 (L) 油。请你不借助任何其他容器，判断能否直接在 N 桶油中取任意 K（$1 \leqslant K \leqslant N$）桶油，使取的油的总量正好是 M 升，如果能输出“yes”，否则输出“no”。

【输入格式】

第 1 行为两个整数 N（$N \leqslant 100$）、M。第 2 行为 N 个整数，表示油桶的容积。

【输出格式】

输出结果为“yes”或者“no”。

【输入样例】

5 10

1 2 3 15 11

【输出样例】

no

【算法分析】

递归算法思路如下。

设函数 P(n,m) 表示能否从数组 a[1] 到 a[n] 中取任意数，使其和为 m，那么对于 a[n]，只有取与不取两种情况。

（1）取 a[n]，则此问题转化为判断 P(n−1,m−a[n]) 的值是否为真，即是否能够从数组 a[1] 到 a[n−1] 中取任意值，使其和等于 m−a[n]。

（2）不取 a[n]，则此问题转化为判断 P(n−1,m) 的值是否为真，即是否能够从数组 a[1] 至 a[n−1] 中取任意值，使其和等于 m。

综上所述，只要P(n−1,m−a[n])和P(n−1,m)当中有一个值为真，则P(n,m)为真，否则为假。

递推算法思路如下。

定义布尔型数组 B[]，设 B[x]=true 表示当前取总量为 x 升的油是可以实现的，B[x]=false 表示当前取总量为 x 升的油是无法实现的。显然初始时除 B[0] 赋值为 true 外，其他值均为 false。

定义整型数组 A[] 存放 N 个油桶容积的值，每枚举一个数组元素 A[i]，便在数组 B[] 中扫描，若 B[j]=true，则将 B[j+A[i]] 的值也赋值为 true。例如：若 A[1]=3，即第一桶油为 3 升时，因为 B[0] 的值为 true，则 B[0+3] 即 B[3] 的值赋值为 true；若 A[2]=5，即第二桶油为 5 升时，因为 B[0] 和 B[3] 的值均为 true，则 B[0+5] 和 B[3+5] 即 B[5] 和 B[8] 的值赋值为 true。

依此法枚举完数组 A[] 所有元素后，若 B[M] 的值为 true，输出“yes”，否则，输出“no”。

□2.1.9　传球游戏

【例题讲解】传球游戏（ball）

N 个同学围成一个圆圈，其中一个同学手里拿着一个球。当老师吹哨子时同学们开始传球，每个同学可以把球传给自己左右侧（左右任意）的两个同学中的一个。当老师再次吹哨子时，传球停止，此时拿着球没传出去的同学就要给大家表演一个节目。

聪明的琪儿提出一个有趣的问题：有多少种不同的传球方法可以使从琪儿手里开始传的球，传了 M 次以后，又回到琪儿手里。当且仅当接到球的同学按接球顺序组成的序列不同时称为一种方法。比如有 3 个同学（1 号、2 号、3 号），假设琪儿为 1 号，那么球传了 3 次回到琪儿手里的传球方法有1→2→3→1和1→3→2→1，共两种。

【输入格式】

输入数据共一行，有两个用空格分隔的整数 N（$3 \leqslant N \leqslant 30$）、$M$（$1 \leqslant M \leqslant 30$）。

【输出格式】

输出数据共一行，有一个整数，表示符合题目要求的方法数。

【输入样例】

3 3

【输出样例】

2

1. 递归搜索法

根据题意可知，每个同学可以把球传给自己左右侧的两个同学中的一个。我们可以尝试用递归搜索法模仿传球游戏，每个搜索点都分左右两个分支去搜索，当传球 M 次后并且传到 1 号同学手里时，方法数 sum 加 1。图 2.16 所示为 3 种搜索情况。

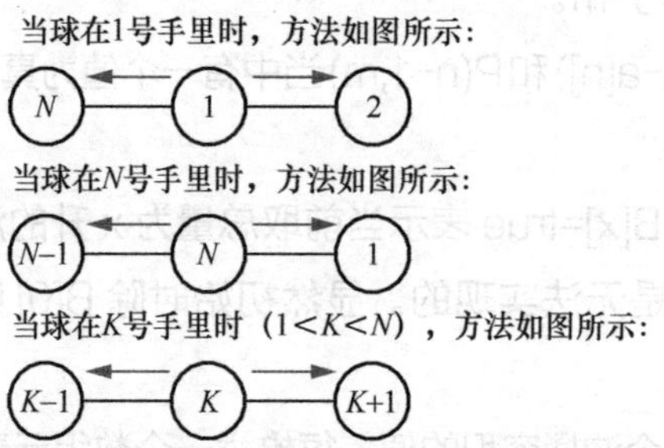

当球在1号手里时，方法如图所示：

N ← 1 → 2

当球在N号手里时，方法如图所示：

N−1 ← N → 1

当球在K号手里时（1<K<N），方法如图所示：

K−1 ← K → K+1

图 2.16

参考代码如下。

```
//传球游戏 —— 递归搜索法
#include <bits/stdc++.h>
using namespace std;

int N,M,Sum;

void Pass(int man,int step)
{
  if(step==M)                                  //如果传了M次
  {
    if(man==1)                                 //恰好传到位置1，总数加1
      ++Sum;
    return;
  }
  if(man==N)                                   //如果球在N号手里
  {
```

```
17        Pass(1,step+1);                          //传给 1 号
18        Pass(man-1,step+1);                      //或者传给 N-1 号
19      }
20      else if(man==1)                            //如果球在 1 号手里
21      {
22        Pass(N,step+1);                          //传给 N 号
23        Pass(man+1,step+1);                      //或者传给 2 号
24      }
25      else                                       //如果球在 1 号和 N 号之间的任何一人手里
26      {
27        Pass(man+1,step+1);                      //传给右边的人
28        Pass(man-1,step+1);                      //或者传给左边的人
29      }
30    }
31
32    int main()
33    {
34      scanf("%d%d",&N,&M);
35      Pass(1,0);                                 //从位置 1 开始传球，当前传球次数为 0
36      printf("%d\n",Sum);
37      return 0;
38    }
```

2. 递推算法

我们可以发现，要把球传到某个人手里，只能从他的左边或者他的右边将球传过来，即球传到他手里的方法数是左右两边相邻的人拿到球的方法数之和。

设 f[i][j] 表示第 j 次传球，恰巧传到 i 位置的方法数，则有：

f[i][j]=f[i−1][j−1]+f[i+1][j−1]　　（$1\leqslant i\leqslant N$，$1\leqslant j\leqslant M$）

有两种边界需要特别考虑。

（1）当球在位置 1 时，f[1][j]=f[2][j−1]+f[N][j−1]。

（2）当球在位置 N 时，f[N][j]=f[N−1][j−1]+f[1][j−1]。

因为要从位置 1 开始传球，所以递推初始值 f[1][0]=1，最终答案为 f[1][M] 的值。

请根据以上分析，试完成该代码。

3. 组合公式法

设球一共被传了 M 次，若向左传的总次数为 i，则向右传的总次数 $j=M-i$，可知 abs(j−i)%N=0 表示最终球传到了最初的位置。方案数即左左……左（i 个），右右……右（j 个）的全部组合，即组合数 C_M^i 或 C_M^j 的值（根据组合数性质，$i+j=M$，有 $C_M^i=C_M^j$）。

由此可得算法思路：枚举球向左传的次数 i（$0\leqslant i\leqslant M$），则得到球向右传的次数 $j=M-i$，若满足条件 abs(j−i)%N=0，计算组合数 C_M^i 的值并累加到 Sum 中即可。

计算组合数 C_M^i 的值有公式：$C_M^i=\dfrac{M!}{i!(M-i)!}$

请根据以上分析，试完成该代码。

□2.1.10 全排列问题

【例题讲解】全排列问题（permutation）

从 n 个不同元素中任取 m（$m \leqslant n$）个元素，按照一定的顺序排列起来，叫作从 n 个不同元素中取出 m 个元素的一个排列。当 $m=n$ 时，所有的排列情况叫全排列。

试求出 n 个数共有多少种排列方案并将排列方案输出。

【输入格式】

输入一个整数 n（$n \leqslant 8$）。

【输出格式】

输出所有排列方案，每种方案各占一行。最后一行表示方案数。

【输入样例】

3

【输出样例】

123

132

213

231

312

321

6

1. 非字典序递归算法

根据排列组合公式，n 个元素的全排列有 $n!$ 个。我们可以通过对一些简单的实例进行分析以寻找规律。

1 个元素有 1 种排列，即它本身。

2 个元素有 2 种排列，即 ab、ba。

3 个元素有 6 种排列，即 abc、acb、bac、bca、cba、cab。

4 个元素有 24 种排列，如图 2.17 所示。

观察图 2.17 可以看出，如果初始排列的 4 个元素为 1,2,3,4，则操作（1）中将后 3 个元素依次与第 1 个元素交换，产生了 4 种排列；操作（2）中将操作（1）产生的各种排列中的后 3 个元素依次与第 2 个元素交换，产生了 12 种排列；操作（3）中将操作（2）产生的各种排列中的后 2 个元素依次与第 3 个元素互换，产生了 24 种排列。这显然可以使用递归调用，当后面没有可交换的元素时，就到了递归的边界，则递归结束。

该算法输出顺序为非字典序。所谓字典序，原意是英文单词在字典中的先后顺序，在计算机领域中，其含义扩展成两个任意字符串的大小关系，即两个字符串的大小关系取决于它们从左到

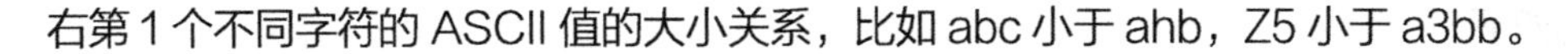

右第 1 个不同字符的 ASCII 值的大小关系，比如 abc 小于 ahb，Z5 小于 a3bb。

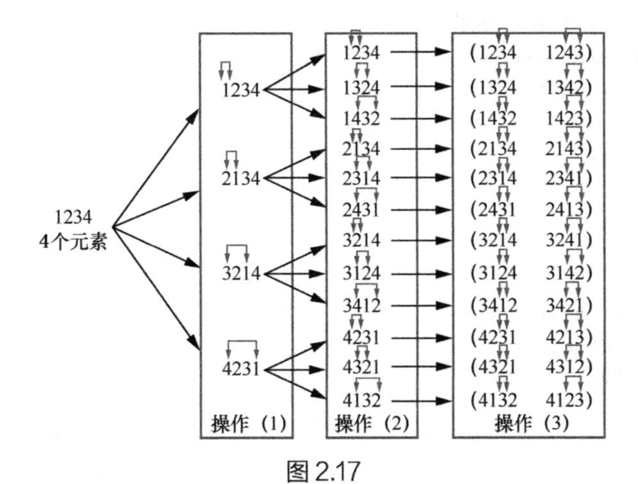

图 2.17

核心参考代码如下。

```
1   void Permutation(int from,int to)// 从 from 到 to 的排列
2   {
3     if(from==to)                   // 递归结束
4     {
5       Print();                     // 调用自定义输出函数输出结果
6       ++Total;
7     }
8     else
9       for(int i=from; i<=to; ++i)  //(from ~ to) 中的元素依次与第 1 个元素 (from) 互换
10      {
11        swap(a[i],a[from]);        // 互换操作
12        Permutation(from+1,to);    // 递归求 (from+1 ~ to) 的全排列
13        swap(a[i],a[from]);        // 恢复
14      }
15  }
```

2. 字典序“深搜”

如果要求输出结果为字典序排列，程序应使用深度优先搜索算法，即尽可能“深”地搜索每一条路径，一旦搜索到某条路径的尽头时，则回溯到该路径的上一结点，若上一结点有未搜过的路径，则沿着这条路径继续“深搜”，如此反复，直到所有结点都被搜索过为止。

例如当 n=4 时，搜索过程（路径上的数字表示搜索顺序，后面的省略）如图 2.18 所示。

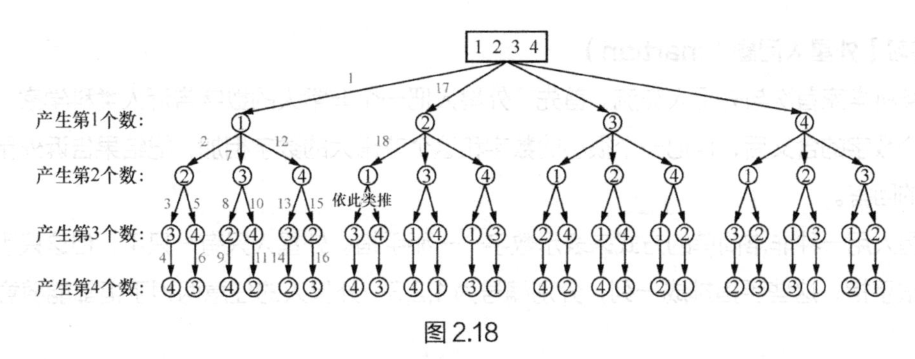

图 2.18

参考代码如下。

```
//全排列问题 —— 字典序“深搜”
#include <bits/stdc++.h>
using namespace std;

bool Used[100];                              //标记某个数字是否被使用过
int a[100],Count,N;

void Print()
{
  for(int k=1; k<N+1; k++)
    printf("%d",a[k]);
  printf("\n");
  Count++;
}

void Dfs(int i)                              //从第 i 个数字开始“深搜”，初始时 i 值为 1
{
  if(i>N)
    Print();                                 //递归结束，输出结果
  else
    for(int k=1; k<=N; k++)                  //尝试可以填充的数字
      if(Used[k]==0)
      {
        Used[k]=1;                           //给数字添加已使用过的标记
        a[i]=k;                              //赋值
        Dfs(i+1);
        Used[k]=0;                           //还原为未使用
      }
}

int main()
{
  cin>>N;
  Dfs(1);                                    //从第 1 个数字开始“深搜”
  cout<<Count<<endl;
  return 0;
}
```

□2.1.11 外星人问题

【上机练习】外星人问题（martian）

人类科学家首次与外星人交流。首先，外星人把一个非常大的数字告诉人类科学家，科学家破解这个数字的含义后，再把一个很小的数字和这个非常大的数字相加，把结果告诉外星人，作为人类的回答。

外星人用一种非常简单的方式来表示数字——掰手指。外星人只有一只手，但这只手上有成千上万根手指，这些手指排成一列，分别编号为1,2,3…外星人的任意两根手指都能随意交换位

置，他们就是通过这种方法记数的。

一个外星人用一个人类的手演示了如何用手指记数。如果把 5 根手指即拇指、食指、中指、无名指和小指分别编号为 1、2、3、4 和 5，当它们按正常顺序排列时，形成一个 5 位数 12345；当交换无名指和小指的位置时，会形成一个 5 位数 12354；当把 5 根手指的顺序完全颠倒时，会形成 54321。在它们所形成的 120 个 5 位数中，12345 最小，它表示 1；12354 第二小，它表示 2；54321 最大，它表示 120。表 2.1 展示了只有 3 根手指时能够形成的 6 个三进制数和它们所表示的数字。

表 2.1

三进制数	123	132	213	231	312	321
表示的数字	1	2	3	4	5	6

现在的任务是：把外星人用手指表示的数与科学家告诉你的数相加，并根据相加的结果改变外星人手指的排列顺序。输入的数据应保证这个结果不会超出外星人手指能表示的范围。

【输入格式】

输入 3 行数据，第 1 行是一个正整数 N（$1 \leqslant N \leqslant 10000$），表示外星人手指的数目。第 2 行是一个正整数 M（$1 \leqslant M \leqslant 100$），表示要加上去的数。下一行表示整数 1 ～ N 的一个排列，用空格分隔，表示外星人手指的排列顺序。

【输出格式】

输出只有一行，该行含有 N 个整数，表示改变排列顺序后的外星人手指。每两个相邻的数中间用一个空格分隔，不能有多余的空格。

【输入样例】

5

3

1 2 3 4 5

【输出样例】

1 2 4 5 3

【数据规模】

对于 30% 的数据，$N \leqslant 15$；

对于 60% 的数据，$N \leqslant 50$；

对于 100% 的数据，$N \leqslant 10000$。

【算法分析】

本题是求 N 个数从当前排列开始，往后的第 M 个排列是什么。最简单的求解方法是使用 STL 里的 next_permutation，但 next_permutation 的效率太低，有必要找到一种更高效的解决方案。

由于 $N \leqslant 10000$，如果枚举所有的排列，显然会超时！但由于 $M \leqslant 100$，因此可以考虑从此入手。观察 N=5 时，12345 的全排列变化顺序即 12345→12354→12435→12453→12534→…如图 2.19 所示，其中折线高度对应数字的大小，即数字越大，上方的折线越高。

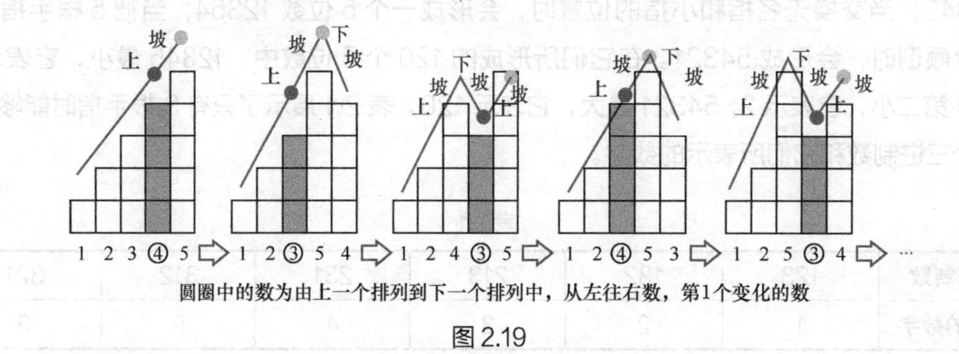

图 2.19

我们可以发现，从上一个排列变化到下一个排列中，从左往右数的第 1 个变化位置，是从右往左数的第 1 个“上坡”位置靠左一个的位置（即折线上的深色点位置）。

下面的代码片段即用来定位由上一个排列变化到下一个排列的第 1 个变化位置（即折线上的深色点位置）。

```
1    for(j=n-1;j>=1;j--)
2      if(b[j]<b[j+1])
3        break;
```

找到了第 1 个变化位置 b[j]，那么 b[j] 和后面的哪一位数交换呢？显然是从右往左数，第 1 个大于 b[j] 的数。

下面的代码片段即用来定位与第 1 个变化位置 b[j] 交换的数字。

```
1    for(k=n;k>=1;k--)                              //定位可交换的数字
2      if(b[k]>b[j])
3        break;
```

是不是两个数字互相交换一下，就是下一个排列了呢？显然不是，例如 12354 交换后的排列为 12453，而实际上 12435 才是正确的结果，所以还需对第 1 个变化位置后面的数字进行由小到大的排序。

根据以上分析，试编写该程序的代码。

□2.1.12 巡视

【上机练习】巡视（patrol）POJ 2907

生活在一个 row×col（row 和 col 均不超过 20）的矩阵中的机器人每天要到 n 个目标点巡视。它的起始位置坐标为 (x,y)，且只能沿 x、y 轴移动，不能走对角线。机器人从起始位置出发，走过每个目标点之后返回到起始位置，最短的路径是多少？

【输入格式】

第 1 行为一个整数，表示测试数据的组数。

以后每组数据的第 1 行为两个整数，表示矩阵的 row 和 col。

第 2 行为两个整数，表示起始位置坐标。

第 3 行为一个整数，表示目标点总数 n（$n \leqslant 10$）；随后 n 行表示各目标点的坐标，均为整数。

【输出格式】

输出最短路径，每组测试数据一行。

【输入样例】

1

10 10

1 1

4

2 3

5 5

9 4

6 5

【输出样例】

The shortest path has length 24

□2.1.13 组合问题

【上机练习】组合问题（combination）

一般来说，从 n 个不同的元素中任取 m（$m \leqslant n$）个元素为一组，叫作从 n 个不同元素中取出 m 个元素的一个组合，我们把有关求组合的个数的问题叫作组合问题。

现有 n 个数，分别为 $1,2,3,\cdots,n-1,n$，从中选出 m 个数，试输出所有组合方案。

【输入格式】

输入两个整数 n 和 m（$0 \leqslant m \leqslant n \leqslant 20$）。

【输出格式】

按字典序输出所有组合方案。

【输入样例】

5 3

【输出样例】

123

124

125

134

135

145

234

235

245

345

【算法分析】

组合问题可以使用深度优先搜索 (DFS) 算法解决，核心伪代码如下。

```
1   void DFS (int dep)                        //dep表示搜索深度，即已选出了多少数字
2   {
3     if (已经选出了n个元素)
4       输出该方案
5     for (枚举下一位数，下一位数大于前一位数)
6     {
7       将枚举到的元素保存到数组中
8       深度优先搜索下一位数
9       恢复到深度优先搜索之前的状态
10    }
11  }
```

此题也可以使用位运算方法解决，请感兴趣的读者尝试完成。

2.1.14 组合与素数

【上机练习】组合与素数（c）

从 n 个整数 $b_1,b_2,\cdots,b_n$ 中任选 k 个整数相加，可得到一系列的和。

例如当 n=4、k=3，4 个整数分别为 3,7,12,19 时，可得全部的组合与它们的和为

3+7+12=22

3+7+19=29

7+12+19=38

3+12+19=34

试求和为素数的组合共有多少种。

本例中，只有 3、7、19 的和为素数。

【输入格式】

第 1 行两个整数：n,k（$1 \leqslant n \leqslant 20$，$k < n$）。

第 2 行 n 个整数：$b_1,b_2,\cdots,b_n$（$1 \leqslant b_n \leqslant 5000000$）。

【输出格式】

一个整数（满足条件的方案数）。

【输入样例】

4 3

3 7 12 19

【输出样例】

1

【算法分析】

简单的算法是使用组合问题中的深度优先搜索伪代码，每深度优先搜索到一个组合，就先累加该组合中的所有整数，再判断和是否为素数。但是每一次逐个累加求和很费时间，我们可以在深度优先搜索的过程中累加求和。设数组 b[] 保存输入的所有整数，sum 为当前组合中所有整数的和，其伪代码如下。

```
1   void DFS(int s,int dep)         //从第 s 个数开始取值，当前已经取了 dep 个数
2   {
3     if(已经取够了 k 个数)
4     {
5       if(累加的和 sum 为素数))
6           方案数加 1
7       return;
8     }
9     for(int i=s; i<=n; i++)     //从 s 开始尝试取或不取后面的每个值
10    {
11      sum+=b[i];                  //如果取这个值，sum 的值加取的这个值
12      DFS(i+1,dep+1);             //在取了这个值的情况下，继续递归
13      sum-=b[i];                  //如果不取这个值，sum 的值要还原回来
14    }
15  }
```

□2.1.15　幂

【上机练习】幂（pow）

任何一个正整数都可以用 2 的幂相加来表示，例如 $137=2^7+2^3+2^0$，同时约定把指数放到括号中来表示，即 a^b 可表示为 $a(b)$。

由此可知，137 可表示为 2(7)+2(3)+2(0)。

进一步：$7=2^2+2+2^0$（2^1 用 2 表示），并且 $3=2+2^0$。

所以最后 137 可表示为 2(2(2)+2+2(0))+2(2+2(0))+2(0)。

又如 $1315=2^{10}+2^8+2^5+2+1$，所以 1315 最后可表示为 2(2(2+2(0))+2)+2(2(2+2(0)))+2(2(2)+2(0))+2+2(0)。

【输入格式】

输入一行，为一个正整数 n。

【输出格式】

符合约定的 n 的 0、2 表示（在表示结果中不能有空格）。

【输入样例】

1315

【输出样例】

2(2(2+2(0))+2)+2(2(2+2(0)))+2(2(2)+2(0))+2+2(0)

□2.1.16 Jam 记数法

【上机练习】Jam 记数法（count）

Jam 记数法不是使用阿拉伯数字记数，而是使用小写英文字母记数，每个 Jam 数字的位数都是相同的（使用相同个数的字母）。在 Jam 数字中，英文字母按 a ~ z 的顺序排列，排在前面的字母小于排在它后面的字母也就是从左到右是严格递增的，而且每个字母互不相同。Jam 记数法还指定了使用字母的范围，例如范围为 2 ~ 10，表示只能使用 {b,c,d,e,f, g,h,i,j} 这些字母。如果再规定位数为 5，那么，紧接在 Jam 数字“bdfij”之后的数字应该是“bdghi”。（如果用 U、V 分别表示 Jam 数字“bdfij”与“bdghi”，则 $U < V$，且不存在 Jam 数字 P，使 $U < P < V$）。你的任务是输入一个 Jam 数字，然后按顺序输出紧接在其后面的 5 个 Jam 数字，如果后面没有那么多 Jam 数字，那么有几个就输出几个。

【输入格式】

输入两行数据，第 1 行为 3 个正整数 s、t 和 w（$1 \leqslant s < t \leqslant 26$，$2 \leqslant w \leqslant t\text{-}s$），其中 s 表示使用的最小字母序号，t 表示使用的最大字母序号，w 为数字的位数。

第 2 行是由 w 个小写字母组成的字符串，它是一个符合 Jam 记数法规则的 Jam 数字。

【输出格式】

输出最多为 5 行，为紧接在输入的 Jam 数字后面的 5 个 Jam 数字，如果后面没有那么多 Jam 数字，那么有几个就输出几个。每行只输出一个 Jam 数字，是由 w 个小写字母组成的字符串，不要有多余的空格。

【输入样例】

2 10 5
bdfij

【输出样例】

bdghi
bdghj
bdgij

bdhij

befgh

【算法分析】

理解题意，仔细分析样例，找出变化规律，问题就迎刃而解了。

2.2 提高组

❑ 2.2.1　分形图 1

【上机练习】分形图 1（fractal）POJ 2083

分形（fractal）通常被定义为“一个粗糙或零碎的几何形状，可以分成数个部分，且每一部分都（至少近似地）是整体缩小后的形状”，即具有自相似的性质。例如一株蕨类植物，仔细观察你会发现，它每个枝杈的外形都和整体相似，仅仅是尺寸小了一些。而枝杈的枝杈也和整体相似，只是尺寸变得更小了。那么，枝杈的枝杈的枝杈呢？自不必赘述。图 2.20 展示了 4 种类型的分形图。

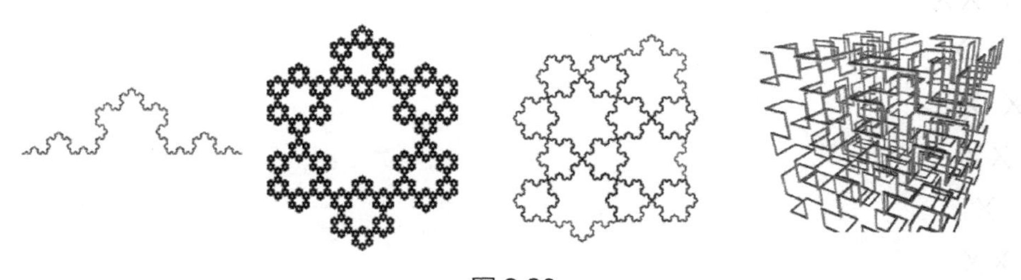

图 2.20

例如：一个尺度的圆形表示为

```
X
```

两个尺度圆形表示为

```
X X
 X
X X
```

如果用 $B(n-1)$ 表示 $n-1$ 尺度的圆形，则递归定义为

```
B(n-1)        B(n-1)
       B(n-1)
B(n-1)        B(n-1)
```

【输入格式】

输入多组数据，每组有一个整数 n（$n \leqslant 7$），表示圆形的尺度，最后一行以 -1 结束。

【输出格式】

每组数据以字母“X”绘出分形图，每组数据以一个“-”表示结束。

【输入样例】

```
1
2
3
4
-1
```

【输出样例】

```
X
-
XX
 X
XX
-
XX XX
 X  X
XX XX
  XX
   X
  XX
XX XX
 X  X
XX XX
-
XX XX    XX XX
 X  X     X  X
XX XX    XX XX
  X X      X X
   X        X
  X X      X X
XX XX     XX XX
 X  X      X   X
```

```
XX XX     XX XX
    XX XX
     X  X
    XX XX
      X X
       X
      X X
    XX   XX
     X    X
    XX   XX
XX XX     XX XX
 X  X      X  X
XX XX     XX XX
  X X       X X
   X         X
  X X       X X
XX XX     XX XX
 X  X      X  X
XX XX     XX XX
_
```

尺度数为 n 的圆形分形，其存储容量大小是 $3^{n-1}\times3^{n-1}$。可以用字符数组来存储圆形分形中的各个字符，因为 $n\leqslant7$，而 $3^6=729$，所以可以定义一个大小为 731×731 的字符数组来存储尺度数不超过 7 的圆形分形。

我们可以用一个递归函数来绘制尺度数为 n 的圆形分形。假设需要从 (x,y) 位置开始绘制尺度数为 n 的圆形分形，它由 5 个尺度数为 $(n-1)$ 的圆形分形组成，它们的起始位置分别为 (x,y)、$(x+2L,y)$、$(x+L,y+L)$、$(x,y+2L)$、$(x+2L,y+2L)$，其中 $L=3^{n-2}$。该递归函数的结束条件是：当 $n=1$ 时（即尺度数为 1 的分形），只需在（x,y）位置显示一个字母“X”。

核心递归代码如下。

```
1  void Dg(int n,int x,int y)
2  {
3    if(n==1)
4    {
5      Map[x][y]='X';
6      return;
7    }
```

```
8       int size=pow(3.0,n-2);
9       Dg(n-1,x,y);                          //左上角
10      Dg(n-1,x,y+2*size);                   //右上角
11      Dg(n-1,x+size,y+size);                //中间
12      Dg(n-1,x+2*size,y);                   //左下角
13      Dg(n-1,x+2*size,y+2*size);            //右下角
14  }
```

□2.2.2 分形图 2

【上机练习】分形图 2POJ 3768

若分形图模板如下:

```
# #
 #
# #
```

则一层的分形图为

```
# #
 #
# #
```

二层的分形图为

```
# #   # #
 #     #
# #   # #
   # #
    #
   # #
# #   # #
 #     #
# #   # #
```

【输入格式】

输入多组数据，每组数据的第 1 行为一个整数 N，表示分形图模板大小为 $N\times N$，N可能为 3、4、5。接下来 N 行表示分形图模板。随后一行为一个整数 N，表示分形图的层次，N=0 表示输入结束。分形图大小不超过 3000×3000。

【输出格式】

输出对应的分形图。

【输入样例】

3

```
##
 #
##
1
3
##
 #
##
3
4
 OO
O O
O O
 OO
2
0
```

【输出样例】

```
##
 #
##
########
 # # # #
########
  ##  ##
   #   #
  ##  ##
########
 # # # #
########
    ####
     # #
    ####
      ##
       #
      ##
```

```
      ## ##
       #  #
      ## ##
 ## ##    ## ##
  #  #     #  #
## ##    ## ##
 ##         ##
  #          #
 ##         ##
## ##    ## ##
 #  #     #  #
## ##    ## ##
    OO  OO
   O  OO  O
   O  OO  O
    OO  OO
OO          OO
O O         O O
O O         O O
OO          OO
OO          OO
O O         O O
O O         O O
OO          OO
     OO OO
    O  OO  O
    O  OO  O
     OO  OO
```

□2.2.3 分形之城

【上机练习】分形之城（fra）

名为 Fractal 的城市采用了图 2.21 所示的规划方案。

当城市规模扩大之后，Fractal 的解决方案是把原来的城市布局 [见图 2.21(a)] 按照图 2.21(b) 和 (c) 所示的方式设置，提升城市的等级。对于任意等级的城市，我们把正方形街区从左上角开始沿着道路走向编号。Fractal 规划部门的人员想知道，如果城市发展到了等级 N，编号为 A 和 B 的两个街区的直线距离是多少。两个街区的直线距离指的是两个街区的中心点之间的距离，每个街区都是边长为 10m 的正方形。

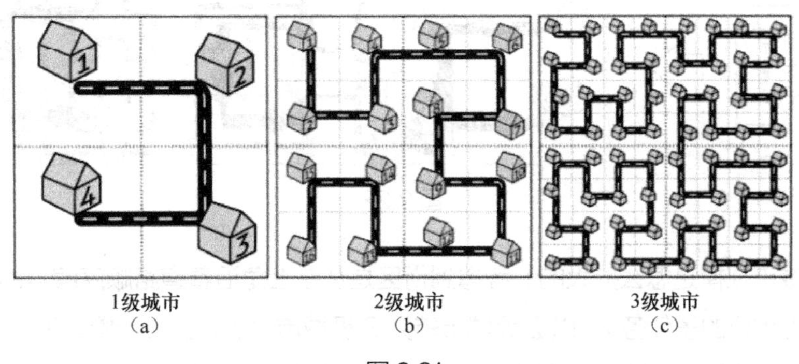

1级城市（a）　2级城市（b）　3级城市（c）

图 2.21

【输入格式】

输入多组测试数据，第 1 行是一个整数 T，表示测试数据的数目。每组测试数据包含 3 个整数 N、A、B，其中，N 表示城市等级，A 和 B 表示两个街区的编号。

【输出格式】

每组测试数据以一行输出答案，且四舍五入为整数。

【输入样例】

```
3
1 1 2
2 16 1
3 4 33
```

【输出样例】

```
10
30
50
```

【数据规模】

对于 30% 的数据，$N \leqslant 5$，$T \leqslant 10$。

对于 100% 的数据，$N \leqslant 31$，$1 \leqslant A$，$B \leqslant 22N$，$T \leqslant 1000$。

【算法分析】

显然分形图用递归算法实现最为方便，所以需要想办法将高阶的递归任务转化为低阶的递归子任务。如图 2.22 所示，以每一个图的中心为原点，将城市均分为 1,2,3,4 共 4 个部分，可以发现每一级城市扩展的顺序均为 1→2→3→4。

由图 2.22 可知，1 级城市有 4 个街区，2 级城市有 16 个街区，3 级城市有 64 个街区……N-1 级城市有 2^{2N-2} 个街区，N 级城市有 2^{2N} 个街区。那么 N 级城市的第 M 个街区位于图的哪一部分呢？答案为$(M-1)/2^{2N-2}+1$。例如，3级城市的第63个街区位于图的第4（即int(62/16)+1）个部分。

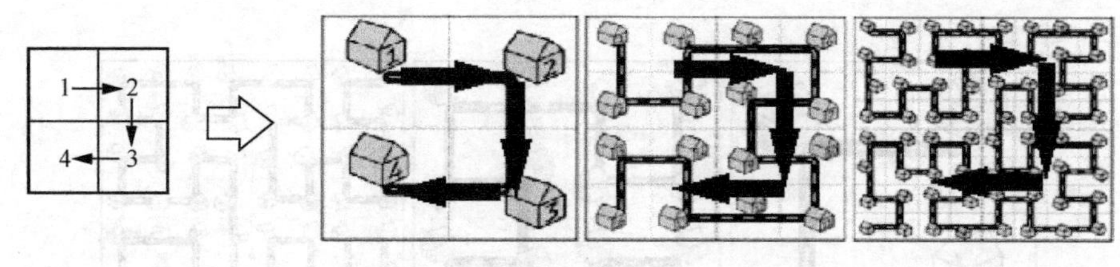

图 2.22

再来观察城市规模是怎么扩大的。考虑到街区是从左上角沿着道路顺序编号的，为了后面递归的方便（转为相似的子任务），以 2 级城市转为 3 级城市为例，扩展步骤如下：

（1）2 级城市顺时针旋转 90° 后水平翻转，转为 3 级城市的左上部分；

（2）2 级城市不做任何翻转，转为 3 级城市的右上部分；

（3）2 级城市不做任何翻转，转为 3 级城市的右下部分；

（4）2 级城市逆时针旋转 90° 后水平翻转，转为 3 级城市的左下部分。

这样我们就可以很方便地推导出 N 级城市的 M 街区是由 N−1 级城市的哪一个街区复制而来的，推导公式为 $(M-1)\%2^{2N-2}+1$，例如 3 级城市的第 63 街区，是由 2 级城市的第 15 街区复制而来，而 2 级城市的第 15 街区是由 1 级城市的第 3 街区复制而来。

计算 A、B 街区的直线距离要用到欧几里得距离公式：$\sqrt{(x_1-x_2)^2+(y_1-y_2)^2}$。

这需要计算出 A、B 街区的坐标 (x_1,y_1) 和 (x_2,y_2)。那么，假设 1 级城市以中心为原点，4 个街区的坐标分别为 (−1,1)、(1,1)、(1,−1)、(−1,−1)，顺时针旋转 90°，4 个街区的坐标变为 (1,1)、(1,−1)、(−1,−1)、(−1,1)，进一步可以推出：坐标为 (x,y) 的点顺时针旋转 90° 后得到 $(y,-x)$，逆时针旋转 90° 后得到 $(-y,x)$，水平翻转得到 $(-x,y)$。

以扩展步骤（1）为例：N−1 级的城市顺时针旋转 90° 后水平翻转，转为 N 级城市的左上部分，那么原来坐标为 (x,y) 的点将变为 3 级城市的坐标 (y,x)。

扩展步骤（2）中，N−1 级的城市不做任何翻转，转为 N 级城市的右上部分，可知原来坐标点的 y 坐标不变，但 x 坐标需要向右平移一段距离，平移的距离值显然与 N 级城市的边长相关。观察可知：1 级城市的边长为 2 个街区长，2 级城市的边长为 4 个街区长，3 级城市的边长为 8 个街区长……N 级城市的边长为 2^N 个街区长。

其他步骤同理转换即可。

请根据算法分析，完成本题代码。

第 03 章　枚举算法

枚举算法又称穷举算法，可以说是最简单、最基础也是效率最低的算法。但是枚举算法有很多优点：首先，只要时间足够，正确的枚举算法得出的结论就是绝对正确的；其次，枚举算法是对所有方案的全面搜索，能够得出所有的解。因此，枚举算法常在竞赛中用作提交程序的“对拍”。

3.1 普及组

3.1.1 火柴棒等式

【例题讲解】火柴棒等式（matches）

用 n 根火柴棒，你可以拼出多少个形如“$A+B=C$”的等式？等式中的 A、B、C 是用火柴棒拼出的整数（若该数非零，则最高位不能是 0）。

用火柴棒拼 0 ～ 9 的方法如图 3.1 所示。

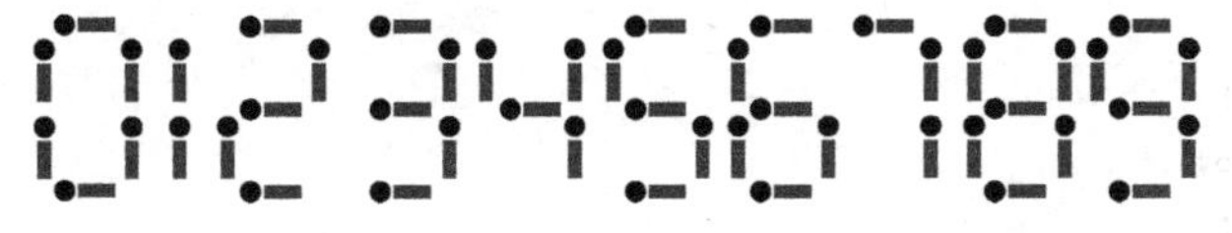

图 3.1

用火柴棒拼等式的规则如下：

（1）加号与等号各需要用两根火柴棒；

（2）如果 $A \neq B$，则 $A+B=C$ 与 $B+A=C$ 视为不同的等式（A、B、$C \geqslant 0$）；

（3）n 根火柴棒必须全部用上。

【输入格式】

输入数据占一行，为一个整数 n（$n \leqslant 24$），表示火柴棒数。

【输出格式】

输出占一行，为一个整数，表示能拼成的不同等式的数目。

【输入样例 1】

13

【输出样例 1】

1

【样例 1 说明】

1 个等式为 1+1=2。

【输入样例 2】

14

【输出样例 2】

2

【样例 2 说明】

2 个等式为 0+1=1 和 1+0=1。

【算法分析】

因为数据规模很小，所以直接枚举 A 和 B 的值即可。事实证明 A 和 B 的值最多只有 3 位数。为了加快程序运行速度，可以提前将拼数字 0 ～ 1999 所使用的火柴棒数保存到数组 M[] 中。

参考代码如下。

```
1   //火柴棒等式
2   #include <bits/stdc++.h>
3   using namespace std;
4
5   int Need[]= {6,2,5,5,4,5,6,3,7,6}; //保存拼数字 0 ～ 9 所使用的火柴棒数
6   int M[2000];
7
8   int Match(int cur)                    //返回 cur 使用的火柴棒数
9   {
10    if(cur==0)
11      return 6;
12    int ans=0;
13    for(; cur>0; cur/=10)
14      ans+= Need[cur%10];
15    return ans;
16  }
17
18  void GetMatch()                   //提前将拼数字 0 ～ 1999 所使用的火柴棒数保存到 M[] 中
19  {
20    for(int i=0; i<=1999; ++i)
21      M[i]=Match(i);
22  }
23
24  int main()
25  {
26    int ans=0,n;
27    scanf("%d",&n);
```

```
28    GetMatch();
29    for(int i=0; i<=1000; ++i)
30      for(int j=i; j<=1000; ++j)
31      {
32        int a=M[i];
33        int b=M[j];
34        if(a+b>n-6)                    //右边至少需要两根火柴棒，=和+共需要4根火柴棒
35          continue;
36        if(a+b+M[i+j]+4==n)
37          i==j?ans++:ans+=2;
38      }
39    printf("%d\n",ans);
10    return 0;
41  }
```

该程序考虑到 $A \neq B$，则 $A+B=C$ 与 $B+A=C$ 为两个等式，故求出 $A+B=C$ 且 $A \neq B$ 时，方法数加 2 即可将时间复杂度降低一半。

□ 3.1.2　求子集

【例题讲解】求子集（subset）

有 N 个元素，例如 N=3，元素顺序以字母 a、b、c 定义，称 (a,b,c) 为集合 S，则集合 S 的子集有 {( ),(a),(b),(c),(a,b),(b,c),(a,c),(a,b,c)}。

现输入 N，求集合 S 的子集。

【输入格式】

输入一个整数 N（N < 16）。

【输出格式】

输出所有子集，每个子集占一行，按字典序排序。

【输入样例】

2

【输出样例】

()
(a)
(ab)
(b)

【算法分析】

求子集的问题可转化为求所有的 N 位二进制数。例如设 N=2，则所有的 2 位二进制数为 00,01,10,11，若第 1 位代表字母“a”，第 2 位代表字母“b”，1 代表取该字母，0 代表不取该字母，则这 4 个二进制数正好与输出样例的 4 个子集一一对应。

既然问题是求所有的 N 位二进制数，而 N 位二进制数的子集个数为 2^N，因此直接使用位运算输出 2^N 个子集即可。

参考代码如下。

```
//求子集
#include <bits/stdc++.h>
using namespace std;

int N;
set <string> s;

void Subset(int n)
{
  string str="(";
  for(int i=0; i<N; i++)
    if((1<<i) & n)                  //如果当前位是1
      str+=char(i+'a');
  s.insert(str+")");                //产生的子集插入set容器,set会自动排序
}

int main()
{
  cin>>N;
  for(int i=0; i<(1<<N); i++)      //循环2的N次方次,枚举i从000...000到111...111
    Subset(i);
  for(set<string>::iterator ii=s.begin(); ii!=s.end(); ii++)
    cout<<*ii<<endl;
  return 0;
}
```

此题也可以使用递归算法解决。

3.1.3 加急密文

【上机练习】加急密文(MSG)

加急密文使用了“凯撒加密法”。所谓“凯撒加密法”，是指对于明文中的每个字母，用它后面的第 t 个字母代替。例如当 t=2 时，字母 A 将变成 C，字母 B 将变成 D……字母 Y 将变成 A，字母 Z 将变成 B（设定字母表是循环的）。

这样一来，字母表：

ABCDEFGHIJKLMNOPQRSTUVWXYZ

将变成：

CDEFGHIJKLMNOPQRSTUVWXYZAB

此规则下，例如明文 Apple 将加密为密文 Crrng。

现在请你在不知道 t 值的情况下，把密文解密。

【输入格式】

输入一段文字（所有字符的数目不超过 500000，不少于 2000）。文字中可能包含字母、数字、标点符号、空格、回车符、制表符等各种符号，其中只有字母被加密处理过，加密后的字母

其大小写不变。

【输出格式】

输出加密文字的明文，明文保证是成章的英文段落，没有语法和单词拼写错误。

【输入样例】

Uif Npouz Ibmm Ejmfnnb xbt ejtdvttfe jo uif qpqvmbs “Btl Nbszmjo” rvftujpo-boe-botxfs dpmvno pg uif Qbsbef nbhbajof. Efubjmt dbo bmtp cf gpvoe jo uif “Qpxfs pg Mphjdbm Uijoljoh” cz Nbszmjo wpt Tbwbou.

【输出样例】

The Monty Hall Dilemma was discussed in the popular “Ask Marylin” question-and-answer column of the Parade magazine. Details can also be found in the “Power of Logical Thinking” by Marylin vos Savant.

【样例说明】

因篇幅限制，样例字符有删减。

【算法分析】

读取明文的全部内容到字符数组 s[] 的代码可以这么写：

for(Len=0; ~ scanf(“%c” ,&s[Len]); Len++);

英文的特征一般有：

（1）在所有的英文字母里，字母“e”出现的频率最高；

（2）在所有的三字母组合里，组合“the”出现的频率最高；

（3）绝大多数情况下，句中出现的单字母大写单词是 I；

（4）绝大多数情况下，句中出现的单字母小写单词是 a；

……

找到了这些特征，枚举 t 的值（范围为 1 ～ 26）对文章中的每个字母进行替换，若发现替换后的文章符合英文的特征，就是答案。

□ 3.1.4　健康的奶牛

【上机练习】健康的奶牛（holstein）USACO 2.1.4

已知每种饲料中包含的维生素量，喂奶牛时每种饲料最多只能使用一次，请你帮助农夫喂养奶牛，使喂给奶牛的饲料的种数最少，但要保持它们的健康。

【输入格式】

第 1 行为一个整数 V（$1 \leqslant V \leqslant 25$），表示奶牛需要的维生素的种类数。

第 2 行为 V 个整数（范围为 [1,1000]），表示奶牛每天需要的每种维生素的最小量。

第 3 行为一个整数 G（$1 \leqslant G \leqslant 15$），表示可用来喂奶牛的饲料的种数。

随后 G 行，第 n 行表示编号为 n 的饲料包含的各种维生素的量（整数）。

【输出格式】

输出一行数据，包括奶牛需要的最少的饲料种数 P 及所选择的饲料编号（按从小到大排列）。如果有多个解，输出饲料编号最小的，即字典序最小。

【输入样例】

4
100 200 300 400
3
50 50 50 50
200 300 200 300
900 150 389 399

【输出样例】

2 1 3

【算法分析】

由于饲料的种数不超过 15 种，且每种饲料最多只能对奶牛使用一次，因此可以使用位运算或深度优先搜索枚举出所有的组合以比较出最佳方案。

深度优先搜索（DFS）算法的伪代码大致如下。

```
1   void DFS(int cur)                                   //选出第 cur 种饲料
2   {
3     for(枚举所有比前一种饲料编号大的饲料)
4     {
5       选择该饲料，将该饲料编号加到当前组合中
6       更新该组合能得到的全部各类维生素值
7       if(满足奶牛所需各类维生素值且用到的饲料数更少)
8           更新最优解，保存当前组合的各元素以备最后输出答案时输出
9       else if(cur+1<最优解)                              //剪枝
10        DFS(cur+1);                                    //选下一种饲料
11      不选择该饲料，刚才累加的该饲料包含的各类维生素值要减去
12    }
13  }
```

□3.1.5 排队

【上机练习】排队（queue）

在一个奇怪的餐厅，餐厅老板要求顾客们分两批就餐。所有第 2 批就餐的顾客排在队伍后半部分，队伍的前半部分由第 1 批就餐的顾客占据。

第 i 个顾客有一张标明他用餐批次 D_i（$1 \leqslant D_i \leqslant 2$）的卡片。虽然 N（$1 \leqslant N \leqslant 30000$）个顾客排的队列很整齐，但他们所持卡片上的编号是完全无序的。

在若干次混乱的重新排队后，餐厅老板找到了简单的方法，即顾客们不动，他沿着队列从头

到尾走一遍，把那些他认为排错队的顾客卡片上的编号改掉，最终得到一个他想要的队列，例如112222或111122。有的时候，他会把整个队列弄得只有1组顾客，如1111或222。

请问餐厅老板要想达到目标，最少需要改多少个顾客的卡片编号？

【输入格式】

第 1 行为 一个整数 N，表示顾客人数。第 2 ~ N+1 行：第 i+1 行是一个整数，为第 i 个顾客的用餐批次 D_i。

【输出格式】

输出一个整数，即餐厅老板要改卡片编号的最少顾客数。

【输入样例】

```
7
2
1
1
1
2
2
1
```

【输出样例】

```
2
```

【样例说明】

餐厅老板选择改第 1 个和最后一个顾客卡片上的编号。

【算法分析】

求解此题时对数据进行预处理会更方便些，将卡片上的编号改为 0 表示编号 1，1 表示编号 2，这只要在读入编号时减 1 即可。

定义一个前缀和数组 a[]，a[i] 表示从第 1 个到第 i 个顾客编号为 2 的人数，则 a[i]- a[j-1]（j ≥ 1，i ≥ j）即表示第 j 个到第 i 个顾客编号为 2 的人数，而不需要逐个计算（显然某一段顾客编号为 1 的人数也可以直接算出）。根据题意枚举 i，统计出将第 1 ~ i 个顾客的编号全变成编号为 1，第 i+1 ~ N 个顾客的编号全变成编号为 2 的操作次数，选出最小值即可。

另一种递推算法是：设 a[i] 表示第 i 个顾客的用餐批次，f[i] 表示当编号为 1 ~ i 的顾客卡片上的数字全为 1 时的最少操作数，g[i] 表示当编号为 i ~ n 的顾客卡片上的数字全为 2 时的最少操作数。显然 f[i]=f[i-1]+(a[i]-1)，g[i]=g[i+1]+(a[i] % 2)，f[i] 正序递推，g[i] 逆序递推，则答案为 min(f[i]+g[i+1])。

□3.1.6 破碎的项链

【例题讲解】破碎的项链（beads）

有一条项链，是由 n 颗红、白、蓝色的珠子穿成的，珠子是随意排列的。图 3.2 是当 n=29 时的两个例子，其中第 1 和第 2 颗珠子已经被标记，A 例中的项链可以用字符串“brbrrrbbbrrrrrbrrbbrbbbbrrrrb”表示，r、b、w 分别表示红色珠子、蓝色珠子和白色珠子。

```
          12                          12
        r b b r                     b r r b
      r         b                 b         b
     r           r               b           r
    r             r             w             r
   b               r           w               w
  b                 b         r                 r
  b                 b         b                 b
  b                 b         r                 b
   r               r           b               r
    b             r             r             r
     b           r               r           r
      r         r                 r         b
        r b r                       r r w
        A例                          B例

                    r：红色
                    b：蓝色
                    w：白色
```

图 3.2

假如在某处剪断项链，将其展开成一条直线，然后从一边开始收集同颜色的珠子直到遇到一颗不同颜色的珠子，在另一边做同样的事（颜色可能与在这之前收集的不同）。试确定应该在哪里剪断项链以收集到最大数目的珠子。

例如 A 例中的项链，在珠子 9 和珠子 10 或珠子 24 和珠子 25 之间剪断项链可以收集到 8 颗珠子。

当收集珠子的时候，白色珠子可以被当作红色也可以被当作蓝色。

写一个程序来确定从一条给出珠子数目的项链中可以收集到的珠子的最大数目。

【输入格式】

第 1 行为一个正整数 n（$3 \leqslant n \leqslant 350$），表示珠子数目。

第 2 行为一串长度为 n 的字符串，表示项链。表示珠子颜色的字符是 'r' 'b' 或 'w'。

【输出格式】

输出一个整数，表示给出珠子数目的项链中可以收集到的珠子的最大数目。

【输入样例】

29

wwwbbrwrbrbrrbrbrwrwwrbwrwrrb

【输出样例】

11

【算法分析】

将封闭成环的项链展开成一条直线，用代码实现有两种方法：一种是将字符串复制成两倍长后操作，例如“wwwbb”复制成两倍为“wwwbbwwwbb”；另一种是通过取 n 的余数来定位每一个字符。

我们很容易想到只要依次枚举断开位置，从断开位置分别往两边找，找到不能再找就停下，并更新最优答案即可。

可能想到的优化方法有：

（1）将分割点选在两颗不同颜色珠子的中间，因为这样才是贪心策略的最优选择。

（2）为方便处理，所有的白色珠子都放到分割点的一边，例如右边，因为两边的结果是一样的。

参考代码如下。

```
1  //破碎的项链 —— 取余数法
2  #include <bits/stdc++.h>
3  using namespace std;
4  
5  int n, ans = -1;
6  string s;
7  
8  int Calc(int pos)
9  {
10   int i,Len=2, L=(pos-1+n) % n, R=pos;// 长度至少为 2，L、R 分别代表左右分割点的位置
11   for(; (R+1)%n != pos && s[R%n] == 'w'; R++,Len++);// 统计右边连续的 w
12   for(i=1; i<n && (s[R%n]==s[(R+i)% n] || s[(R+i)%n]=='w'); i++,Len++);
13   for(i=2;i<n && (s[L]==s[(pos-i+n)%n] || s[(pos-i+n)%n]=='w'); i++,Len++);
14   return Len>n?n:Len;            // 处理可分割的全链相同颜色的珠子，即 wwwrrrr 这种情况
15 }
16 
17 int main()
18 {
19   cin>>n>>s;
20   for(int i = 0; i < n; i++)                       // 枚举分割点
21     if(s[(i-1+n)%n]!=s[i] && s[(i-1+n)%n]!='w')  // 完成算法分析中讲到的 2 点优化
22       ans = max(ans, Calc(i));                     // 更新最优答案
23   cout<<(ans==-1 ? n:ans)<<endl;                   //-1 表示无法分割，珠子全部同色
24   return 0;
25 }
```

上面的代码每次枚举都要重复统计，我们可以将字符串复制为原来的两倍长后从左到右扫描一遍即得出结果。例如“wwbbwwrr”复制成两倍长为“wwbbwwrrwwbbwwrr”。设变量 Left 表示从当前断点出发向左能扫描到的最大长度，设变量 Right 表示从当前断点出发向右能扫描到

的最大长度，设变量 White 表示连续白色珠子的长度。从左到右扫描到第 1 个 b 之前如图 3.3 所示。

继续向右扫描，扫到第 1 个 b 时，显然此时 Right 仍然可以继续向右扫描下去，即 Right=3，但连续的白色珠子中断了，所以 White=0，如图 3.4 所示。

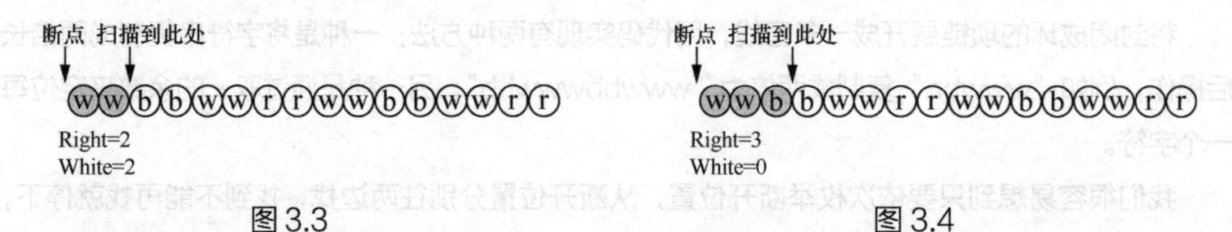

图 3.3　　图 3.4

很明显，还可以继续向右扫描到第 1 个 r 之前，此时 Right=6，White=2，如图 3.5 所示。

继续向右扫描，遇到第 1 个 r 时，从最初的断点出发向右扫描最长也就到这里了。我们可以将 r 的左边断开设为新断点，但为了计算方便，断点放在 r 的左边连续两个 w 的左边更合适（两个 w 放在断点左边或放在断点右边，对结果没有影响）。此时初始断点计算出来的最长距离为 6，而新断点产生后，Left=Right-White=4，Right=White+1=3，如图 3.6 所示。

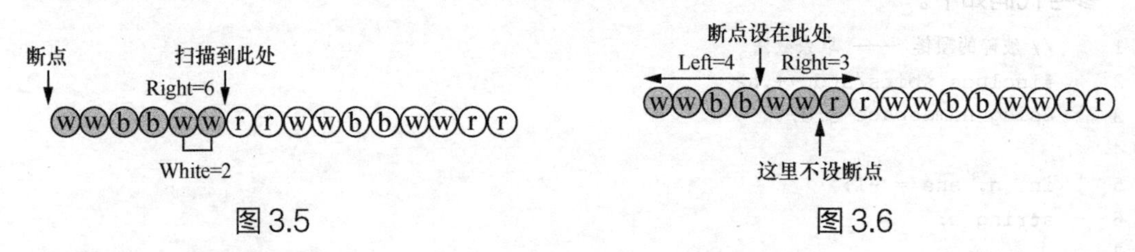

图 3.5　　图 3.6

继续向右一直扫描到下一个 b，可得该断点扫描出来的最长距离为 4+6=10，新断点产生于这个 b 左边连续两个 w 的左边，即 Left=4，Right=3，如图 3.7 所示。

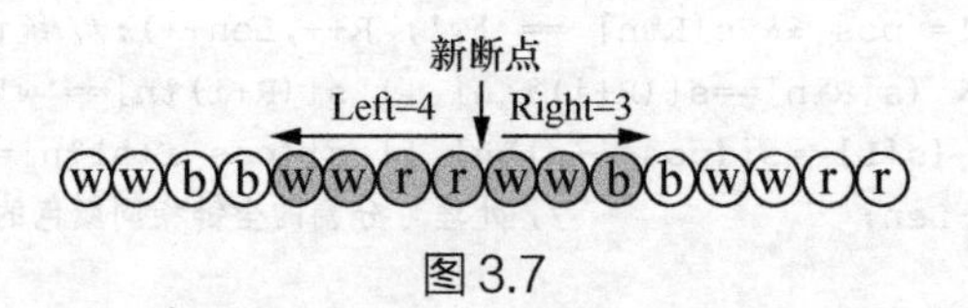

图 3.7

依此法扫描完后，如果得到的最大长度超过原始字符串长度，则答案为原始字符串长度。

参考代码如下，请在画线处填上合适的代码使程序完整。

```
1   //破碎的项链——复制字符串法
2   #include <bits/stdc++.h>
3   using namespace std;
4
5   char s[700],c;
6   int Left, Right, White, ans;
7
8   int main()
9   {
10    int n;
```

```
11      scanf("%d%s",&n,s);
12      memcpy(s+n,s,n);
13      int N=(n<<1);                                          //长度为原字符串的两倍
14      for(int i = 0; i <N; i++)
15        if(s[i] == 'w')
16        {
17          Right________;
18          White________;
19        }
20        else if(s[i] ==  c )
21        {
22          Right________;
23          White________;
24        }
25        else
26        {
27          c=__________;
28          ans=______________;
29          Left=_____________;
30          Right=____________;
31          White_______;
32        }
33      printf("%d\n",min(max(ans,Left+Right),n));
34      return 0;
35    }
```

□3.1.7　选择客栈

【例题讲解】选择客栈（hotel）NOIP 2011

n 家客栈按照其位置顺序从①到ⓝ编号排成一行。每家客栈都按照某一种色调（共 k 种，用整数 0 ～ k-1 表示）进行装饰，且每家客栈都设有饭店，每家饭店均有各自的最低消费要求。

琪儿和琳琳喜欢相同的色调，又想尝试两家不同的客栈，因此决定分别住在色调相同的两家客栈中。晚上，她们打算选择一家饭店吃饭，要求饭店位于两人住的两家客栈之间（包括她们住的客栈），且饭店的最低消费不超过 p。

她们想知道总共有多少种可选的住宿方案，保证可以找到一家最低消费不超过 p 的饭店。

【输入格式】

第 1 行为 3 个整数 n、k、p，分别表示客栈数、装饰色调数和能接受的最低消费的最高值。

随后 n 行，第 i+1 行为两个整数，分别表示 i 号客栈的装饰色调和 i 号客栈的饭店的最低消费。

【输出格式】

输出只有一行，为一个整数，表示她们可选的住宿方案的总数。

【输入样例】

5 2 3

0 5

1 3

0 2

1 4

1 5

【输出样例】

3

【样例说明】

客栈编号：① ② ③ ④ ⑤

装饰色调：0 1 0 1 1

最低消费：5 3 2 4 5

两人要住同样色调的客栈，所有可选的住宿方案包括住客栈①、③，②、④，②、⑤，④、⑤，但是若选择住④、⑤号客栈的话，④、⑤号客栈之间的饭店的最低消费是 4，而两人能承受的最低消费是 3，不满足要求，因此只有前 3 种方案可选。

【数据规模】

对于 30% 的数据，$n \leqslant 100$；

对于 50% 的数据，$n \leqslant 1000$；

对于 100% 的数据，$2 \leqslant n \leqslant 200000$，$0 < k \leqslant 50$，$0 \leqslant p \leqslant 100$，$0 \leqslant$ 最低消费 $\leqslant 100$。

1. 优化算法 1

本题可以用枚举法解决 30%（$n \leqslant 100$）的数据，具体思路为，枚举区间 $[i, j]$（$i \neq j$，且 i、j 色调相同），再判断区间内是否有最低消费不超过 p 的饭店。时间复杂度为 $O(n^2)$。

进一步的优化是将客栈按颜色分类，如图 3.8 所示，颜色为 C 的客栈已读入 5 家，此时新读入一家颜色为 C 的客栈且该客栈满足最低消费要求，匹配成功数为 5，即可行方案增加 5 种。

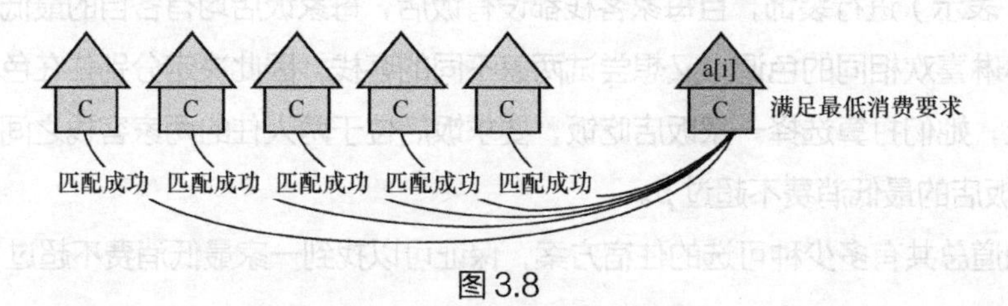

图 3.8

如果新读入的颜色为C的客栈不满足最低消费要求，则在已读入的颜色 C 的客栈里找到最近的、满足最低消费要求的客栈，该客栈及之前的同色客栈均可与新读入的客栈配对成功，如图 3.9 所示，匹配成功数为 3，即可行方案增加 3 种。

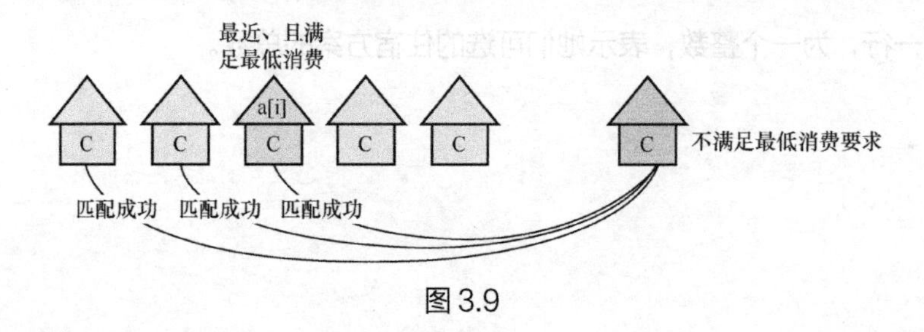

图 3.9

设 f[C][i] 表示从起点到 i 号客栈之间颜色为 C 的客栈数，每次维护这个数据时间复杂度为 $O(k)$。a[i] 表示包含 i 在内，最近的、满足最低消费要求的客栈编号，每次维护时间复杂度为 $O(1)$。数据可以边读边处理而无须保存，时间复杂度为 $O(nk)$。

参考代码如下。

```
1   //选择客栈 —— 优化算法 1
2   #include <bits/stdc++.h>
3   using namespace std;
4
5   int n, k, price, c, v, Ans;
6   int a[60], f[60][200010];
7
8   int main()
9   {
10    scanf("%d %d %d", &n, &k, &price);
11    for(int i=1; i<=n; i++)
12    {
13      scanf("%d %d",&c,&v);
14      for(int C=0; C<k; C++)          //枚举所有颜色以更新数组（耗时较长）
15        f[C][i]=f[C][i-1]+(C==c);     //颜色相同（均为 C 颜色）的客栈数加 1
16      if(v<=price)                    //如果当前枚举的饭店满足最低消费要求
17      {
18        a[i]=i;                       //a[i] 保存最近且满足最低消费要求的客栈编号
19        Ans+=f[C][a[i]]-1;
20      }
21      else
22      {
23        a[i]=a[i-1];
24        Ans+=f[C][a[i]];
25      }
26    }
27    printf("%d\n",Ans);
28    return 0;
29  }
```

2. 优化算法 2

在优化算法 1 中，从左到右扫描每一家客栈，都要枚举全部颜色一次，以更新 f[C][i] 的值，所以需要对优化算法 1 继续改进。

首先，最近且满足最低消费要求的客栈有必要记录，可将之存入 later；

其次，最近且颜色为C的客栈编号也有必要记录，可将之存入 last[C]；

接下来，扫描到目前为止颜色为C的客栈总数有必要记录（使用前序和思想），可将之存入 hotel[C]；

最后，当前颜色为C且能够匹配的客栈总数记录存入 fit[C]。

当读到下一家颜色为C的客栈时，有两种可能：

（1）读到的下一家客栈不满足最低消费要求，则 Ans+fit[C]；

（2）读到的下一家客栈满足最低消费要求，若 last[C] 不在 later 的右边，则更新匹配数 fit[C] 为 hotel[C]，再 Ans+fit[C]。

优化后的算法每次更新时间复杂度都是 $O(1)$，总时间复杂度为 $O(n)$。

试完成该优化算法。

□3.1.8　翻转棋盘

【例题讲解】翻转棋盘（FlipGame）POJ 1753

如图 3.10 所示，在 4×4 的棋盘中，每个格子里的棋子要么是黑色向上，要么是白色向上，当一个格子里的棋子被翻转（黑→白或者白→黑）时，其上下左右（如果存在的话）格子里的棋子也被翻转，问至少翻转几个棋子可以使棋盘上的所有棋子变为全部白色向上或者全部黑色向上？

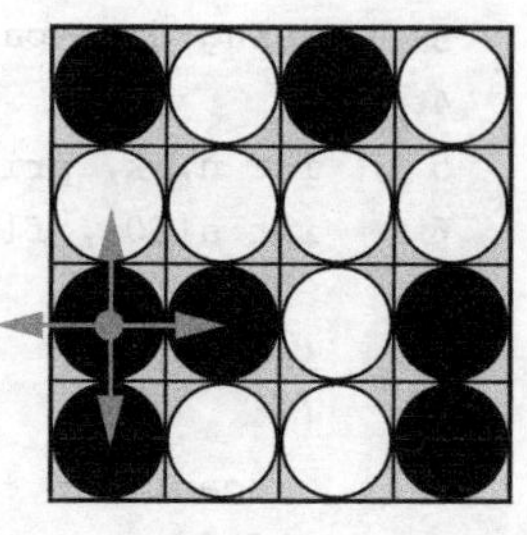

图 3.10

【输入格式】

4 行 4 列的棋盘描述，其中“b”代表黑色棋子，“w”代表白色棋子。

【输出格式】

一个整数，即翻转次数。若无法完成，则输出“Impossible”。

【输入样例】

bwwb

bbwb

bwwb

bwww

【输出样例】

4

1. 枚举 + 深度优先搜索（DFS）算法

对于每个棋子，它要么被翻转 0 次，要么被翻转 1 次（当然，它周围的棋子也跟着翻转），因为它被翻转偶数次和被翻转 0 次的效果是一样的，同理，被翻转奇数次的效果和被翻转 1 次的效果也是一样的。

此题要求的是最小值，我们可以从选择翻 0 个棋子开始，搜索翻 1 个棋子，翻 2 个棋子，翻 3 个棋子……搜索过程中一旦搜索到成功状态即最小值，如果翻 16 个棋子都找不到成功状态就输出“Impossible”。

总的翻转状态一共为 $C_{16}^{0}+C_{6}^{1}+C_{16}^{2}+\cdots+C_{16}^{16}=2^{16}$ 种。因为数据规模有限，所以可以使用枚举+DFS 算法来解决。

参考代码如下。

```
1   //翻转棋盘 —— DFS
2   #include <bits/stdc++.h>
3   using namespace std;
4
5   bool flag,Map[6][6];                                    //棋盘，注意勿写成 map
6   int dir[5][2]= {{-1,0},{1,0},{0,-1},{0,1},{0,0}};//周围棋子坐标的偏移量
7   int step;
8
9   void Flip(int x,int y)                                  //翻转 (x,y) 及其相邻点
10  {
11    for(int i=0; i<=4; i++)
12      Map[x+dir[i][0]][y+dir[i][1]]=!Map[x+dir[i][0]][y+dir[i][1]];
13  }
14
15  bool OK()                                               //判断棋盘是否同色
16  {
17    for(int i=1; i<=4; i++)
18      for(int j=1; j<=4; j++)
19        if(Map[i][j] ^ Map[1][1])
20          return false;
21    return true;
22  }
23
24  void DFS(int x,int y,int dep)
25  {
26    if(dep==step)
27      flag=OK();
28    if(flag||x==5)                            //如已找到方案或枚举到最后一行末
29      return;
30    Flip(x,y);                                //翻转点 (x,y)
31    if(y<4)                                   //如果不是最后一列
32      DFS(x,y+1,dep+1);                       //则向右移一列
33    else
34      DFS(x+1,1,dep+1);                       //否则跳到下一行第 1 列
35    Flip(x,y);                                //还原翻转点 (x,y)
36    if(y<4)
37      DFS(x,y+1,dep);
38    else
39      DFS(x+1,1,dep);
40  }
41
42  int main()
43  {
44    char c;
45    for(int i=1; i<=4; i++)
46      for(int j=1; j<=4; j++)
47        Map[i][j]=(cin>>c,c=='w');            //白色棋子记为 1，黑色棋子记为 0
48    for(step=0; !flag && step<=16; ++step)    //枚举 16 次翻转
49      DFS(1,1,0);                             //从 (1,1) 开始，当前步数为 0
50    flag?printf("%d\n",step-1):puts("Impossible");
51    return 0;
52  }
```

2. 枚举 +BFS+ 位运算

广度优先搜索（Breadth First Search，BFS）是一种利用队列实现的搜索，其搜索过程和“往湖面丢一块石头激起层层涟漪”类似。如图 3.11 所示，BFS 的实现过程是，从起点出发，辐射状地优先遍历其所有的相邻顶点，对于每个遍历到的相邻顶点，再遵循相同的方法遍历，直到找到目标为止。

BFS 常用于寻找单一的最短路线，它的特点是“搜到就是最优解”，而 DFS 用于找所有解的问题。DFS 的空间效率高，但找到的不一定是最优解，必须记录并完成整个搜索，故一般情况下，DFS 需要非常高效的剪枝。

以输入样例为例，BFS 的执行过程大致如图 3.12 所示。注意当执行到第 17 步时，是在上一步已翻转了第 1 格棋子的情况下，翻转第 2 格的棋子，如果仍然翻转第 1 格的棋子，棋盘就又变回初始状态了。所以可以定义 flag[] 数组用于判断当前状态（state）是否已经出现过，如果当前状态已出现过，即 flag[state]=1，则跳过这个重复出现的状态。

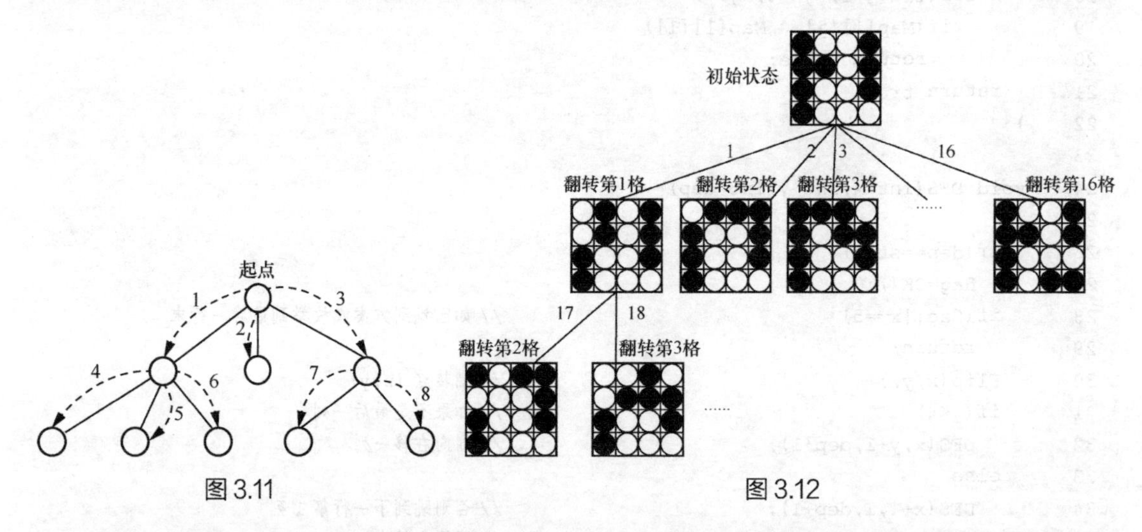

图 3.11　　　　图 3.12

BFS 用队列来实现。首先将初始状态存入队列，从队列的初始状态开始，由图 3.12 可知，在只翻转 1 个棋子的情况下，初始状态可以变化为 16 种新状态。当初始状态出队列时，将 16 种新状态存入队列，如图 3.13 所示。

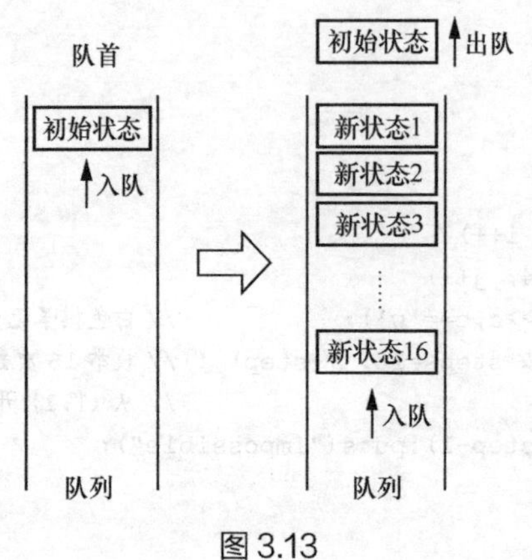

图 3.13

此时新状态 1 为队首，新状态 1 如果只翻转一个棋子，可能有 x 种新状态产生，则将新状态 1 出队列，将 x 种新状态存入队列；此时新状态 2 为队首，新状态 2 如果只翻转一个棋子，可能有 y 种新状态产生，则将新状态 2 出队列，将 y 种新状态存入队列……按此方法一直操作下去，直到队列为空或者出现棋子全白 / 全黑的状态为止，显然队列为空输出“Impossible”。

本题中，由于棋子要么是白色，要么是黑色，恰好可以对应二进制的“0”和“1”，因此可以用二进制数表示棋盘的状态。例如输入样例可以表示为 16 位的二进制数 1001110110011000，即十进制整数 40344。若棋盘中的棋子全白或全黑，则为十进制整数 0 或 65535。

翻转某位置上的棋子，只需将该位与 1 异或即可。

参考代码如下。

```
1   //翻转棋盘 — BFS
2   #include <bits/stdc++.h>
3   using namespace std;
4
5   queue <int> que;                                      //BFS 中用到的队列
6   bool flag[65536];                                     //flag[i]=1 即 i 状态已出现过
7   int step[65536];                                      //step[i] 即到 i 状态的步数
8
9   int Flip(int state,int pos)                           //翻转 pos 及其周围位置
10  {
11    state^=(1<<pos);
12    state^=((pos-4)>=0)<<(pos-4);                       //翻转上方
13    state^=((pos+4)<=15)<<(pos+4);                      //翻转下方
14    state^=(pos%4!=0)<<(pos-1);                         //翻转左方
15    state^=(pos%4!=3)<<(pos+1);                         //翻转右方
16    return state;
17  }
18
19  int BFS()                                             //BFS
20  {
21    while(que.empty()!=1)                               //当队列不为空
22    {
23      int state=que.front();                            //取出队首状态
24      que.pop();                                        //弹出队首元素
25      for(int i=0; i<16; i++)                           //枚举翻转 16 个棋子
26      {
27        int temp=Flip(state,i);                         //获取翻转第 i 个棋子后的状态
28        if(temp==0 || temp==65535)                      //若棋盘中的棋子全白或全黑
29        {
30          flag[temp]=1;
31          step[temp]=step[state]+1;
32          return true;
33        }
34        else if(!flag[temp])                            //若该状态没有出现过
35        {
36          que.push(temp);
37          flag[temp]=1;                                 //保存该状态
38          step[temp]=step[state]+1;
```

```
39          }
40        }
41      }
42      return false;
43    }
44
45    int main()
46    {
47      int state=0;
48      char s[5];
49      for(int i=0; i<4; i++)
50      {
51        scanf("%s",s);
52        for(int j=0; j<4; j++)
53          state|=((s[j]=='b')<<(i*4+j));
54      }
55      if(state==0 || state==65535)                    //若棋盘中的棋子全白或全黑
56        printf("0\n");
57      else
58      {
59        que.push(state);                              //初始状态入队列
60        flag[state]=1;                                //表示该状态已出现过
61        if(BFS())                                     //BFS
62          printf("%d\n",flag[0]?step[0]:step[65535]);
63        else
64          printf("Impossible\n");
65      }
66      return 0;
67    }
```

□3.1.9 方块转换

【上机练习】方块转换（transform）USACO 1.2.2 Transformations

一个 $N \times N$（$1 \leqslant N \leqslant 10$）的正方形黑白图案要被转换成新的图案。试找出将原始图案按照下列转换方法转换成新图案的最小方式。

（1）转 90°：图案按顺时针转 90° 。

（2）转 180°：图案按顺时针转 180° 。

（3）转 270°：图案按顺时针转 270° 。

（4）反射：图案在水平方向翻转（形成原图案的镜像）。

（5）组合：图案在水平方向翻转，然后按照上述（1）到（3）依次进行转换。

（6）不改变：原图案不改变。

（7）无效转换：无法用以上方法得到新图案。

如果有多种可用的转换方法，请选择序号最小的那个。

【输入格式】

第 1 行为一个整数 N，表示正方形图案的大小。

第 2 行到第 N+1 行：每行 N 个字符（不是“@”就是“-”），表示原始正方形图案。

第 N+2 行到第 2N+1 行：每行 N 个字符（不是“@”就是“-”），表示新图案。

【输出格式】

输出一个范围为 1 ～ 7 的数字，表明需要将转换前的正方形变为转换后的正方形的最小方式。

【输入样例】

```
3
@-@
---
@@-
@-@
@--
--@
```

【输出样例】

```
1
```

【算法分析】

将这 7 种转换方法（很多转换方法可以合并）的转换过程分别写成子函数，枚举所有方法，将生成的新图案与目标图案对比即可。

□3.1.10　派对灯

【上机练习】派对灯（lamps）USACO 2.2.4 Party Lamps

派对上有 N 盏彩色灯，它们分别被编号为 1 ～ N。

这些灯都连接到 4 个按钮。

按钮 1：当按下此按钮，将改变所有灯的状态，即本来亮着的灯就熄灭，本来是关着的灯被点亮。

按钮 2：当按下此按钮，将改变所有编号是奇数的灯的状态。

按钮 3：当按下此按钮，将改变所有编号是偶数的灯的状态。

按钮 4：当按下此按钮，将改变所有编号是 3K+1（$K \geqslant 0$）的灯的状态，例如1,4,7,… 号灯。

初始时所有的灯都亮着，用一个计数器记录按钮被按下的次数，计数器初始值为 0。

你将得到计数器上的数值和经过若干操作后某些灯的状态。试找出所有灯最后可能与所给出信息相符的状态。

【输入格式】

第 1 行表示一个整数 N（$10 \leqslant N \leqslant 100$），表示灯的数目。

第 2 行表示计数器最后显示的数值 C（$0 \leqslant C \leqslant 10000$）。

第 3 行表示最后亮着的灯，以一个空格分隔，用 -1 表示结束。

第 4 行表示最后关着的灯，以一个空格分隔，用 -1 表示结束。

不会有灯在输入中出现两次。

【输出格式】

输出的每一行内容是所有灯可能的最后状态（没有重复）。每一行有 N 个字符，第 1 个字符表示 1 号灯的状态，最后一个字符表示 N 号灯的状态。0 表示灯关着，1 表示灯亮着。这些行必须依据字符（看作二进制数）从小到大的顺序排列。

如果找不出可能与所给出信息相符的状态，则输出“IMPOSSIBLE”。

【输入样例】

```
10
1
-1
7 -1
```

【输出样例】

```
0000000000
0101010101
0110110110
```

【样例说明】

输入样例表示有 10 盏灯，只有一个按钮被按下，7 号灯是关着的。

输出样例表示 3 种可能的状态。

（1）所有灯都关着。

（2）1,3,5,7,9 号灯关着，2,4,6,8,10 号灯亮着。

（3）1,4,7,10 号灯关着，2,3,5,6,8,9 号灯亮着。

3.2 提高组

□3.2.1 快算 24 点

【例题讲解】快算 24 点（24）

快算 24 点的游戏规则是这样的：作为游戏者，你将得到 4 个范围为 1 ～ 9 的自然数作为操作数，而你需要对这 4 个操作数进行 +、-、*、/4 种运算，使运算结果等于 24。你可以用 ( ) 来改变运算顺序。注意，所有的中间结果必须是整数，所以一些除法运算是不允许的 [例如（2*2）/4 是合法的，2*（2/4）是不合法的]。下面给出一个具体的例子：若给出的 4 个操作数是 1、2、3、

7，则一种可能的解答是 1+2+3*7=24。

【输入格式】

输入 4 个范围为 1 ～ 9 的自然数。

【输出格式】

如果有解的话，只需输出一个解，输出的是 3 行数据，为运算的步骤，如果两个操作数有大小的话则先输出大的，如果没有解则输出“No”。

【输入样例】

1 2 3 7

【输出样例】

2+1=3

7*3=21

21+3=24

1. STL+ 枚举算法

设 4 个自然数分别为 a,b,c,d，设“?”表示运算符，添加括号的情形共有 5 种：

（1）((a?b)?c)?d；

（2）(a?(b?c))?d；

（3）a?((b?c)?d)；

（4）(a?b)?(c?d)；

（5）a?(b?(c?d))。

实际上 5 种情形可以优化为两种情形来进行判断，即（4）和（1）、（2）、（3）、（5）中的任意一种。

使用 STL 中的 next_permutation 函数产生所有的排列，暴力枚举所有可能的情况，找到答案即可。

参考代码如下。

```
1   // 快算 24 点 —— STL
2   #include <bits/stdc++.h>
3   using namespace std;
4
5   int a[5],i,j,k;                                //i、j、k 为 3 个运算符
6   char opt[5]= {' ','+','-','*','/'};            // 保存运算符到数组
7
8   int F(int x,int k, int y)                      // 计算 x、opt[k]、y 的值
9   {
10    if(k==1)
11      return x+y;
12    if(k==2)
13      return max(x,y)-min(x,y);                  // 必须保证大的数减小的数
14    if(k==3)
```

```
15        return x*y;
16      return (y==0 || x<y || x%y!=0) ? -999999 : x/y;
17    }
18
19    void P(int a,int b,int c,int d,int e,int f)//输出结果
20    {
21      printf("%d%c%d=%d\n",max(a,b),opt[i],min(a,b),F(max(a,b),i,min(a,b)));
22      printf("%d%c%d=%d\n",max(c,d),opt[j],min(c,d),F(max(c,d),j,min(c,d)));
23      printf("%d%c%d=%d\n",max(e,f),opt[k],min(e,f),F(max(e,f),k,min(e,f)));
24      exit(0);                                    //直接退出程序
25    }
26
27    int main()
28    {
29      scanf("%d%d%d%d",&a[1],&a[2],&a[3],&a[4]);
30      sort(a+1,a+5);                              //先排序，保证能遍历所有情况
31      do
32      {
33        for (i = 1; i <= 4; i++)                  //暴力枚举3个运算符
34          for (j = 1; j <= 4; j++)
35            for (k = 1; k <= 4; k++)
36              if (F(F(F(a[1],i,a[2]),j,a[3]),k,a[4])==24)      //((a?b)?c)?d
37                P(a[1],a[2],F(a[1],i,a[2]),a[3],F(F(a[1],i,a[2]),j,a[3]),a[4]);
38              else if(F(F(a[1],i,a[2]),k,F(a[3],j,a[4]))==24)  //(a?b)?(c?d)
39                P(a[1],a[2],a[3],a[4],F(a[1],i,a[2]),F(a[3],j,a[4]));
40      }while (next_permutation(a + 1, a + 5)); //产生下一排列
41      puts("No");
42      return 0;
43    }
```

2. DFS+ 枚举算法

DFS 算法也可以产生全排列，核心伪代码如下，请试着完成该代码。

```
1     void DFS(S)                                  //S 表示当前产生的排列已经到了第几个数
2     {
3       if(产生一组新的排列)
4       {
5          暴力枚举3个运算符
6          {
7           if(满足情况（1）)
8              输出答案；
9           if(满足情况（4）)
10             输出答案；
11         }
12      }
13      for(i=状态变化规则数)
14        if(!visit[i])                            //当前数未赋值
15        {
16          visit[i]=1;                            //设当前数已赋值
17          保存新产生的状态，即将产生的数保存到位置S上；
18          DFS(S+1);                              //继续进行DFS产生下一个数
```

```
19        visit[i]=0;                //还原状态
20      }
21  }
```

3. 检测方法

因为快算 24 点的答案可能有多个，所以有必要编写一个检测程序进行校验。参考代码如下，程序名为 check.cpp，编译为 check.exe。

```
1   //check —— 编译文件放在与 24.cpp 文件相同的文件夹下
2   #include <bits/stdc++.h>
3   using namespace std;
4
5   int F(int x,int k, int y)
6   {
7     if(k==1) return x+y;
8     if(k==2) return max(x,y)-min(x,y);
9     if(k==3) return x*y;
10    return (y==0 || x<y || x%y!=0) ? -999999 : x/y;
11  }
12
13  bool Judge(int a[])
14  {
15    sort(a+1,a+5);
16    do
17    {
18      for (int i = 1; i <= 4; i++)
19        for (int j = 1; j <= 4; j++)
20          for (int k = 1; k <= 4; k++)
21            if (F(F(F(a[1],i,a[2]),j,a[3]),k,a[4])==24)
22              return 1;
23            else if(F(F(a[1],i,a[2]),k,F(a[3],j,a[4]))==24)
24              return 1;
25    }while(next_permutation(a + 1, a + 5));
26    return 0;
27  }
28
29  int main()
30  {
31    freopen("24.in","r",stdin);          //使用 Dev-C++ 智能开发平台需加此句
32    FILE *in1=fopen("24.out","r");       //读入程序输出的结果（另一种读文件的写法）
33    FILE *in2=fopen("24.in","r");        //读入输入数据
34    int a[5],hash[20000]= {0};
35    int *h=&hash[10000];                 //负下标数组，记录一个数字的使用次数
36    int A,B,C;
37    fscanf(in2,"%d%d%d%d",&a[1],&a[2],&a[3],&a[4]);// 读入输入文件
38    h[a[1]]++,h[a[2]]++,h[a[3]]++,h[a[4]]++;
39    if(Judge(a)==0)                      //利用本题的正确代码判断是否无解
40    {
41      char t[100]="";
42      fscanf(in1,"%s",t);
43      if(strcmp(t,"No")==0) return 0;
```

```
44        return 1;                           //返回1表示程序运行出错
45      }
46      for(int i=1; i<=3; i++)               //读入答案步骤
47      {
48        char op1,op2;
49        fscanf(in1,"%d%c%d%c%d",&A,&op1,&B,&op2,&C);
50        if(op2!='=' || A<B || C<0) return 1;
51        h[A]--;
52        h[B]--;
53        h[C]++;                             //生成新的数字
54        if(h[A] < 0 || h[B]<0) return 1;//数字使用次数异常，则答案错误
55        if(op1=='+' && A+B!=C) return 1;
56        if(op1=='-' && A-B!=C) return 1;
57        if(op1=='*' && A*B!=C) return 1;
58        if(op1=='/' && (B==0 || A%B!=0 || A/B!=C)) return 1;
59      }
60      if(C!=24) return 1;
61      printf("Right! ");
62      fclose(in1);
63      fclose(in2);
64      return 0;
65    }
```

写一个随机产生测试数据的程序 rand.cpp，编译为 rand.exe。代码中使用了毫秒级精度为随机数种子，这样可以保证一秒钟的时间内能测试更多组随机数据。

```
1    //rand.cpp —— 编译文件放在与24.cpp文件相同的文件夹下
2    #include <bits/stdc++.h>
3    #include <windows.h>                        //仅在Windows系统使用的头文件
4    using namespace std;
5
6    int main()
7    {
8      freopen("24.in","r",stdin);               //使用Dev-C++智能开发平台需加此句
9      freopen("24.in","w",stdout);
10     SYSTEMTIME sys;                           //定义sys为SYSTEMTIME类型
11     GetLocalTime(&sys);                       //获取当前系统时间
12     srand(sys.wSecond*1000+sys.wMilliseconds);//以毫秒级精度为随机数种子
13     for(int i=0; i<=3; i++)
14       cout<<rand()%9+1<<' ';
15     return 0;
16   }
```

写一个执行程序 test.cpp，编译为 test.exe 后双击运行即可。

```
1    //test.cpp —— 编译文件放在与24.cpp文件相同的文件夹下
2    #include <bits/stdc++.h>
3    using namespace std;
4
5    int main()
6    {
7      do
8      {
```

```
9        system("rand.exe");
10       system("24.exe");
11     }while(system("check.exe")==0);
12     return 0;
13   }
```

□3.2.2　翻转棋盘 2

【例题讲解】翻转棋盘 2（flip）

有 $n \times n$ 的正方形棋盘，每个格子里的棋子要么是黑色向上，要么是白色向上，当把一个格子里的棋子的颜色改变（黑→白或者白→黑）时，其上下左右（如果存在的话）格子里的棋子的颜色也要被改变，问至少翻转几个棋子可以使棋盘上的全部棋子变为白色或者黑色向上?

【输入格式】

第 1 行为一个整数 n（$1 \leqslant n \leqslant 16$），随后 n 行 n 列描述棋盘，其中 b 代表黑色棋子，w 代表白色棋子。

【输出格式】

输出一个整数，即翻转次数。若无法完成，则输出“Impossible”。

【输入样例】

```
4
bwwb
bbwb
bwwb
bwww
```

【输出样例】

```
4
```

【算法分析】

该题显然还是要用枚举加搜索的算法，但是因为数据规模的扩大，采用普通算法会出现超时的情况。

仔细观察不难发现，如果从上往下逐行翻转棋子的话，当前行必须要修复上一行中不符合目标状态的棋子。换句话说，当第 1 行的操作方式即操作后的状态已经确定后，下一行的操作方式也就唯一确定了，所以只需枚举出第 1 行的所有可能状态即可逐行往下翻转类推出结果（分两次推导，一次是推导出全部棋子白色向上的目标状态，另一次是推导出全部棋子黑色向上的目标状态）。

□3.2.3　时钟问题

【例题讲解】时钟问题（clock）POJ 1166

一个 3×3 矩阵中立着 9 个时钟，如图 3.14 所示。你需要通过一定的方法旋转时钟指针，使所有时钟的指针都指向12点。

允许旋转时钟指针的方法有 9 种，每一种旋转方法用一个数字（1,2,⋯,9）表示。图 3.15 表示 9 个数字与它们对应的受控制的时钟，这些时钟在图中以黑色标出，每旋转一次其时针将顺时针旋转 90°。

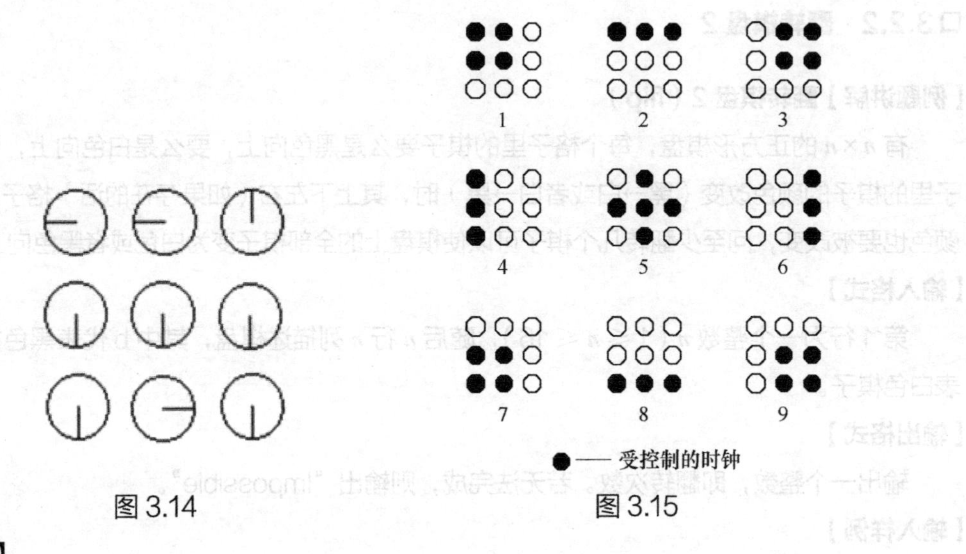

图 3.14　　图 3.15

【输入格式】

输入 9 个数字，这些数字给出了 9 个时钟时针的初始位置。数字与时刻的对应关系如下：

0→12 点

1→3 点

2→6 点

3→9 点

本题图例（图 3.14）对应下列输入数据：

330

222

212

【输出格式】

输出一个最短的旋转序列（数字序列），该序列要使所有的时钟时针指向 12 点，若有等价的多个解，仅需输出其中一个。

【输入样例】

330

222

212

【输出样例】

5849

【样例说明】

具体的旋转方法如图 3.16 所示。

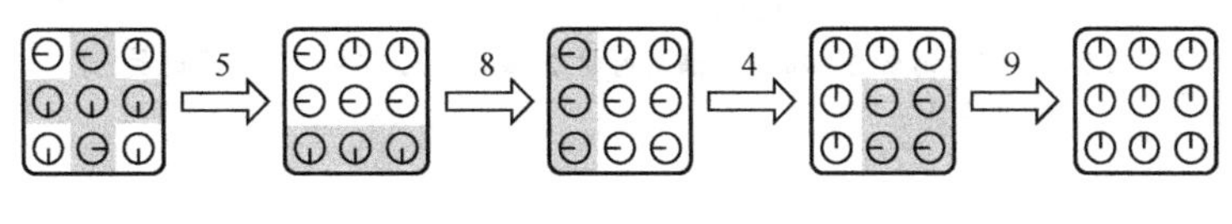

图 3.16

1. 普通枚举法

题目中，表示时钟时针初始位置的数字 j（$0 \leqslant j \leqslant 3$）与时刻的对应关系如下：

0→12 点

1→3 点

2→6 点

3→9 点

且每旋转一次，时针将顺时针旋转 90° 。由此可以得出：

对于任意一个时钟 i（$1 \leqslant i \leqslant 9$）来说，从初始位置 j 出发至少需要 C_i=（4-j）% 4 次操作，才能使得所有时针的时针指向12点。而每一种旋转方法要么不采用，要么采用1次、2次或3次，因为操作 4 次以后，时钟将恢复以前的状态。因此，9 种旋转方法最多产生 4^9 个状态。

样例中，最佳旋转序列为 5849，同样 4589 序列也可达到要求，可知旋转方法选取与顺序无关。因此，求解过程中直接选取序列中从小至大排列的旋转序列即可。

设 P_i 表示第 i 种旋转方法的使用次数（$0 \leqslant P_i \leqslant 3$，$1 \leqslant i \leqslant 9$），则可能的解的集合为 $\{P_1,P_2,\cdots,P_9\}$，该集合共含 4^9 个状态。我们可以分析出 9 个时钟分别被哪些旋转方法所“控制”，如表 3.1 所示。

表 3.1

时钟号	控制时钟方案	检验条件
1	1,2,4	$C_1=(P_1+P_2+P_4)$ % 4
2	1,2,3,5	$C_2=(P_1+P_2+P_3+P_5)$ % 4
3	2.3.6	$C_3=(P_2+P_3+P_6)$ % 4
4	1,4,5,7	$C_4=(P_1+P_4+P_5+P_7)$ % 4
5	1,3,5,7,9	$C_5=(P_1+P_3+P_5+P_7+P_9)$ % 4
6	3,5,6,9	$C_6=(P_3+P_5+P_6+P_9)$ % 4
7	4,7,8	$C_7=(P_4+P_7+P_8)$ % 4
8	5,7,8,9	$C_8=(P_5+P_7+P_8+P_9)$ % 4
9	6,8,9	$C_9=(P_6+P_8+P_9)$ % 4

因此可以设计如下枚举算法：

```
1	for (P1=0; P1<=3; ++P1)
2	  for (P2=0; P2<=3; ++P2)
3	    for (P3=0; P3<=3; ++P3)
4	      ...
5	        for (P9=0; P9<=3; ++P9)
6	          if(C1 满足时钟 1 && C2 满足时钟 2 && ... && C9 满足时钟 9)
7	            输出结果;
```

2. 优化枚举法

上述枚举算法枚举了所有 4^9=262144 个状态，运算量颇大，代码运行时间也很长。我们可以采取缩小可能解范围的局部枚举法，即仅枚举第 1、2、3 种旋转方法的使用次数（P_1、P_2、P_3）可能取的 4^3 个状态，然后推出相应的其他几种旋转方法的状态，得到符合条件的一组解。

设 order(c) 表示顺时针旋转 c 次时针就能指向 12 点的时钟实际最少的旋转次数。例如当 c=5 时，实际顺时针旋转 1 次即可，因为没有必要多旋转 1 圈；当 c=−1 时，实际顺时针旋转 3 次即可，由表 3.1 给出的检验条件可推导出：

P_4=order(C_1−P_1−P_2)；

P_5=order(C_2−P_1−P_2−P_3)；

P_6=order(C_3−P_2−P_3)；

P_7=order(C_4−P_1−P_4−P_5)；

P_8=order(C_8−P_5−P_7−P_9)；

P_9=order(C_6−P_3−P_5−P_6)。

将每一次枚举出来的 $P_1,P_2,\cdots,P_9$ 代入下述 3 个检验条件：

$C_5=(P_1+P_3+P_5+P_7+P_9)$ % 4；

$C_7=(P_4+P_7+P_8)$ % 4；

$C_9=(P_6+P_8+P_9)$ % 4。

如果满足，即为解。

参考代码如下。

```
1	//时钟问题——优化枚举法
2	#include <bits/stdc++.h>
3	using namespace std;
4	
5	int C[10], P[10];
6	
7	int Order(int k)
8	{
9	  while (k < 0)
10	    k += 4;
11	  while (k > 4)
12	    k -= 4;
13	  return k;
14	}
15	
```

```
20  int main()
21  {
22    for (int i = 1; i <= 9; ++i)
23    {
24      scanf("%d", &C[i]);
25      C[i]=(4-C[i])%4;                                //C[i] 表示第 i 个时钟需要旋转几次
26    }
27    for (P[1] = 0; P[1] <= 3; ++P[1])                 // 枚举旋转方法 1
28      for (P[2] = 0; P[2] <= 3; ++P[2])               // 枚举旋转方法 2
29        for (P[3] = 0; P[3] <= 3; ++P[3])             // 枚举旋转方法 3
30        {
31          P[4]=Order(C[1]-P[1]-P[2]);
32          P[5]=Order(C[2]-P[1]-P[2]-P[3]);
33          P[6]=Order(C[3]-P[2]-P[3]);
34          P[7]=Order(C[4]-P[1]-P[4]-P[5]);
35          P[9]=Order(C[6]-P[3]-P[5]-P[6]);            // 先求出 P[9]
36          P[8]=Order(C[8]-P[5]-P[7]-P[9]);            // 才能求出 P[8]
37          if ( (P[4]+P[7]+P[8]) % 4==C[7] && (P[6]+P[8]+P[9]) % 4==C[9]
38               && (P[1]+P[3]+P[5]+P[7]+P[9])%4==C[5])
39          {
40            for (int i = 1; i <= 9; ++i)              // 输出序列，只要求一组
41              for (int k = 1; k <= P[i]; ++k)
42                printf("%d", i);
43            printf("\n");
44            return 0;
45          }
46    }
47    printf("No Answer!\n");
48    return 0;
49  }
```

本题还可以用 DFS/BFS 算法解决，位运算也可以处理一部分测试数据。

针对此题更高效的算法是高斯消元法，请自行查找相关资料学习。

3.2.4 铺放矩形块

【上机练习】铺放矩形块（packrec）USACO 1.4.1

给定 4 个矩形块，找出一个最小的封闭矩形将这 4 个矩形块放入，但不得相互重叠。所谓最小矩形指该矩形面积最小。

4 个矩形块的边都与封闭矩形的边相平行。图 3.17 展示了铺放 4 个矩形块的 6 种基本方案。这 6 种方案是所有可能的基本铺放方案。因为其他铺放方案能由基本铺放方案通过旋转和镜像得到。

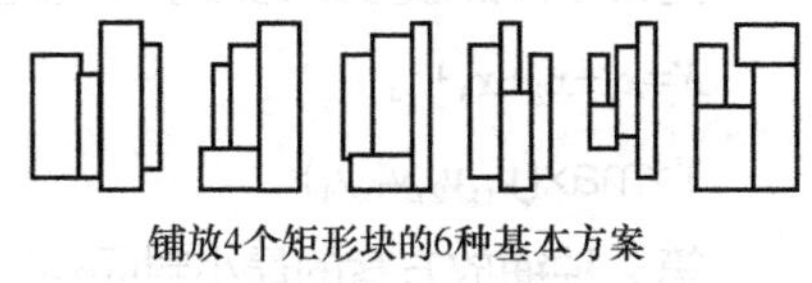

铺放4个矩形块的6种基本方案

图 3.17

可能存在满足条件且有着相同面积但边长不同的封闭矩形，程序代码的运行结果应该输出所有封闭矩形的边长。

【输入格式】

输入 4 行数据，每一行用两个正整数来表示一个给定矩形块的两个相邻边长。矩形块的每条边的边长最小是 1，最大是 50。

【输出格式】

输出的第 1 行是一个整数，代表封闭矩形的最小面积（子任务 A）。接下来的每一行都表示一组解，由数 P 和数 Q 来表示，并且 $P \leqslant Q$（子任务 B）。这些行必须根据 P 的大小按升序排列，P 小的行在前，大的在后，且所有行都应是不同的。

【输入样例】

1 2

2 3

3 4

4 5

【输出样例】

40

4 10

5 8

【算法分析】

按照题意 4 个矩形块有 6 种基本铺放方案，将它们按图 3.18 所示编号（4 个矩形块还可以相互交换位置，共 4×3×2×1=24 种交换方式）。

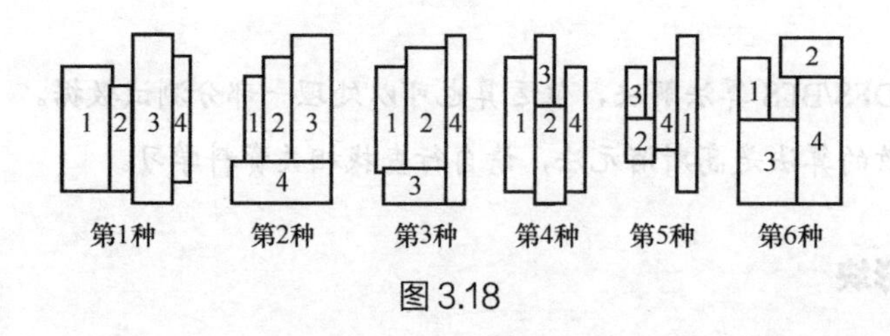

图 3.18

设封闭矩形的水平边长为 X，竖直边长为 Y，4 个矩形块的水平边长分别为 x_1、x_2、x_3、x_4，竖直边长分别为 y_1、y_2、y_3、y_4。

则第 1 种铺放方案的最小封闭矩形的边长计算方法如下：

$X=x_1+x_2+x_3+x_4$

$Y=\max(y_1,y_2,y_3,y_4)$

第 2 种铺放方案的最小封闭矩形的边长计算方法如下：

$X=\max(x_4,x_1+x_2+x_3)$

$Y=\max(y_1,y_2,y_3)+y_4$

第 3 种铺放方案的最小封闭矩形的边长计算方法如下：

X=max(x_1+x_2,x_3)+x_4

Y=max(y_4,max(y_1,y_2)+y_3)

第 4 种和第 5 种铺放方案是一样的，最小封闭矩形的边长计算方法如下：

X= x_1+x_4+max(x_2,x_3)

Y=max(y_1,y_4,y_2+y_3)

第 6 种铺放方案的最小封闭矩形的边长计算方法有点复杂，竖直边长计算方法如下：

Y=max(y_1+y_3,y_2+y_4)

但水平边长需要分成如图 3.19 所示的 5 种情况来讨论（请自行计算）。

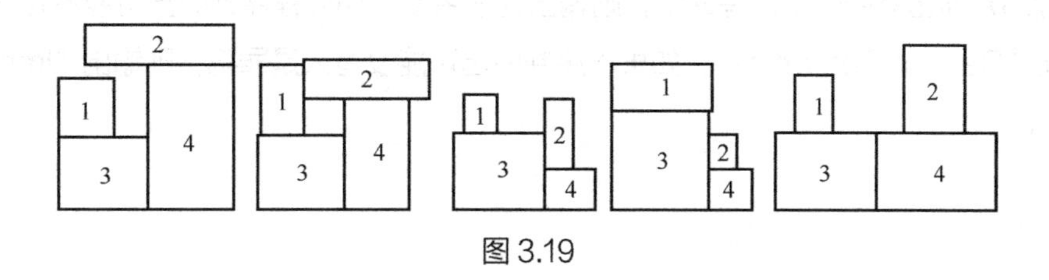

图 3.19

这样枚举所有的矩形组合（矩形的长和宽还可以互换，有 16 种互换方式，根据乘法原理，共 24×16=384 种组合），找出最小值即可。

□3.2.5　侦探推理

【上机练习】侦探推理（logic）NOIP 2003

小光经常和同学们玩侦探推理游戏。游戏的玩法是这样的：同学们先商量好由其中的一个人充当罪犯（在小光不知情的情况下），小光的任务就是找出这个罪犯。小光会逐个询问每一个同学，被询问者可能会说的话如表 3.2 所示。

表 3.2

被询问者的答话	含义
I am guilty	我是罪犯
I am not guilty	我不是罪犯
××× is guilty	××× 是罪犯
××× is not guilty	××× 不是罪犯
Today is ×××	今天是 Monday,Tuesday,⋯,Sunday（星期一、星期二……星期日）之一

被询问者说的其他话，都不列入逻辑推理的内容。

小光所知道的是，他的同学中有 N 个人始终说假话，其余的人始终说真话。

现在，小光要从同学们的答话中推断出谁是真正的罪犯。请记住，罪犯只有一个！

【输入格式】

输入由若干行组成，第 1 行有 3 个整数：M（$1 \leqslant M \leqslant 20$）、$N$（$1 \leqslant N \leqslant M$）和 P（$1 \leqslant P \leqslant 100$）；$M$ 是参加游戏的小光的同学数，N 是其中始终说谎的人数，P 是被询问者答话的总数。接下来 M 行，每行是小光的一个同学的名字（英文字母组成，没有空格，全部大写）。往后有 P 行，每行开始是某个同学的名字，紧接着一个冒号和一个空格，后面是一句答话，符合表 3.2 中所列的格式。每句答话不会超过 250 个字符。

输入中不会出现连续的两个空格，而且每行的开头和结尾也没有空格。

【输出格式】

如果程序判断出其中一个人是罪犯，则输出他的名字；如果程序判断出可能不止一个人是罪犯，则输出“Cannot Determine”；如果程序判断出可能没有人是罪犯，则输出“Impossible”。

【输入样例】

```
3 1 5
MIKE
CHARLES
KATE
MIKE：I am guilty
MIKE：Today is Sunday
CHARLES：MIKE is guilty
KATE：I am guilty
KATE：How are you
```

【输出样例】

```
MIKE
```

【算法分析】

由于问题为“谁是罪犯”，因此很容易想到穷举罪犯和穷举星期数。如果发现某人又说真话又说谎，则非解；如果发现说谎人数超过 N 或说真话人数超过 M-N，则非解。最后，如果罪犯人数为 1，则输出罪犯名；如罪犯人数大于 1，则输出“Cannot Determine”；否则输出“Impossible”。

第 04 章　递推算法

递推算法是一种简单的算法，即通过已知条件，使用“步步为营”的方法，利用特定关系得出中间推论，直至推出最终结果的算法。递推算法分为顺推法和逆推法两种。所谓顺推法，就是由问题的边界条件（初始状态，已知的、隐含的、推导出的）出发，通过递推关系依次从前往后递推出问题的解；所谓逆推法，就是在不知道问题的初始状态（边界条件）的情况下，从问题的最终解（目标状态或某个中间状态，已知的或经过简单推理得到的）出发，反过来推导出问题的初始状态。

4.1 普及组

4.1.1　储油点

【例题讲解】储油点（oil）

驾驶员欲驾驶一辆改装过的车穿过 1000km 的沙漠，车的油耗为 1L/km，车一次能装 500L 油。显然车装一次油是过不了沙漠的，因此驾驶员必须设法在沿途建立几个储油点，才能顺利穿过沙漠。试问驾驶员如何建立储油点？每一个储油点应储存多少油，才能使车以最少的油耗穿过沙漠？

【输入格式】

无输入数据。

【输出格式】

从起点开始，按距离由近到远逐行输出各储油点离起点的距离和储油量（用两个空格隔开），浮点数保留两位小数，具体格式见输出样例。

【输入样例】

略。

【输出样例】

```
i=0  dis=0.00  oil=3875.00
i=1  dis=25.00  oil=3500.00
……
```

【算法分析】

对本题的分析如图 4.1 所示。

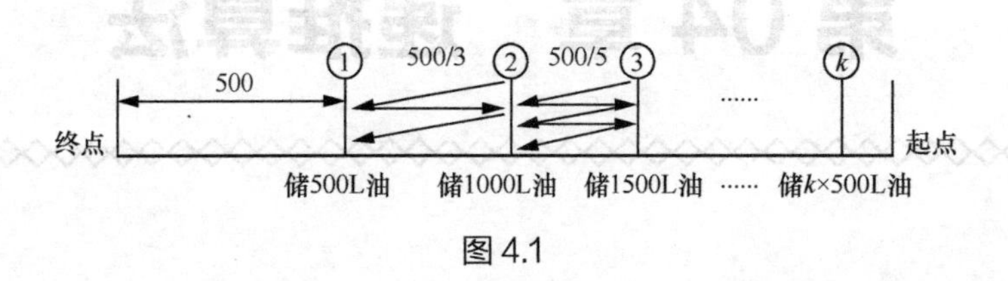

图 4.1

可以从终点向起点倒推。当车到终点时，应正好耗尽 500L 油，所以最后一个储油点应储 500L 油。这至少需要从倒数第 2 个储油点开两趟满载（500+500=1000L）油的车（因为来回跑的次数越多，路上消耗的油越多，不划算）。3 次单程的耗油量为 500L，所以推出倒数第 2 个储油点与最后一个储油点之间的距离为 500/3km。这样第 1 趟车除去来回的油消耗，能在最后 1 个储油点储 500/3L 油，第 2 趟车开到最后一个储油点，油箱还剩 500/2L 油，两次相加正好 500L 油。

倒数第 2 个储油点如何储满 1000L 的油呢？显然只跑两趟是不行的，而是需要跑两趟来回和一次单程，共计 5 次单程才能完成，车装了 3 次油，共 1500L……

依此类推到起点即可。

参考代码如下。

```
1   //储油点
2   #include <bits/stdc++.h>
3   using namespace std;
4   
5   int main()
6   {
7     double oil[10],dis[10];
8     dis[1]=500;                      //保存倒数第 1 个储油点距终点的距离
9     oil[1]=500;                      //倒数第 1 个储油点需储油 500L
10    int d=500;                       //初始值为 500km 处
11    int k=1;                         //计数器，当前是倒数第 1 个储油点
12    while (d<=1000)                  //开始倒推
13    {
14      k++;
15      d+=500/(2*k-1);                //每次都要多跑一个来回
16      dis[k]=d;                      //确定储油点位置
17      oil[k]=oil[k-1]+500;           //每次都要多装一次，所以加 500
18    }
19    dis[k]=1000;                     //设置起点到终点的距离值
20    double d1=1000-dis[k-1];         //最后还剩下的距离
21    oil[k]=d1*(2*k-1)+oil[k-1];      //第 1 次来回跑了 2*k-1 趟的油耗加到起点处
22    for(int i=0; i<k; i++)           //逐一输出当前储油点到起点的距离和储油量
23      printf("i=%d  dis=%.2f  oil=%.2f\n",i,1000-dis[k-i],oil[k-i]);
24    return 0;
25  }
```

□4.1.2 数的计数

【上机练习】数的计数（num）

输入一个自然数 n，然后对此自然数按照如下方法进行处理。

（1）不做任何处理。

（2）在它的左边加上一个自然数，但该自然数不能超过原数的一半。

（3）加上数后，继续按方法（2）进行处理，直到左边不能再加自然数为止。

由此产生的所有数的个数（包含输入的自然数 n）即要求的值。

【输入格式】

一个自然数 n（$n \leqslant 1000$）。

【输出格式】

输出数的个数。

【输入样例】

6

【输出样例】

6

【样例说明】

即 6,16,26,126,36,136, 共 6 个数。

【算法分析】

如果用模拟算法（即对于自然数 n，先把 1 至 n/2 放到 n 前，然后对于 n 前的每一个数 k_i，把 1～[k_i/2] 放到 k_i 前，依此类推），虽然能通过所有测试数据，但运算量较大，且编程复杂度较高。

通过分析我们不难找到规律，若设 F_i 为初始值为 i 时的满足条件总数，例如根据输入 / 输出样例可知 F_6=6，由于在 i 前可加入 1～[i/2]，因此可以得到递推关系式：$F_i=F_1+F_2+F_3+\cdots+F_{[i/2]}+1$，容易得到 F_1=1（初始值），这样就能够利用递推策略解题了。

进一步分析递推关系式 $F_i=F_1+F_2+\cdots+F_{[i/2]}$ 可得：

（1）当 i 为奇数时，$F_i=F_{i-1}$；

（2）当 i 为偶数时，$F_i=F_{i-1}+F_{[i/2]}$。

故只需要 n 次运算即可求出答案。

□4.1.3 过河卒

【上机练习】过河卒（river）

如图 4.2 所示，一个棋子“卒”需要从棋盘左上角的起点处走到棋盘右下角的 B 点。棋盘上的交叉点用坐标表示，其中起点处的坐标为 (0,0)、B 点坐标为 (n,m)。棋子“卒”每次只能走一步，且只能向下或者向右走。在棋盘上的任一点有一个棋子“马”，“马”所在的点和所有跳跃一步可达的点称为控制点，“卒”不能走到控制点上。请计算出“卒”从左上角出发，能够到达 B 点的路径数。

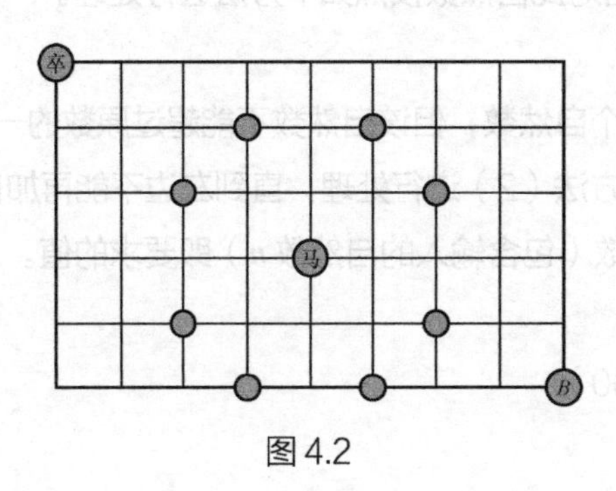

图 4.2

【输入格式】

输入仅一行，为 4 个整数，即 B 点的坐标 (n,m) 和“马”的坐标 (x,y)，其中 n、m 为不超过 20 的整数。

【输出格式】

一个整数，即路径的条数。

【输入样例】

6 6 3 2

【输出样例】

17

【算法分析】

如果盲目地使用搜索或者回溯算法解决此题是行不通的。事实证明，当棋盘大小达到 20×20=400 格，每一格有向右或向下两个状态，共 2^{400} 个状态，执行算法显然会花费很长时间。

我们对图 4.2 稍加分析就知道，要到达棋盘上的一个点，只能从其左边或上边过来。根据加法原理，到达某一点的路径数目，就等于到达其相邻的上点和左点的路径数目的总和。因此我们可以用逐列或逐行递推的方式得出结果。

“马”的控制点也完全适用上述分析，只要将到达该点的路径数目设为 0 即可。

所以假设二维数组 F[i][j] 是到达点 (i, j) 的路径数，可列出递推表达式如下。

（1）边界条件: F[0][0]=1。

（2）如果点 (i,j) 为控制点，则有 F[i][j]=0。

（3）如果点 (i,j) 在棋盘最左边的一列上，则有 F[i][0]=F[i−1][0]。

（4）如果点 (i,j) 在棋盘最上面的一行上，则有 F[0][j]=F[0][j−1]。

（5）除此以外，F[i][j]=F[i−1][j]+F[i][j−1]。

因为是逐行或逐列递推，所以对此题的初步优化是使用二维滚动数组，即设二维滚动数组为 F[2][x]，则有 F[i&1][j]=F[(i-1)&1][j]+F[i&1][j-1]。

更进一步的优化是直接定义一维滚动数组 F[x] 即可，想一想递推式应该怎么写？请试着完成该代码。

□4.1.4　挖地雷

【上机练习】挖地雷（bomp）

地雷阵类似于 Windows 操作系统中的扫雷游戏，但此处仅有一行地雷，如表 4.1 所示。表中第 1 行有“*”的位置表示有一颗地雷，而第 2 行每格中的数字表示与其相邻的 3 格中地雷的总数。

表 4.1

*	*		*	*	*		*
2	2	2	2	3	2	2	1

输入数据的第 1 行为给定的一行的格子数 n（$n \leqslant 10000$），第 2 行为相邻 3 格地雷总数，求第 1 行的地雷分布。

【输入格式】

第 1 行为一个整数 n，第 2 行为 n 个整数（$0 \leqslant n \leqslant 4$）。

【输出格式】

以 0、1 序列输出地雷分布图，其中有地雷以 1 表示，否则以 0 表示。若无解，则输出“No answer”。

【输入样例】

8
2 2 2 2 3 2 2 1

【输出样例】

1 1 0 1 1 1 0 1

【注意事项】

答案有可能不唯一。

【算法分析】

如果将输入数据存入 a[n]，输出数据存入 b[n]，则可以推出：

（1）a[i]=b[i-1]+b[i]+b[i+1]；

（2）$0 \leqslant$ a[i] $\leqslant 3$；

（3）$a[1]=\begin{cases}0\\1\\2\end{cases}$，则 $\begin{cases}b[1]=0,\ b[2]=0\\b[1]=1,\ b[2]=0\text{或}b[1]=0,\ b[2]=1\\b[1]=1,\ b[2]=1\end{cases}$。

在递推过程中，若递推出 b[i] > 1 或 b[i] < 0，则分两种情况讨论：

（1）如果 a[1]=1，则交换 b[1] 和 b[2] 的值后再重新递推；

（2）如果 a[1]=0,2，或已交换过，则问题无解。

□4.1.5 3 的个数为偶数

【上机练习】3 的个数为偶数（number 3）

输入一个整数 N，请算出这个 N 位数中有多少个数中有偶数个数字 3。

【输入格式】

输入一个整数 N（$N \leqslant 10$）。

【输出格式】

输出这个 N 位数中有多少个数中有偶数个数字 3。

【输入样例】

2

【输出样例】

73

【算法分析】

为什么两位数会有 73 个数中有偶数个数字 3 呢？稍加思考，即可知 0 个 3 也是符合条件的。

若允许数字有前导 0，令 a[i] 表示 i 位数中有偶数个 3 的数字的个数，令 b[i] 表示 i 位数中有奇数个 3 的数字的个数，则 a[1]=9，即 0,1,2,4,5,6,7,8,9 这 9 个数，b[1]=1，即 3 这一个数。又有 a[2]=9×a[1]+b[1]，b[2]=9×b[1]+a[1]。

推广到一般情况，则有递推表达式：a[i]=9×a[i-1]+b[i-1]，b[i]=9×b[i-1]+a[i-1]。

若在 i-1 位数的基础上，在最高位加上一个数字，组成 i 位数，可分两种情况讨论：

（1）若加上的数字为 3，那么原来含有奇数个 3 的数字变为含偶数个 3 的数字，原来含偶数个 3 的数字变为含奇数个 3 的数字；

（2）若加上的数字不为 3，那么原来含有奇数个 3 的数字仍为含奇数个 3 的数字，原来含偶数个 3 的数字仍为含偶数个 3 的数字。

由于这里的 a[i] 是不允许数字含有前导 0 的，因此去掉多加的前导 0，即一个 a[N-1]，则最后的结果为 a[N]-a[N-1]。

请根据以上分析完成本题代码。

□4.1.6 布阵

【上机练习】布阵（embattle）HDU 2563

在一个无限大的棋盘上，从中心点出发，每次只能向上或者向左或向右移动一步（移动过程中，走过的格子不能再次进入）。如果一共移动了N步，总共有多少种走法呢？

【输入格式】

输入一个整数 N（$N \leqslant 30$）。

【输出格式】

输出所有走法的数目。

【输入样例】

2

【输出样例】

7

【算法分析】

要解决移动 N 步共有多少种走法的问题，一般在拿到题目的时候最直接的想法就是先画出当 N=1,N=2,N=3,…时对应走法的图例。

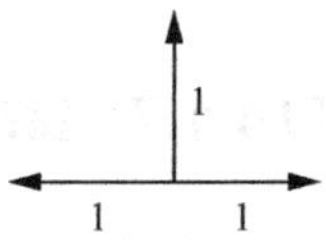

图 4.3

当 N=1 时，共有 3 种不同的走法，即 $f(1)=3$，如图 4.3 所示。

当 N=2 时，共有 7 种不同的走法，即 $f(2)=7$，如图 4.4 所示。

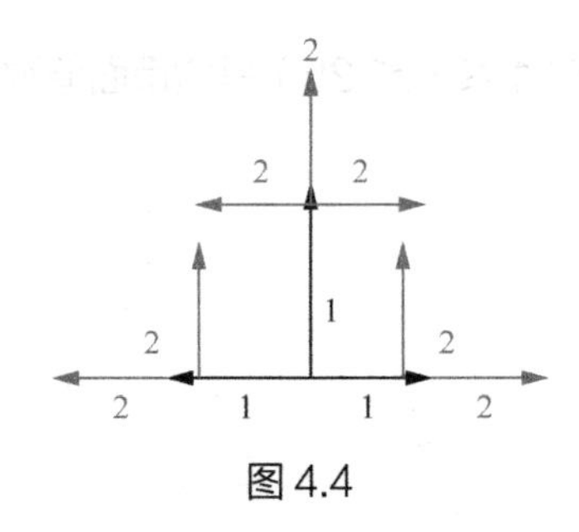

图 4.4

当 N=3 时，共有 17 种不同的走法，即 $f(3)=17$，如图 4.5 所示。

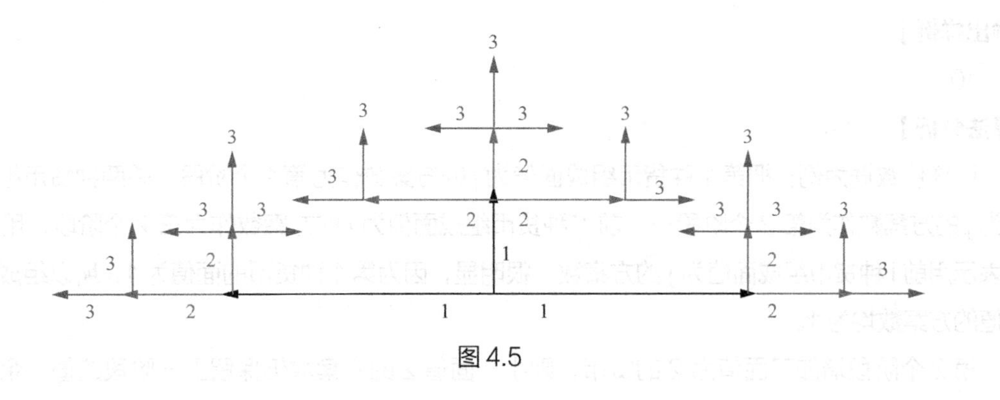

图 4.5

不难看出，求 $f(n)$ 的问题，实际上转换为求出上一步有多少种走法的问题，即 $f(n-1)$ 有多少个终点是有 3 种走法的，有多少个终点是有 2 种走法的问题。

（1）$f(n-1)$ 有多少个终点是有 3 种走法的？如果 $f(n-2)$ 存在，即上上步存在，那么从上上步位置起，方向无论是向左、向右还是向上，其每一个终点有且仅有一种走法是向上的，而这条向上走的线路在到达 $f(n-1)$ 之后，向 $f(n)$ 出发时也必然有向左、向上、向右这 3 种走法。

（2）$f(n-1)$ 有多少个终点是有 2 种走法的？$f(n-1)$ 减去刚才有 3 种走法的点，剩下的点就只有 2 种走法了，即 $f(n-1)-f(n-2)$。

由此得出 $f(n)$ 的一般关系式：

$f(n)=3f(n-2)+2(f(n-1)-f(n-2))$（$n \geqslant 3$）

化简为：$f(n)=2f(n-1)+f(n-2)$　（$n \geqslant 3$）

边界条件：$f(1)=3$，$f(2)=7$

此题有多种递推算法思路，感兴趣的读者可继续思考。

4.1.7　货币系统问题

【上机练习】货币系统问题（money）

已知某个国家的货币系统有 V 种面值，求组成面值为 N 的货币有多少种方案。

【输入格式】

第 1 行为两个整数 V 和 N，V（$1 \leqslant V \leqslant 25$）是货币面值种类，$N$（$1 \leqslant N \leqslant 1000$）是要构造的面值。

第 2 行为 V 种货币的面值。

【输出格式】

输出方案数。

【输入样例】

3 10

1 2 5

【输出样例】

10

【算法分析】

以样例数据为例：把第 1 种货币组成面值为 j 的方案数作为第 1 个阶段，前两种货币组成面值为 j 的方案数作为第 2 个阶段……前 V 种货币组成面值为 j 的方案数作为第 V 个阶段，用 f[i][j] 来表示用前 i 种货币组成面值为 j 的方案数。很明显，因为第 1 种货币的面值为 1，所以组成任意面值的方案数均为 1。

第 2 个阶段增加了面值为 2 的货币，则小于面值 2 的方案数仍保留上一阶段的值，余下的大于或等于面值 2 的方案数由下面的式子推出。

f[2][2]=f[1][2]+f[2][2-2]=1+1=2，即“前两种货币组成面值为 2 的方案数 = 用第 1 种货币组成面值为 2 的方案数 + 用前两种货币组成面值为 0 的方案数”，因为用前两种货币组成面值为 0

的方案，再加上一张面值为2的货币即组成了面值为2的方案。

f[2][3]=f[1][3]+f[2][3-2]=1+1=2，即“用前两种货币组成面值为 3 的方案数 = 用第 1 种货币组成面值 3 的方案数 + 用前两种货币组成面值为 1 的方案数”，因为用前两种货币组成面值为 1 的方案，只要加上 1 张面值为 2 的货币即组成了面值为 3 的方案。由此推导出：

f[2][4]=f[1][4]+f[2][4-2]

f[2][5]=f[1][5]+f[2][5-2]

f[2][6]=f[1][6]+f[2][6-2]

f[2][7]=f[1][7]+f[2][7-2]

f[2][8]=f[1][8]+f[2][8-2]

f[2][9]=f[1][9]+f[2][9-2]

f[2][10]=f[1][10]+f[2][10-2]

对以上推导式子不理解的读者可能会有疑问：为什么只加一张面值为 2 的货币，加 2 张、3 张…… 面值为 2 的货币不是也可以吗？

以 f[2][10]=f[1][10]+f[2][10-2] 中的 f[2][10-2] 即 f[2][8] 来理解，f[2][8] 表示前两种货币组成面值为 8 的货币的方案数，这个方案数中，实际上已经把包含了 0 张、1 张、2 张、3 张、4 张面值为 2 的货币的方案算进去了，这是在之前计算 f[2][0] ～ f[2][9] 的过程中逐步递推出来的。

同理，第 3 个阶段增加了面值为 5 的货币，则面值小于 5 的方案数仍保留上一阶段的值，余下的大于或等于面值 5 的方案数分别如下：

f[3][5]=f[2][5]+f[3][5-5]；

f[3][6]=f[2][6]+f[3][6-5]；

f[3][7]=f[2][7]+f[3][7-5]；

f[3][8]=f[2][8]+f[3][8-5]；

f[3][9]=f[2][9]+f[3][9-5]；

f[3][10]=f[2][10]+f[3][10-5]；

由此得递推方程：f[i][j]=f[i-1][j]+f[i][j+p]（$0 \leqslant j \leqslant n$），p 为当前的货币面值。

计算结果如表 4.2 所示，最后答案为 f[3][10]=10。

表 4.2

前 i 种货币组成面值 j 的方案数	0	1	2	3	4	5	6	7	8	9	10
面值 1	1	1	1	1	1	1	1	1	1	1	1
面值 2	1	1	2	2	3	3	4	4	5	5	6
面值 5	1	1	2	2	3	4	5	6	7	8	10

此外，因为在程序中数组可以在循环体内滚动计算，所以递推方程中的数组还可以简化为一维滚动数组，即 $f[j]=f[j]+f[j-p]$（$0 \leqslant j \leqslant n$）。

□4.1.8 数的划分

【上机练习】数的划分（numdismantle）

将数字 n 分成 k 份，已知每份不能为空，任意两份不能相同（不考虑顺序）。问有多少种不同的分法。

【输入格式】

输入两个整数 n 和 k（$6 < n \leqslant 200$，$2 \leqslant k \leqslant 6$）。

【输出格式】

输出一个整数，即不同的分法。

【输入样例】

7 3

【输出样例】

4

【样例说明】

4 种分法为 1、1、5，1、2、4，1、3、3，2、2、3。

1. 递推算法

朴素的算法是设 f[i][j] 表示把数字 i 分成 j 份有多少种分法，如果分出来一份为 t（$1 \leqslant t \leqslant i$），那么接下来就是把数字 i-t 分成 j-1 份的问题了，显然有 $f[i][j]=\sum_{i=1}^{i} f[i-t][j-1]$，逐个递推即可。

更优的算法是将本题转化为“将 n 个小球放到 k 个盒子中，小球之间与盒子之间没有区别，并且最后的结果不允许空盒”的排列组合问题。

将 n 个小球放到 k 个盒子中可以划分为两种情况：

（1）至少有一个盒子只有一个小球的情况数；

（2）没有一个盒子只有一个小球的情况数。

这样划分使两种情况都可以写出表达式。

设 f[i][j] 表示将数字 i 分为 j 份共有多少种方法，所求的最终结果为 f[n][k]。

则递推方程为 f[i][j]=f[i-1][j-1]+f[i-j][j]。

f[i-1][j-1] 表示划分的最小数有 1 的情况，f[i-j][j] 表示划分的最小数大于 1 的情况。例如求 f[7][3] 时：

（1）若最小数为 1，则 1 算一份，剩余的数 6（即 7-1）划分为两份，则问题转化为求 f[6][2] 的值；

（2）若最小数不为 1，则先从 3 份里各取出一个 1（最后再依次放回即可保证每一份数大于

1），计算剩下的数字 4（即 7−3）划分为 3 份共有多少种方法，即求 f[4][3] 的值。

根据加法原理，f[7][3]=f[6][2]+f[4][3]。

2. DFS 算法

因为数据规模过小，可以使用 DFS 算法解决，核心伪代码如下。

```
1  DFS（刚划分出来的一份有多大，要分 k 份，剩下待分的数 sum）
2  {
3    如果分完了
4        答案数加 1
5    否则枚举现在这一份还要分多少份
6        DFS（现在分出来的这一份的大小，还要分 k-1 份，sum- 现在分出来这一份的大小）
7  }
```

□4.1.9　楼梯问题

【上机练习】楼梯问题（staircases）URAL 1017

有一个用 N 块砖块堆起来的楼梯，楼梯的每层严格由不同块数的砖块按照由大到小的次序排列。在排列时，不允许楼梯的各层有相同的高度，每个楼梯至少有两层，每层至少有一块砖块。

图 4.6 给出了 N=11 和 N=5 时的摆法。

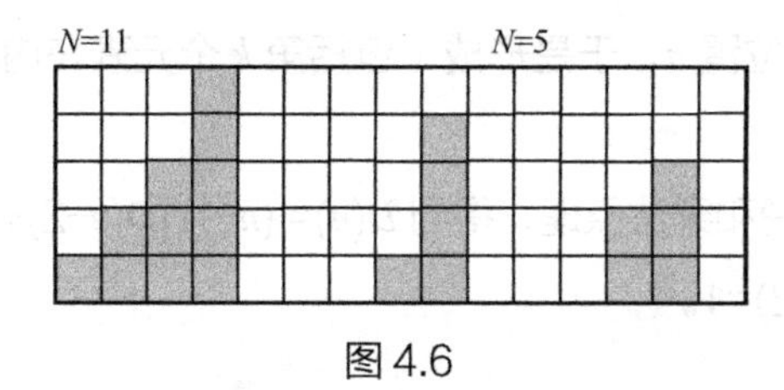

图 4.6

你的任务是写一个程序，当输入砖块数 N 时，输出共有多少种不同的摆法。

【输入格式】

输入砖块数 N（$3 \leqslant N \leqslant 500$）。

【输出格式】

一个整数，表示共有多少种不同的摆法。

【输入样例】

5

【输出样例】

2

□4.1.10　军事情报

【上机练习】军事情报（intelligence）

把 n 份军事情报装在 n 个信封，求所有情报都装错信封共有多少种可能。

【输入格式】

输入一个整数 n（$1 < n < 20$）。

【输出格式】

输出一个整数，即所有军事情报都装错信封的可能种数。

【输入样例】

2

【输出样例】

1

【算法分析】

将 n 个已编号元素放在 n 个已编号位置，元素编号与位置编号各不对应的方法数用 $D(n)$ 表示，那么 $D(n-1)$ 就表示 $n-1$ 个已编号元素放在 $n-1$ 个已编号位置，各不对应的方法数，其他类推。

放置过程分两步。

第 1 步是把任一元素（如第 n 个元素）放在另外一个位置（比如位置 k），一共有 $n-1$ 种方法。

第 2 步是放编号为 k 的元素，分两种情况讨论：

（1）把它放到位置 n，那么，对于剩下的 $n-2$ 个元素就有 $D(n-2)$ 种放置方法；

（2）第 k 个元素不放到位置 n，于是形成（包括第 k 个元素在内的）$n-1$ 个元素的“错排”，有 $D(n-1)$ 种放置方法。

根据排列组合的加法原理和乘法原理，得到 $D(n)= (n-1) [D(n-2)+ D(n-1)]$，这就是错排公式。

边界条件：$D(1)=0$，$D(2)=1$。

错排公式的推导有很多种方法，感兴趣的读者可以查找相关资料进一步学习。

4.1.11 极值问题

【上机练习】极值问题（m，n）

已知 m、n 为整数，且满足下列两个条件：

（1）m 和 n 属于 $\{1,2,\cdots,k\}$，即 $1 \leqslant m$，$n \leqslant k$；

（2）$(n^2-mn-m^2)^2=1$。

你的任务是：根据输入的正整数 k（$1 \leqslant k \leqslant 10^9$），求一组满足上述两个条件的整数 m、n，并且使 m^2+n^2 的值最大。例如从键盘输入 k=1995，则输出 m=987，n=1597。

【输入格式】

输入一个整数 k。

【输出格式】

输出 m 和 n 的值。

【输入样例】

1995

【输出样例】

987 1597

显然这是一道典型的数学题。如果从条件（2）出发，用求根公式，加上限制条件去解方程的话，从数学意义上讲是可以得出正确解的。但是如果 k 值过大，上述算法就一定会超时，所以要提高算法效率，就必须对问题进行一些推理和变换，使问题更直观，从而挖掘出问题的本质。

现对表达式 $(n^2-mn-m^2)^2=1$ 进行数学变换：

$(n^2-mn-m^2)^2$

$=(m^2+nm-n^2)^2$

$=[(n+m)^2-n(n+m)-n^2]^2$

$=[(n')^2-m'n'-(m')^2]^2$ （设 $n'=m+n$，$m'=n$）

虽然从形式上看，表达式并没有什么变化，但从上述数学变换式可以看出：如果 m 和 n 为一组满足条件（1）和条件（2）的解，那么 m' 和 n' 也满足条件（1）和条件（2），这样就可以用“迭代法”来求解。

可以发现，m=1、n=1 满足条件（1）和条件（2），并且是问题的一组最小的解，因此，可以按递增顺序递推出数列：1,1,2,3,5,8,…

□4.1.12 x 的出现次数

【上机练习】x 的出现次数（num$x$）

试计算在 1 ~ n（$1 \leqslant n \leqslant 1000000000$）的所有整数中，数字 x（$0 \leqslant x \leqslant 9$）共出现了多少次。

【输入格式】

输入两个整数 n、x。

【输出格式】

输出一个整数，表示数字 x 出现的次数。

【输入样例】

11 1

【输出样例】

4

【算法分析】

注意此题的数据规模过大，如果使用普通的枚举算法是会超时的。

□4.1.13 贴瓷砖

【上机练习】贴瓷砖（tile）

如图 4.7 所示，有两种瓷砖，一种瓷砖长 2 宽 1，另一种瓷砖是 L 形。

用这两种瓷砖贴一面 $2\times N$ 的墙，例如一面 2×3 的墙，有 5 种覆盖方法，如图 4.8 所示。

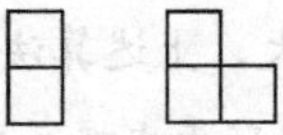

图 4.7 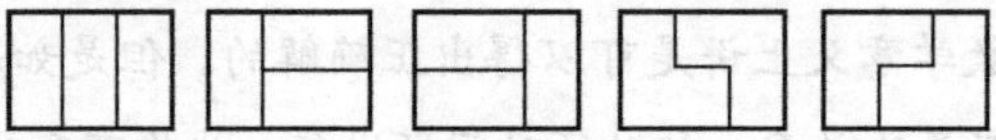　　图 4.8

当墙壁长为 N 时，试计算有多少种不同的覆盖方法。

【输入格式】

输入一个整数 N（$1\leqslant N\leqslant 1000000$），表示墙壁的长。

【输出格式】

输出覆盖方法数的最后 4 位，如果不足 4 位就输出整个答案。

【输入样例 1】

3

【输出样例 1】

5

【输入样例 2】

15

【输出样例 2】

5501

□4.1.14 二进制计数游戏

【上机练习】二进制计数游戏（num）

二进制数由 1 和 0 组成，现在有 n 个 1 和无数个 0，请计算在区间 $[s,t]$ 内二进制数所能表达的数的个数。

【输入格式】

输入 3 个整数 n、s、t（$1\leqslant n\leqslant 50$，$1\leqslant s\leqslant t\leqslant 1000000000000000$）。

【输出格式】

输出一个整数，即用不多于 n 个 1 的二进制数所能表达的在区间 $[s,t]$ 中的数的个数。

【输入样例】

4 100 105

【输出样例】

5

4.2 提高组

□4.2.1　加减取余

【例题讲解】加减取余（divisibility）ZJU 2042

有 N 个排列好的数，你可以在两数之间填入 + 或 - 运算符，判断在所有可能的结果中，是否存在某一个结果能被某个神秘数 K（$2 \leqslant K \leqslant 100$）整除。如序列 17,5,-21,15，有：

17+5+（-21）+15=16

17+5+（-21）-15=-14

17+5-（-21）+15= 58

17+5-（-21）-15=28

17-5+（-21）+15=6

17-5+（-21）-15=-24

17-5-（-21）+15=48

17-5-（-21）-15=18

现在要判断这个序列中，是否存在某一个结果能被 K 整除。例如上面结果中的 28 可以被 7 整除，而没有数能被 5 整除。

【输入格式】

输入多组数据 T，每组数据的第 1 行为两个整数 N 和 K（$1 \leqslant N \leqslant 10000$，$2 \leqslant K \leqslant 100$），下一行为 N 个数，它们的绝对值不超过 10000。

【输出格式】

输入数据的运算结果如果能被 K 整除输出"Divisible"，否则输出"Not divisible"；每组输出数据以一行空行间隔。

【输入样例】

```
2
4 7
17 5 -21 15
4 5
17 5 -21 15
```

【输出样例】

```
Divisible

Not divisible
```

先枚举所有可能的结果，然后判断是否存在能被 K 整除的结果，这种想法是可行的，但是 N 的个数最多可达到 10000，也就是说最坏的情况下需要枚举 2^{9999} 次，这是一个很大的规模，很可能最终导致算法执行的超时（TLE）。

因为题目涉及求余运算，要想简化问题就需要知道一些基本的求余运算的性质：

A×B % C=(A % C×B % C)%C

(A+B)% C=(A%C+B %C)%C

有了这两个性质，就可以把累加后求余转化成求余后累加（将减法看成加负数）再求余。

现在要判断的就是所有运算结果累加的和对 K 取余（% K）是否为 0，简记为以下形式：

(A+B)%K=0 或 (A+B)%K ≠ 0

则可按数的个数划分阶段，将前 N-1 个数的运算结果 %K 看作 A，第 N 个数看作 B 就可以了。

设 dp[i][j] 表示前 i 个数 %K 是否可以得到余数 j，true 表示可以，false 表示不可以。则当 dp[i-1][j]=true，即前 i-1 个数被 K 整除余 j 时，对后一个数 a[i] 来说显然有：

dp[i][(j-a[i] % K+K)% K]=1 （添加减号，多加一个 k 是为了防止变负数）

dp[i][(j+a[i] % K)% K]=1 （添加加号）

例如有 5 个数 1,2,3,4,5,……K=2，可以推出为前 4 个数添加运算符后能被 2 整除，即 dp[4][0]=true，对于第 5 个数 a[i]=1（预处理时，已将 5 处理为 5%2=1 了）来说，(0+1%2)%2=1，(0-1%2+2)%2=1，即前 5 个数之和整除 2 的余数为 1，所以 dp[5][1]=true。

参考代码如下，如果 dp[n][0]=true 就输出“Divisible”。

```
1   //加减取余
2   #include <bits/stdc++.h>
3   using namespace std;
4
5   int dp[10010][110],a[10010];
6
7   int main()
8   {
9     int t,n,k;
10    scanf("%d",&t);
11    while(t--)
12    {
13      scanf("%d %d",&n,&k);
14      for(int i=0; i<n; i++)
15      {
16        scanf("%d",&a[i]);
17        a[i]=(a[i]%k+k)%k;                                  //可能有负数的处理
18      }
19      memset(dp,0,sizeof(dp));
20      dp[0][a[0]]=1;
21      for(int i=1; i<n; ++i)                                //枚举 n 个数
22        for(int j=0; j<k; ++j)
23          if(dp[i-1][j])                                    //如果模 k 的余数为 j
```

```
24            {
25              dp[i][(j+a[i])%k]=1;
26              dp[i][(j-a[i]+k)%k]=1;
27            }
28        printf("%s%s",dp[n-1][0]?"Divisible":"Not divisible",t?"\n\n":"\n");
29      }
30      return 0;
31    }
```

□4.2.2 凸多边形的三角形剖分

【上机练习】凸多边形的三角形剖分（triangle）

若干条互不相交的对角线，把凸多边形剖分成了若干个三角形，现在的任务是输入凸多边形的边数 n，求不同剖分方案的总数 C_n。比如当 n=5 时，如图 4.9 所示，有 5 种不同的方案，所以 C_5=5。

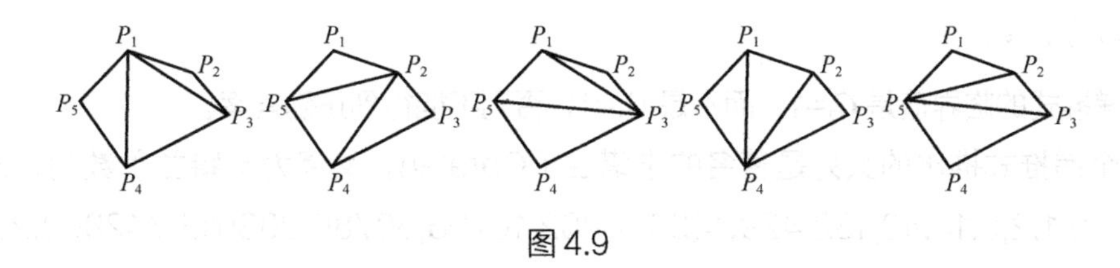

图 4.9

【输入格式】

输入一个整数 n（$n \leqslant 100$）。

【输出格式】

输出一个整数，即方案数。

【输入样例】

5

【输出样例】

5

如果简单地分析 C_3=1，C_4=2，C_5=5…，是很难找到问题的递推关系式的，所以需要换个角度去思考，将复杂问题简单化。

因为凸多边形的任意一条边必定属于某一个三角形，所以可以以某一条边为准，以这条边的两个顶点为起点，再去找凸多边形的任意一个顶点，来构成一个三角形，用这个三角形把一个凸多边形剖分成两个凸多边形。虽然凸多边形的任意一点都可以引出 n-3 条对角线，但这对角线的两点引出的两组对角线并不是任意的，因为要剖分成若干个三角形，且“对角线要互不相交”，如图 4.10（a）和图 4.10（b）所示的两种情况都不可以。因为图 4.10（a）可以归结成图 4.10（c）或图 4.10（d）的情况，图 4.10（b）的对角线是相交的。

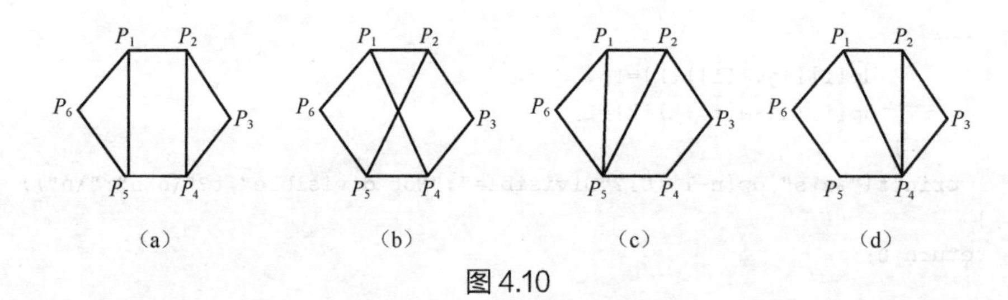

图 4.10

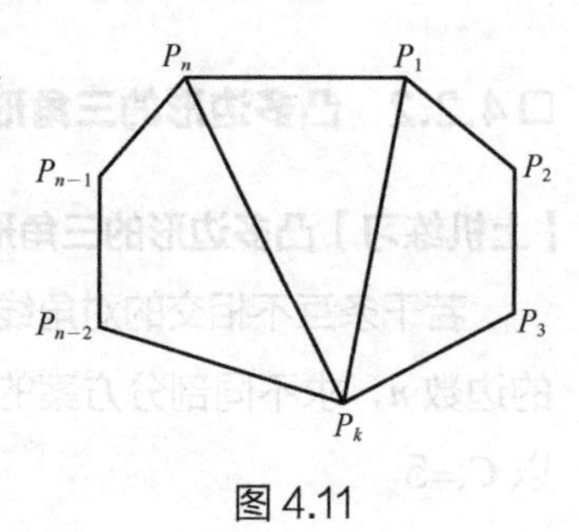

图 4.11

如图 4.11 所示，以 P_1P_n 这条边为基准边，再选择顶点 P_k（$2 \leqslant k \leqslant n-1$）来构成三角形，则原凸 n 边形被剖分成了三角形 $P_1P_kP_n$ 和两个凸多边形，其中一个是由 $P_1,P_2,\cdots,P_k$ 构成的凸 k 边形，另一个是由 $P_k,P_{k+1},\cdots,P_n$ 构成的凸 $n-k+1$ 边形。

根据乘法原理，选择 P_k 这个顶点的剖分方案有 $C_k \times C_{n-k+1}$ 种，而 k 的取值范围为 2 ~ $n-1$，所以再根据加法原理，得出总的方案数$C_n=\sum_{k=2}^{n-1} C_kC_{n-k+1}$。

这个递推式的临界值是 $C_2=1$，而不是 $C_3=1$，否则不能得到正确答案。

用这个递推式推出的数列是著名的卡塔兰（Catalan，又译为卡特兰）数列，该数列前 15 项的值为 1,2,5,14,42,132,429,1430, 4862,16796,58786,208012,742900,2674440, 9694 845，它经常用于组合计数中。

□4.2.3 区域划分问题

【上机练习】区域划分问题（area）

n（$n \leqslant 500$）条直线将平面分割成了许多区域，并且已有 p（$p \geqslant 2$）条直线相交于同一点，问 n 条直线最多能将平面分割成多少个不同的区域。

【输入格式】

输入两个数 n 和 p。

【输出格式】

输出分割的区域数。

【输入样例】

3 2

【输出样例】

7

□4.2.4 曲线分割

【上机练习】曲线分割（curve）

如图 4.12 所示，设有 n 条封闭曲线画在平面上，而任意两条封闭曲线恰好相交于两点，且任意 3 条封闭曲线不相交于同一点，求这一平面被封闭曲线分割出的区域个数。

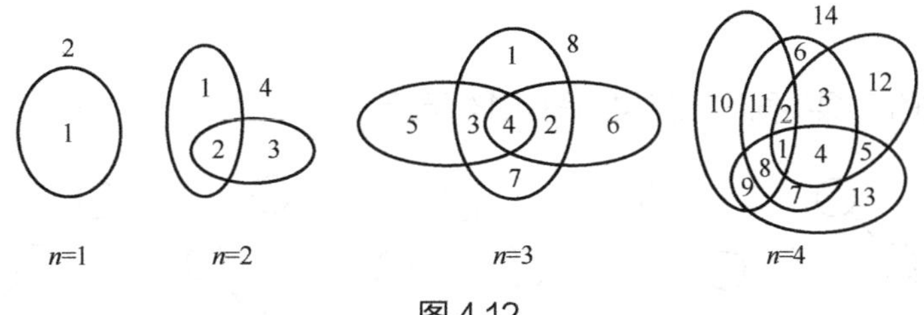

图 4.12

【输入格式】

输入整数 n（$n \leqslant 50$）。

【输出格式】

输出分割的区域个数。

【输入样例】

2

【输出样例】

4

□4.2.5　二叉树问题

【上机练习】二叉树问题（tree）

二叉树是数据结构中的一个重要概念，如果二叉树非空的话，那么每一棵二叉树必有一特定的结点，称作根（root）结点。根结点及之下的每个结点均可以有不超过两个的子结点（也可以没有）。在图 4.13 所示的 4 棵二叉树中，每个结点的子结点都不超过两个，所以它们均为二叉树。

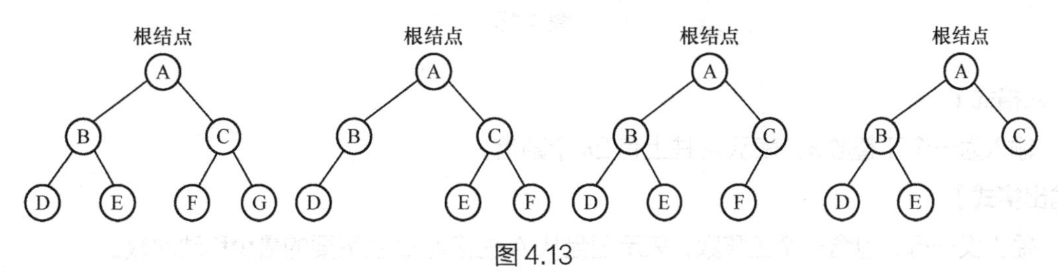

图 4.13

试求 N（$1 \leqslant N \leqslant 25$）个结点（每一个结点都是等价的）可组成多少棵不同的二叉树？

【输入格式】

输入多组数据，每组输入一个整数 N，表示有 N 个结点。

【输出格式】

每组输入数据输出一行，即输出一个整数，表示组成的不同二叉树棵数。

【输入样例】

3

【输出样例】

5

【样例说明】

3 个结点组成的 5 棵不同的二叉树如图 4.14 所示。

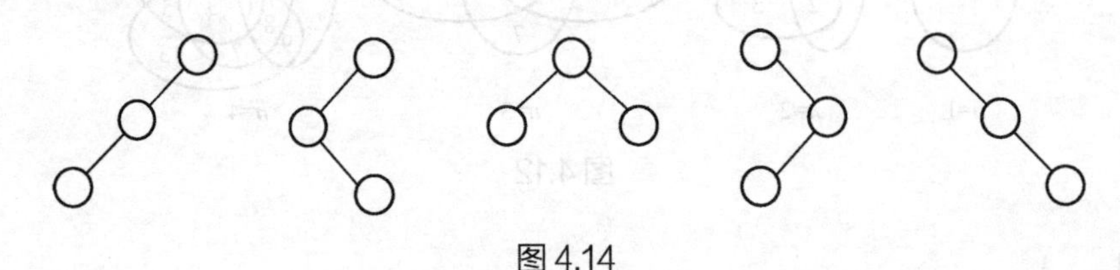

图 4.14

□4.2.6 双塔问题

【上机练习】双塔问题（hanoi2）

如图 4.15 所示，给定 3 根足够长的细柱 A、B、C，在 A 柱上放有 $2n$ 个中间有空的圆盘，圆盘共有 n 种不同的尺寸，每种尺寸都有两个相同的圆盘，注意这两个圆盘是不加区分的，图 4.15 为 n=3 的情形。现要将这些圆盘移到 C 柱上，在移动过程中圆盘可放在 B 柱上暂存，每次只能移动一个圆盘，每根柱子上的圆盘保持上小下大的摆放顺序，要求输出圆盘从 A 柱移到 C 柱需要的最少移动次数。

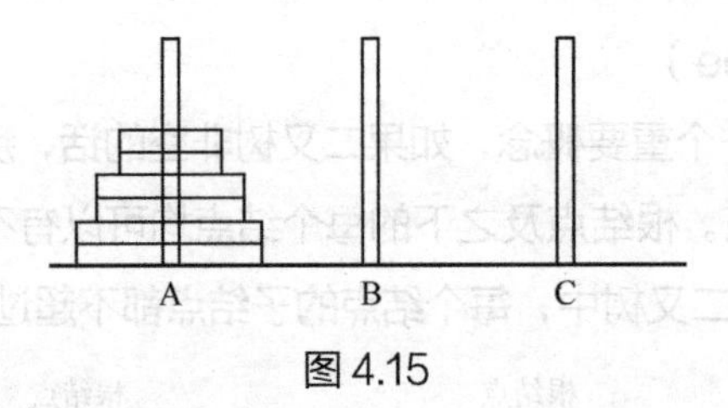

图 4.15

【输入格式】

输入为一个正整数 n，表示 A 柱上有 $2n$ 个圆盘。

【输出格式】

输出仅一行，包含一个正整数，表示圆盘从 A 柱移到 C 柱需要的最少移动次数。

【输入样例 1】

1

【输出样例 1】

2

【输入样例 2】

2

【输出样例 2】

6

【数据规模】

对于 50% 的数据，$1 \leqslant n \leqslant 25$；

对于 100% 的数据，$1 \leqslant n \leqslant 200$。

由于测试数据的规模较大，不使用高精度算法无法处理，请读者先采用普通算法完成部分测试数据的处理，在学习完本书第 08 章的高精度算法后，再接着完成此题的最终代码，以通过所有测试数据。

□4.2.7　四塔问题

【上机练习】四塔问题（hanoi4）

四塔问题中，放有圆盘的柱子一共有 4 根，而不是 3 根，每次只能移动一个圆盘，每根柱子的圆盘保持上小下大的摆放顺序，那么至少需要移动圆盘多少次，才能把所有的圆盘从第 1 根柱子移动到第 4 根柱子上呢?

为了编程方便，你只需输出这个结果 %10000 的值。

【输入格式】

输入多组测试数据，每组包含一个正整数 N（$0 < N \leqslant 50000$）。

【输出格式】

输出一个正数，表示把 N 个圆盘从第 1 根柱子移动到第 4 根柱子需要的最少移动次数除以 10000 的余数。

【输入样例】

15

【输出样例】

129

【算法分析】

如果数据规模不大，可以用三塔问题的结果来递推，即设 H[i] 是放有 i 个圆盘的三塔问题的解，那么 H[i]=H[i-1]×2+1。

在处理四塔问题时，设 F[i] 是有 i 个圆盘的四塔问题的解，则把 k 个圆盘先挪到某根柱子上，需要 F[k] 步，接下来把剩下的 i-k 个圆盘挪到目标柱子上，因为上一步已经占用了一根柱子，所以这需要 H[i-k] 步，最后把原先的 k 个圆盘挪到目标柱子上。动态转移方程如下：

F[i]=min{F[k]×2+H[i-k]}（$1 \leqslant k < i$，$1 < i \leqslant n$；边界条件：F[1]=1）

但本题规模实在太大了，因此可以考虑列出 i 值较小时的 H[i] 和 F[i]，以期发现某种规律，如表 4.3 所示。

表 4.3

i	1	2	3	4	5	6	7	8	9	10	11
H[i]	1	3	7	15	31	63	127	255	511	1023	2047
F[i]	1	3	5	9	13	17	25	33	41	49	65

试找出表 4.3 的规律，完成本题代码。

□4.2.8 青蛙过河

【上机练习】青蛙过河（frog）

大小各不相同的一队青蛙在河左岸的石墩（记为 A）上，要跳到右岸的石礅（记为 D）。如图 4.16 所示，河心有几片荷叶（分别记为 $Y_1,\cdots,Y_m$）和几个石墩（分别记为 $S_1,\cdots,S_n$）。

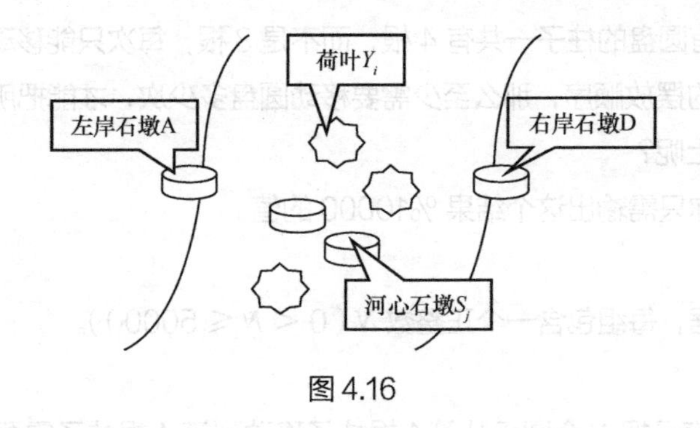

图 4.16

青蛙的站队和移动规则如下。

（1）每只青蛙只能站在荷叶、石墩或者比它大一号的青蛙背（统称为合法的落脚点）上。

（2）一只青蛙只有背上没有其他青蛙的时候才能够从一个落脚点跳到另一个落脚点。

（3）青蛙可以从左岸的石墩 A 直接跳到河心的石墩、荷叶和右岸的石墩 D 上，可以从河心的石墩和荷叶跳到右岸的石墩 D 上。

（4）青蛙可以在河心的石墩之间、荷叶之间以及石墩和荷叶之间来回跳动。

（5）青蛙在离开左岸石墩 A 后，不能再返回左岸；到达右岸后不能再跳回。

（6）假定石墩承重能力很大，无论多少只青蛙都可待在上面。但是由于石墩面积不大，至多只能有一只青蛙直接站在上面，而其他的青蛙只能依规则（1）落在比它大一号的青蛙背上。

（7）荷叶不仅面积不大，而且负重能力也有限，至多只能有一只青蛙站在上面。

（8）每一步只能一只青蛙移动，并且移动后需要满足站队规则。

（9）在一开始的时候，青蛙均站在左岸石墩 A 上，最大的一只青蛙直接站在左岸石墩 A 上，而其他的青蛙依规则（6）站在比其大一号的青蛙背上。

本题希望青蛙最终能够全部移动到右岸石墩 D 上，并完成站队。

设河心有 M 片荷叶和 N 个石墩，请求出这队青蛙至多有多少只，可以在满足站队和移动规则的前提下，从石墩 A 跳到石墩 D。

例如当河心有一片荷叶和一个石墩时，最多有 4 只青蛙跳动 9 步能够过河，如图 4.17 所示。

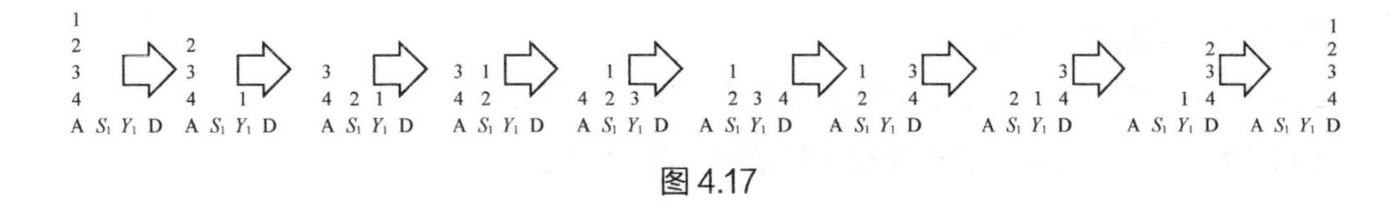

图 4.17

【输入格式】

输入数据仅有两行，每一行仅包含一个整数。第 1 行数字表示河心的石墩数 N（$0 \leqslant N \leqslant 25$），第 2 行表示荷叶数 M（$0 \leqslant M \leqslant 25$）。

【输出格式】

输出数据中仅包含一个数字和一个换行 / 回车符。该数字表示在河心有 N 个石墩和 M 片荷叶时，最多能够过河的青蛙数量。

【输入样例】

1
1

【输出样例】

4

❑4.2.9　密文传送

【上机练习】密文传送（encode）

某种密文编写的规则是：密文采用字母表中的 26 个小写字母 {a,b,⋯,z} 写成，这些字母组成的特殊单词长度都不超过 20 个字母且字母按升序排列；把所有这样组成的单词放在一起，按字典序排列，一个单词的编码就对应着它在字典中的位置。例如：a→1，b→2，z→26，ab→27，ac→28。

你的任务就是求出所给单词的编码。

【输入格式】

输入仅一行，表示被编码的单词。

【输出格式】

输出一行，为对应的编码。如果单词不在字母表中，输出 0。

【输入样例】

ab

【输出样例】

27

我们很容易就能想到的算法是：从第1个符合条件的单词a开始往后构造，每构造一个单词，相应的编码加1，直到构造到输入的单词为止。该算法不难理解，程序也容易实现，但是可能会超时，所以需要考虑其他更优的算法。

更优的算法可以这么考虑：

首先计算长度为1（只有1个字母）的单词，有 C_{26}^{1}=26 个；

接着计算长度为2（只有2个字母）的单词，有 C_{26}^{2}=325 个；

再计算长度为3（只有3个字母）的单词，有 C_{26}^{3}=2600 个；

……

这种一类一类构造单词的做法，效率要远高于一个一个构造的效率。

以计算 adgh 这个单词的编码为例，因为它的长度为4，先计算出长度为1、2、3的单词的个数，也就是 $C_{26}^{1}+C_{26}^{2}+C_{26}^{3}$=2951。

长度为4的第1个单词 abcd 的编码是 2952，现在要求的不是 abcd 而是 adgh，abcd 与 adgh 之间还有多少单词呢?

从左到右，第1位是 a，它已经最小了，容纳不了别的字母了。

考虑第2位 d，因为 d 的左边是 a，a 的直接后继是 b，所以第2位为 b、c 的长度为4的单词，也就是形如 ab**、ac** 这样的单词的编码一定小于 adgh 的编码，我们应该补上这些单词的数量，形如 ab** 的单词有 C_{24}^{2} 个、形如 ac** 的单词有 C_{23}^{2} 个。

再考虑第3位 g，g 左边 d 的直接后继是 e 或 f。第3位为 e、f，长度为4的形如 --e*、--f* 这样的单词编码也一定小于 adgh 的编码，还是应该补上，形如 --e* 这样的单词有 C_{21}^{1} 个、形如 --f* 这样的单词有 C_{20}^{1} 个。

考虑最后一位 h，它的左边是 g，不能再容纳别的字母了。

至此，adgh 的编码计算完毕，即

$C_{26}^{1}+C_{26}^{2}+C_{26}^{3}+C_{24}^{2}+C_{23}^{2}+C_{21}^{1}+C_{20}^{1}$=3522（另外要加1才对）。

□4.2.10 安置猛兽

【上机练习】安置猛兽（demon）

k 只猛兽被安置在边长为 *n* 的正方形格子里，因为猛兽非常好战，所以不能将它们安置在同一行或同一列，试求所有可能的安置方案数（由于方案数很多，只需输出方案数除以 504 的余数）。

在图 4.18 所示的 *n*=3 的正方形里，黑色方块代表猛兽的安置位置，显然只有最后一种安置方案是正确的。

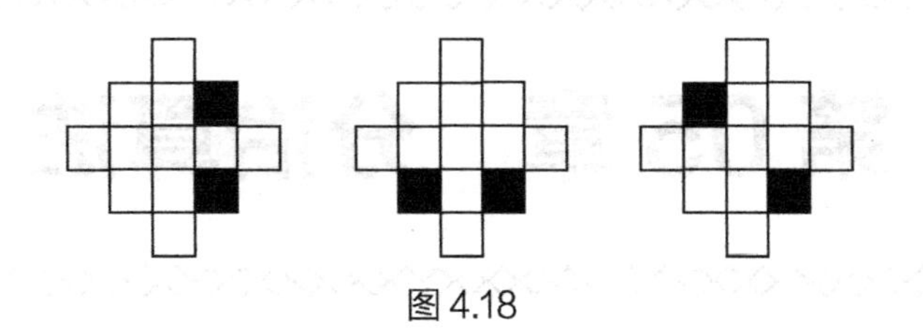

图 4.18

【输入格式】

输入两个整数 n 和 k（$n \leqslant 100$，$k \leqslant 2n^2-2n+1$）。

【输出格式】

输出一个整数，表示方案数除以 504 的余数。

【输入样例】

2 2

【输出样例】

4

【样例说明】

4 种方案如图 4.19 所示。

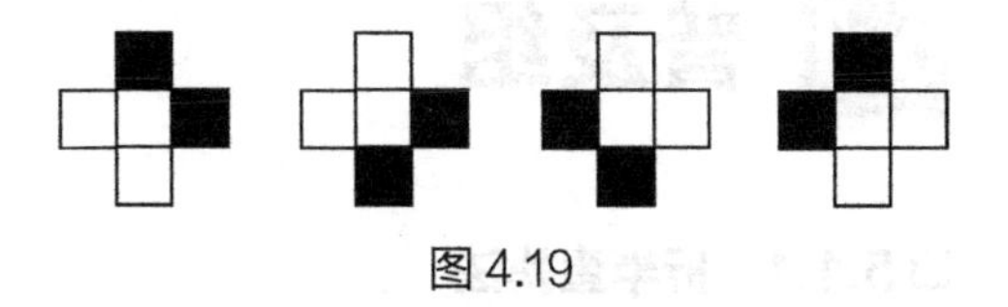

图 4.19

第 05 章　分治算法

分治 (divide and conquer) 算法就是把一个复杂的问题分成两个或更多个相同或相似的子问题，再把子问题分成更小的子问题……直到最后可以简单地直接求解子问题，原问题的解即子问题的解的合并。这个技巧是很多高效算法的基础，如排序算法（快速排序、归并排序），傅里叶变换（快速傅里叶变换）……

5.1 普及组

5.1.1　折半查找法

以一个猜数字游戏为例：取任意一个大于 0、小于 1024 的自然数，提问方最多问 10 次这个数比某数大吗，被提问方只需回答“是”或“不是”，提问方就可以猜出这个数字。你知道提问方是怎么猜的吗？

【例题讲解】折半查找法（half）

在一排（10000 以内）已按编号从小到大排好序的数列中，快速地查找到某个数所在的位置。

【输入格式】

第 1 行是整数 N，表示有 N 个数。第 2 行是 N 个数。第 3 行是整数 M，表示要查找的数。

【输出格式】

输出一个数：如果找到要查找的数，则输出该数位置编号；否则输出 -1。

【输入样例】

3

2 4 6

4

【输出样例】

2

1. 递归二分算法

将已排好序的数列依次存入数组 a[]，设查找数值为 key，设变量 Left 作为“指针”指向数组最左端位置（最小值），变量 Right 作为“指针”指向数组最右端位置（最大值），取 Left 和 Right 的中间值 mid 指向数列中间，如图 5.1 所示。

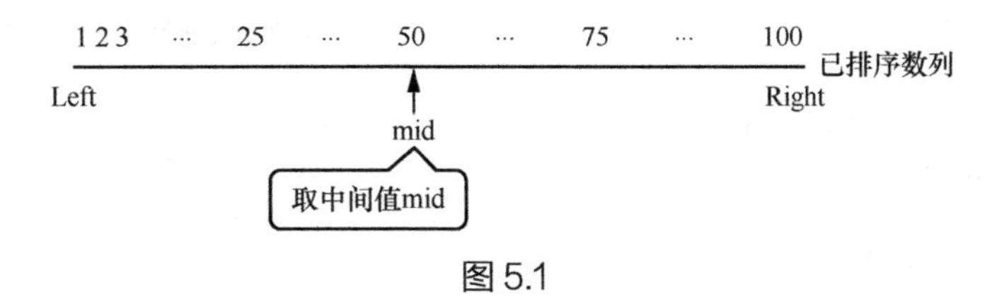

图 5.1

当 Right ≥ Left 时，比较查找值 key 与 a[mid]，有 3 种可能情况：

（1）若 key=a[mid]，表示找到该数，退出比较查找；

（2）若 key < a[mid]，则选择前半段继续查找，Left 不变，Right 变成 mid-1；

（3）若 key > a[mid]，则选择后半段继续查找，Left 变成 mid+1，Right 不变。

结束的情况有两种：一种是找到了 key=a[mid]；另一种是没找到，即 Right < Left。

核心代码如下。

```
1   int Search(int Left,int Right)              //在 Left ～ Right 范围内查找
2   {
3     if(Right>=Left)
4     {
5       int mid=(Left+Right)>>1;                //取中间值 mid
6       if(key==a[mid])                         //如果 key 与中间值相等，则输出答案
7       {
8         printf("%d\n",mid);
9         return 0;
10      }
11      else if(key<a[mid])                     //如 key 小于中间值，则取前半段
12       Search(Left,mid-1);
13      else                                    //如 key 大于中间值，则取后半段
14        Search(mid+1,Right);
15    }
16    else
17    {
18      printf("-1\n");
19      return 0;
20    }
21  }
```

2. 非递归二分算法

折半查找法除了可以用递归的方法外，还可以用非递归的方法实现，核心参考代码如下。

```
1   void HalfSearch()                           //非递归二分查找法
2   {
3     int Left=1;
4     int Right=n;
5     while (Left<=Right)
6     {
```

```
7      int mid=(Right+Left)>>1;
8      if (key==a[mid])                              //如果正好找到
9      {
10       printf("%d\n",mid);
11       exit(0);                                    //直接退出程序，返回0值
12     }
13     else if (key<a[mid])                          //选择前半段
14       Right=mid-1;
15     else                                          //选择后半段
16       Left=mid+1;
17   }
18   puts("-1");
19 }
```

以一个放石子的游戏为例：把1000个石子分别装在10个袋子中，任取其中的一袋，或把几个袋子中的石子加起来，能凑成1～1000中的任何一个石子数。你知道这10个袋子中分别装了多少个石子吗？

□5.1.2 逃亡

【例题讲解】逃亡（escape）

甲乙两人需要从 A 地出发尽快到达 B 地。

出发时 A 地有一辆可坐一人的自动驾驶小车，又知两人步行速度相同，问怎样利用小车才能使两人尽快同时到达 B 地。

【输入格式】

输入3个整数，分别表示 A、B 两地的距离，两人的步行速度和车速。

【输出格式】

输出保留两位小数的浮点数，即最短时间。

【输入样例】

100 5 10

【输出样例】

14.00

1. 分治算法

如图5.2所示，最优方案应该是甲先乘车到达 C 后下车步行，小车回头接已经走到 E 的乙，假设乙和小车在 D 相遇，乙乘车到达 B 时正好甲也步行到达，这样花费的时间最短。

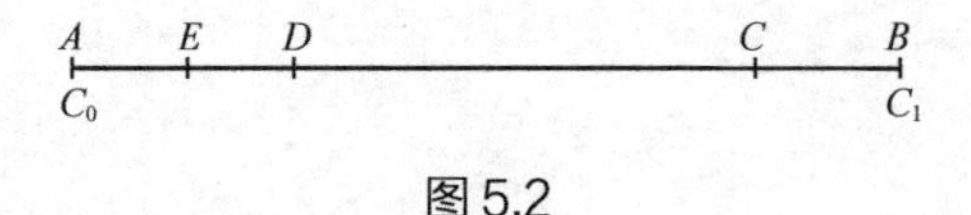

图5.2

首先设 A、B 之间的距离为 S，甲、乙两人步行速度为 a，车速为 b，甲耗时为 T_1，乙耗时为 T_2。再设 C_0 为起点位置，C_1 为终点位置，取中点位置 $C=(C_0+C_1)/2$ 作为测试点，计算甲耗时 T_1 与乙耗时 T_2，若 $T_1 < T_2$，则取 C 与 C_0 的中点，否则取 C 与 C_1 的中点，如此循环反复，直到 $T_1=T_2$，即可求出 C 点的位置。

参考伪代码如下。

```
1   C0=0
2   C1=100
3   while (T1 不等于 T2)
4   {
5     C=(C0+C1)/2
6     计算甲到 C 的时间与从 C 到终点的时间之和 T1
7     计算乙用的总时间 T2
8     if(T1<T2)
9       C1=C
10    else
11      C0=C
12  }
```

2. 数学方法

此题还可以用数学方法推导计算出结果。不过需要注意的是，由于涉及浮点数运算的误差问题，不同的运算过程，计算结果可能会略有差异。

如图 5.3 所示，设 A 与 B 的距离为 S，车速为 a，两人行走速度为 b，总时间为 T，$\overline{AC}$的距离为 k，则$\overline{CB}$的距离 $=S-K$。

由$T=\frac{k}{a}+\frac{S-k}{b}$（即甲在$\overline{AC}$花费的时间 + 甲在$\overline{CB}$花费的时间），得 $k=\frac{aS-abT}{a-b}$ ①

又因甲坐车从 A 到达 C 及小车又返回遇到乙的距离，加上乙从 A 步行到 D 的距离之和为 $2K$，如图 5.4 所示。

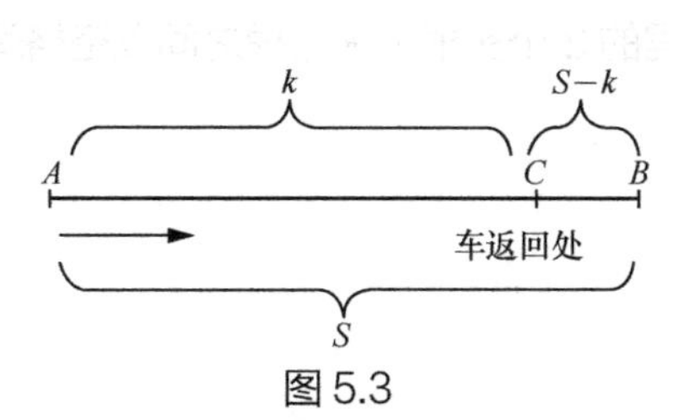

图 5.3

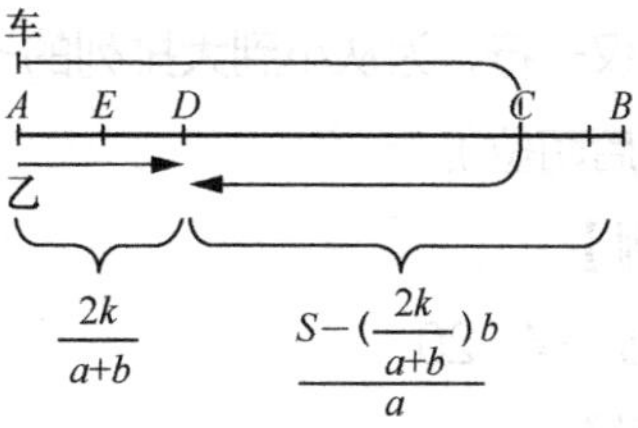

图 5.4

则又有$T=\frac{2k}{a+b}+\frac{S-\left(\frac{2k}{a+b}\right)b}{a}$

$\rightarrow T=\frac{(a-b)\left(\frac{2k}{a+b}\right)+S}{a}$

$\rightarrow T=\frac{\frac{2(aS-abT)}{a+b}+S}{a}$（将①式代入）

$\rightarrow (a+b)aT=2aS-2abT+aS+bS$ ［等式两边同乘以 a（$a+b$）］

$\rightarrow (a^2+3ab)T=3aS+bS$

$\rightarrow T=\frac{(3a+b)S}{a(a+3b)}$

参考代码如下。

```
1   //逃亡 —— 数学方法
2   #include <bits/stdc++.h>
3   using namespace std;
4
5   int main()
6   {
7     double s,b,a;
8     scanf("%lf %lf %lf",&s,&b,&a);                    //注意double型数据的输入格式
9     printf("%0.2f\n",((3*a+b)*s)/(a*(a+3*b)));
10    return 0;
11  }
```

□5.1.3　解一元三次方程

【例题讲解】解一元三次方程（equation）

形如 $ax^3+bx^2+cx+d=0$ 的方程被称为一元三次方程。已知方程中各项系数 a,b,c,d 的值，并约定该方程存在 3 个不同实根（根的范围为 -100 ～ 100，且根与根之差的绝对值大于或等于 1）。试求该方程的 3 个实根。

【输入格式】

输入 4 个实数 a,b,c,d。

【输出格式】

输出仅一行，为从小到大排列的一元三次方程的 3 个实根（根与根之间以空格间隔，并保留到小数点后两位）。

【输入样例】

1 -5 -4 20

【输出样例】

-2.00 2.00 5.00

1. 枚举法

将上述一元三次方程写为函数形式，即 $f(x)=0$，其在坐标系中的图像一般如图 5.5 所示。

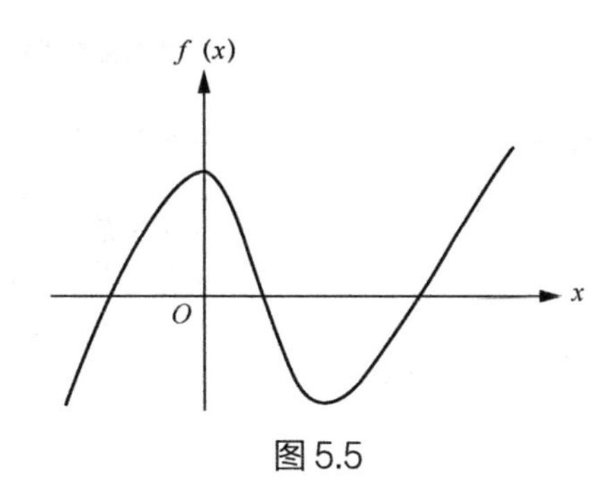

图 5.5

因为题目的数据规模不大，所以最简单的方法是从 -100.00 ～ 100.00 中枚举 x，枚举的步长为 0.01，得到 20000 个 $f(x)$，取跟 0 最接近的 3 个 $f(x)$，对应的 x 即方程的根。

2. 二分法

将上述方程写成函数形式，即 $f(x)=0$，若存在两个不同的数 x_1 和 x_2，且 $f(x_1)\times f(x_2) < 0$，则在 (x_1,x_2) 之间一定有一个根（正数和负数之间必然有个 0，这就是根的位置）。

当已知区间 (a,b) 内有一个根时 $[f(a)\times f(b) < 0]$，可用二分法求根。重复执行如下操作。

令 $m=(a+b)/2$:

（1）若 $a+0.0001 > b$ 或 $f(m)=0$，则可确定根为 m，并退出操作；

（2）若 $f(a)\times f(m) < 0$，则必然有根在区间 (a,m) 中，对此区间继续二分查找；

（3）若 $f(a)\times f(m) > 0$，则必然有 $f(m)\times f(b) < 0$，即根在区间 (m,b) 中，对此区间继续二分查找。执行完毕，就可以得到精度为 0.0001 的根。

因此，根据“根与根之差的绝对值大于或等于 1”，先对区间 [-100,-99]，[-99,-98]，…，[99,100] 进行枚举，确定这些区间内是否有根，然后对有根的区间使用上面的二分法，这样就能快速地求出所有的根了。

参考代码如下。

```
1   //解一元三次方程 —— 二分法
2   #include <bits/stdc++.h>
3   using namespace std;
4   
5   double a,b,c,d;
6   double ans[4];
7   int n;
8   
9   double Fun(double x)                          //代入x求方程的根
10  {
11    return ((a*x+b)*x+c)*x+d;
12  }
13  
14  void Calc(double l,double r)                  //用二分法查找根
15  {
16    if(n>2 || l>r || (Fun(l)*Fun(r)>0 && r-l<1))
```

```
17        return;                                    //找到全部根或此区间无根退出
18      double mid=(l+r)/2;
19      if(fabs(Fun(mid))<=1e-4)                     //找到一个根
20      {
21        ans[++n]=mid;                              //依次存入根
22        Calc(l,mid-1);                             //根与根之差的绝对值大于或等于1
23        Calc(mid+1,r);
24      }
25      else
26      {
27        Calc(l,mid);
28        Calc(mid,r);
29      }
30    }
31
32    int main()
33    {
34      cin>>a>>b>>c>>d;
35      Calc(-100,100);
36      sort(ans+1,ans+4);                            //3个根从小到大排序
37      cout<<setprecision(2)<<fixed<<ans[1]<<' '<<ans[2]<<' '<<ans[3]<<'\n';
38      return 0;
39    }
```

解一元三次方程还可以用到卡尔达诺公式（Cardano formula）和盛金公式，卡尔达诺公式的计算比盛金公式复杂，但使用卡尔达诺公式计算精度更高，因为盛金公式要用到误差很大的 $\sin x$ 和 $\cos x$ 函数。

□5.1.4 切割金属棍

【上机练习】切割金属棍（cut）

有 N 根长度已知的金属棍，把它们切割成 k 根长度相同的金属棍，问切割出的金属棍最长是多少。

【输入格式】

第1行为两个整数 N（$0 < N \leqslant 100000$）和 k（$0 < k \leqslant 10000$），随后 N 行数为每根金属棍的长度 L_i（$0 < L_i \leqslant 100000$）。

【输出格式】

输出切割出的最长金属棍的长度（保留两位小数）。

【输入样例】

4 10
12.1
20.8
5.6
7.8

【输出样例】

4.03

□5.1.5　危险的魔法能量

【上机练习】危险的魔法能量（danger）

有一个魔法空间，其中有一些特定的坐标可以存放魔法能量，这些坐标有 n（$2 \leqslant n \leqslant 100000$）个，它们分布在一条直线上，其坐标值分别为 $x_1,x_2,\cdots,x_n$（$0 \leqslant x_i \leqslant 1000000000$）。

因为某些未知的原因，魔法能量之间若距离过近，就会发生许多奇怪的事情，所以魔法能量之间的距离越远越好，试求魔法能量之间最大的最近距离是多少。

【输入格式】

第 1 行为两个数字 n 和 p，其中 p（$p \leqslant n$）表示魔法能量个数。

随后为 n 个整数，表示可存放魔法能量的坐标。

【输出格式】

输出一个数字，表示魔法能量之间最大的最近距离。

【输入样例】

5 3

1 3 10 4 8

【输出样例】

3

□5.1.6　古代文字

【上机练习】古代文字（dictionary）POJ 2503

魔法书使用神秘的古代文字书写，幸运的是，小光恰巧有一本词典可以帮助他阅读。

【输入格式】

输入的词典内容最多包含 100000 个词条，每一个词条包含一个英文单词，其次是一个空格和一个对应的古代文字。没有一个古代文字会在词典中出现一次以上。词条全部输入完毕后是一个空行，之后是需要翻译的古代文字，每个古代文字占一行（最多 100000 行），每个古代文字都是最多由 10 个小写字母组成的字符串。

【输出格式】

输出翻译完成的古代文字，每行一个英文单词。若词典中查找不到，输出“eh”。

【输入样例】

dog ogday

cat atcay
pig igpay
froot ootfray
loops oopslay

atcay
ittenkay
oopslay

【输出样例】

cat
eh
loops

□5.1.7　花费

【上机练习】花费（expense）POJ 3273

某人的旅行天数为 N（$1 \leqslant N \leqslant 100000$），每天需要花的钱已经分配好，请把这些天分成 M（$1 \leqslant M \leqslant N$）份（每份都是一天或一天以上连续天数），则第 i 份的钱数和为 sum[i]（i=1,2,…,M），求 max{sum[i]} 最小为多少。

【输入格式】

第 1 行为两个整数 N 和 M，第 2 行为 N 个数，表示每天的花费。

【输出格式】

输出分成 M 份后的最小和。

【输入样例】

7 5
200 300 300 200 500 221 420

【输出样例】

500

□5.1.8　跳石头

【上机练习】跳石头（stone）NOIP 2015

“跳石头”比赛在一条笔直的河道中进行，河道中分布着一些巨大的岩石。组委会选择其中两块岩石分别作为比赛的起点和终点。在起点和终点之间，有 N 块岩石（不含起点和终点的岩石）。在比赛过程中，选手们将从起点出发，每一步跳向相邻的岩石，直至到达终点。

为了提高比赛难度，组委会计划移走一些岩石，使得选手们在比赛过程中的最小跳跃距离尽可能大。由于预算限制，组委会至多从起点和终点之间移走 M 块岩石（不能移走起点和终点的岩石）。

【输入格式】

第 1 行为 3 个整数 L、N、M（$1 \leqslant L \leqslant 1000000000$，$0 \leqslant M \leqslant N \leqslant 50000$），分别表示起点到终点的距离，起点到终点之间的岩石数，以及组委会至多移走的岩石数。

接下来 N 行，每行一个整数，第 i 行的整数 D_i（$0 < D_i < L$）表示第 i 块岩石与起点的距离。这些岩石按与起点距离从小到大的顺序排列，且不会有两块岩石出现在同一个位置。

【输出格式】

输出只包含一个整数，即最小跳跃距离的最大值。

【输入样例】

25 5 2
2
11
14
17
21

【输出样例】

4

【样例说明】

将与起点距离为 2 和 14 的两块岩石移走后，最小的跳跃距离为 4（从与起点距离为 17 的岩石跳到距离为 21 的岩石，或者从与起点距离为 21 的岩石跳到终点）。

□ 5.1.9　近似整数

【上机练习】近似整数（approximation）POJ 1650

给定一个浮点数 A $(0.1 \leqslant A < 10)$ 和一个整数 $L(1 \leqslant L \leqslant 100000)$，求区间 $[1, L]$ 内的两个整数 n 和 d，使得 n/d 能近似等于 A，且使绝对误差 $|A-n/d|$ 最小。例如 $355/113 \approx 3.141593$（圆周率），绝对误差不超过 2×10^{-7}。

【输入格式】

第 1 行为一个浮点数 A，第 2 行为一个整数 L。

【输出格式】

两个整数 n 和 d（$1 \leqslant n, d \leqslant L$）。

【输入样例】

3.14159265358979

10000

【输出样例】

355 113

除二分算法外，还可以使用追赶法解决此题，方法如下。

初始时分子 n 和分母 d 的值均设为 1。循环比较时，若 $n/d < A$，则分子加 1，否则分母加 1。这样在确保 n 和 d 不超过限制范围的情况下，使得 n/d 逐渐逼近 A 的值，找到最接近 A 的 n/d 就是答案。

□5.1.10 快速幂运算

【上机练习】快速幂运算（power）

已知 X 和 n，试计算 X^n 的值。

【输入格式】

输入两个正整数 X 和 n（$X \geqslant 0$，$n \geqslant 0$）。

【输出格式】

输出一个整数，表示运算结果，保证结果不超过整型数据的取值范围。

【输入样例】

3 2

【输出样例】

9

1. 基础快速幂算法

普通的求幂算法在计算 2^{13} 时，程序将计算 2 的 13 次幂。但实际上，可以先计算出 2×2 的值，这样 2^{13} 可以写成 4×4×4×4×4×4×2 的形式，再计算 4×4 的值，则 2^{13} 可以写成 16×16×16×2 的值，这样依次计算 2×2、4×4、16×16×16×2 的值，只计算了 5 次即可得出结果。

核心代码如下。

```
1   unsigned long long Pow(unsigned long long X,unsigned long long n)
2   {
3     if(n==1)
4       return X;
5     else
6     {
7       unsigned long long c=Pow(X,n/2);// 递归计算 X^(n/2)
8       return n%2?c*c*X:c*c;      //(X^(n/2))^2 即 X^n，若 n 为奇数，再乘一次 X
9     }
10  }
```

这段代码有一处没有考虑周全，你能发现吗？

2. 位优化快速幂算法

我们可以通过位运算对基础快速幂算法进行优化，例如判断 n 是否是偶数，可以使用与运算符“&”，即判断 n & 1 的值是否为 0 即可。而 $n=n/2$ 可以使用右移运算符“>>”，即用 n >> =1 表示。

非递归算法的核心代码如下。

```
unsigned long long Pow(unsigned long long X, unsigned long long n)
{
  unsigned long long result=1;
  if (n == 0)
    return 1;
  else
    while (n)
    {
      if (n & 1)                                          //如果n为奇数
        result *= X;                                      //多乘一次X
      X *= X;
      n >>= 1;                                            //n=n/2
    }
  return result;
}
```

如果仔细观察上述代码，可以发现其运算过程与二进制运算是相同的，例如求 a^{156} 的值，其中十进制数 156 转换为二进制数为 10011100。

则 $a^{156}=(a^4)\times(a^8)\times(a^{16})\times(a^{128})$，如图 5.6 所示。

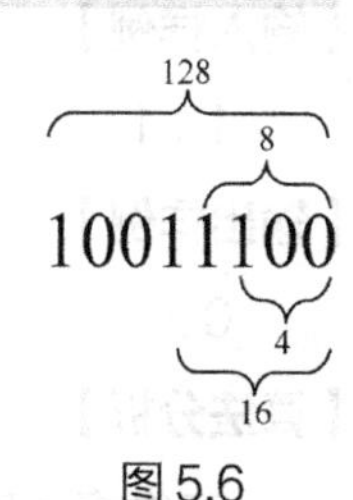

图 5.6

5.1.11 单峰排列

【上机练习】单峰排列（unimodal）

一个 n 的全排列 A[i] 是单峰排列，当且仅当存在某个 x 使得 A[1] < A[2] <…< A[x] > A[x+1] >…> A[n]。

例如，对于 9 的全排列，125798643 和 123456789 是单峰排列，但 356298741 就不是。试求 n 的全排列中，有多少个单峰排列。

【输入格式】

输入一个整数 n（整型范围）。

【输出格式】

输出 n 的全排列中单峰排列的个数对 1234567 取模后的值。

【输入样例】

3

【输出样例】

4

【样例说明】

共有以下 4 种方案:

123

132

231

321

□5.1.12 快速模幂

【上机练习】快速模幂(Modulo)

试求 a^b 对 n 取模后的值，其中 a、b、n 均为整数。

【输入格式】

输入 3 个整数，即 a、b、n。

【输出格式】

输出一个整数，即取模后的值。

【输入样例】

1 1 1

【输出样例】

0

【算法分析】

首先将 b 转换成由 0 和 1 组成的二进制数串 $b=b_0\times 2^0+b_1\times 2^1+b_2\times 2^2+b_3\times 2^3+\cdots+b_n\times 2^n$，那么 $a^b=a^{b_0\times 2^0}\times a^{b_1\times 2^1}\times a^{b_2\times 2^2}\times a^{b_3\times 2^3}\times\cdots\times a^{b_n\times 2^n}$。例如 $3^{11}=3^{(1011)_2}=3^1\times 3^2\times 3^0\times 3^8$。

根据同余定理可得

$$a^b\%n=(a^{b_0\times 2^0}\%n)\times(a^{b_1\times 2^1}\%n)\times(a^{b_2\times 2^2}\%n)\times(a^{b_3\times 2^3}\%n)\times\cdots\times(a^{b_n\times 2^n}\%n)$$

显然，上式中，$b_i=0$ 的项(因为 a^0 等于 1)可以直接舍去。例如 $3^{11}\%1000000=3^{(1011)_2}=3^1\times 3^2\times 3^8$，其中 3^2 可由 3 自乘一次得到，3^8 可由 3 自乘 3 次(即 3×3=9，9×9=81，81×81=6561)得到。

核心代码如下。

```
1   int Pow(int a, int b, int n)
2   {
3     int ans=1;
4     for(a%=n; b; b>>=1)                    //b 每次循环右移一位，直到为 0 结束
5     {
6       if(b & 1)                             //当前位为 1
7         ans=(ans*a)%n;                      //将自乘 x 次的 a 加入 ans
8       a=(a*a)%n;                            //a 自乘 x 次的结果是 a^(2^x)
```

```
 9        }
10        return ans%n;
11    }
```

□ 5.1.13　魔法生物

【上机练习】魔法生物（pupu）HDU 3003

魔法师能够召唤出一种特殊的生物——pupu，它有 n 层皮肤，皮肤分为透明和不透明两种状态。pupu 出生时每层皮肤都是不透明的。皮肤只要被晒一天，第二天就会转换到另一种状态，阳光可以通过透明皮肤，照亮内部皮肤，不透明的皮肤会阻挡阳光。而 pupu 需要每层皮肤都从不透明转换到透明一次才能成为成年 pupu，那么 pupu 从出生到成年需要多少天?

【输入格式】

输入多组数据，每组数据为一个整数 n，0 为输入结束标志。

【输出格式】

输出结果为 pupu 从出生到成年需要的天数对 n 取模后的值。

【输入样例】

2
3
0

【输出样例】

1
2

□ 5.1.14　后缀树

【上机练习】后缀树（tree）

字符串 S 的长度为 n，求有多少种方案，能使得字符串 S 只由英文小写字母（英文小写字母一共有 26 个）组成，且不存在一种将这个字符串分成两段，使得前面一段是后面一段的子串的方案。

a 是 b 的子串：当且仅当存在 L 和 R ∈ $[1,\lfloor b \rfloor]$，使得 b{L⋯R}=a。

【输入格式】

输入一个整数 n（$1 \leqslant n \leqslant 10^9$），表示字符串 S 的长度。

【输出格式】

输出一个整数，表示可行的方案数，因为方案数可能过大，所以是对 998244353 取模后的值。

【输入样例 1】

2

【输出样例 1】

650

【输入样例 2】

105383595

【输出样例 2】

114514

□ 5.1.15　循环比赛

【上机练习】循环比赛（competition）

某个项目中的 n 名选手进行循环比赛，其中 $n=2^m$，要求每名选手要与其他 $n-1$ 名选手都比赛一次。每名选手每天比赛一次，循环比赛共进行 $n-1$ 天，每天没有选手轮空。比赛安排如表 5.1 所示（假定 $m=3$）。

表 5.1

选手	时间						
	第 1 天	第 2 天	第 3 天	第 4 天	第 5 天	第 6 天	第 7 天
1							
2							
3							
4							
5							
6							
7							
8							

【输入格式】

输入一个整数 m（$m \leqslant 5$）。

【输出格式】

输出 n 行 n 列的整型矩阵，即比赛时间表。矩阵中的每个元素占用空间为 4 个字符（左对齐）。

【输入样例】

2

【输出样例】

1　2　3　4

2　1　4　3

3　4　1　2

4　3　2　1

【算法分析】

通过观察这个表格很难直接发现规律，因此需要将规模减小一点，比如只有两名选手（m=1）时，比赛安排如图 5.7 所示。

同理可得 4 名选手（m=2）时的比赛安排如图 5.8 所示。

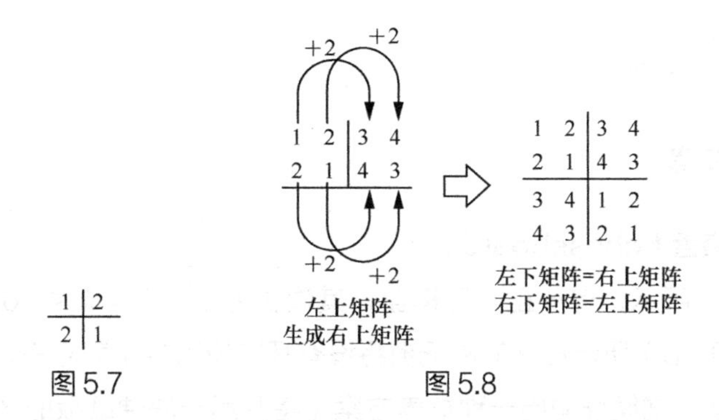

图 5.7　　　　图 5.8

从图 5.8 可以看出，矩阵的左上角与右下角是对称的，右上角与左下角是对称的。根据此规律，逐层合并，可得到 8 名选手（m=3）的比赛安排，如表 5.2 所示。

表 5.2

选手	时间						
	第 1 天	第 2 天	第 3 天	第 4 天	第 5 天	第 6 天	第 7 天
1	2	3	4	5	6	7	8
2	1	4	3	6	5	8	7
3	4	1	2	7	8	5	6
4	3	2	1	8	7	6	5
5	6	7	8	1	2	3	4
6	5	8	7	2	1	4	3
7	8	5	6	3	4	1	2
8	7	6	5	4	3	2	1

可以用数组 a 记录 2^m 名选手的比赛安排表。整个循环比赛表从最初的 1×1 矩阵按上述规则先生成 2×2 的矩阵，再生成 4×4 的矩阵……直到最终生成整个循环比赛表为止。

核心伪代码如下，请在画线处填写正确的代码。

```
1   int n,h=1;
2   scanf("%d",&n);
```

```
3     a[1][1]=1;
4     int Person=pow(2,n);
5     do
6     {
7       for(int i=1; i<=h; i++)
8         for(int j=1; j<=h; j++)
9         {
10          a[i][j+h]=a[i][j]+h;                    //构造右上角矩阵
11          ____________________;                    //构造左下角矩阵
12          ____________________;                    //构造右下角矩阵
13        }
14      更新h的值;
15    }while(h!=Person);
```

□5.1.16　残缺棋盘

【上机练习】残缺棋盘（chessboard）

如图5.9（a）所示，有一正方形棋盘，其边长为2^k（$1<k<10$），其中有一格损坏。现在想用如图5.9（b）所示形状的硬纸板将没有坏的所有格子盖起来，而硬纸板不得放到坏格子中和棋盘外面。试编程输出一种覆盖方案（将共用一块硬纸板的3个格子用相同的数字表示）。

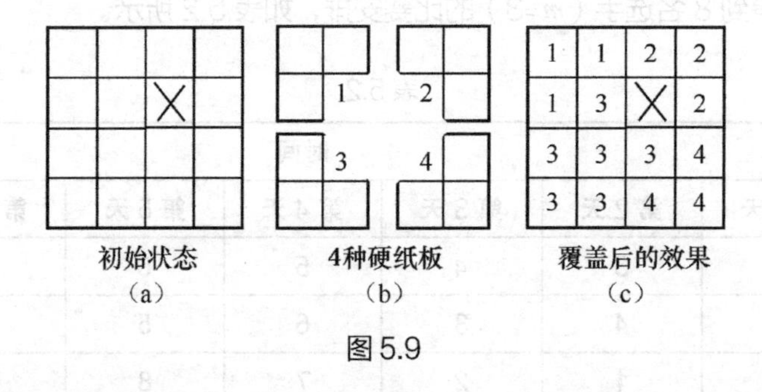

图5.9

图5.9(c)所示是k=2的情形。注意：输出结果不一定和图示方案一致，符合题目要求即可；输出时只需输出数字方阵，而不必画出格子线。

【输入格式】

输入3个整数，即k和坏格子的y坐标与x坐标（注意坏格子的坐标输入顺序）。

【输出格式】

输出数字方阵，其中坏格子的坐标以数字7表示，数字间以一个空格间隔，最后一行末尾无空格。

【输入样例】

2 1 1

【输出样例】

7422

4 4 4 2
3 4 4 4
3 3 4 4

要想解答这道题，可以从最简单的情况开始分析。假定 k=1，则棋盘为 2×2 的形式，此时，无论坏格子是 4 个格子中的哪一个，都有唯一的解，即恰好能用一块硬纸片将没有坏的所有格子覆盖。

如果再扩大棋盘呢？

例如 k=2，可以将棋盘平分为 2×2 的 4 个正方形，并且中央完好的 3 个正方形用一块硬纸板覆盖，这样，4 个正方形就变成了 4 种 k=1 的情况。图 5.10 所示为两种可能情况的覆盖方案。

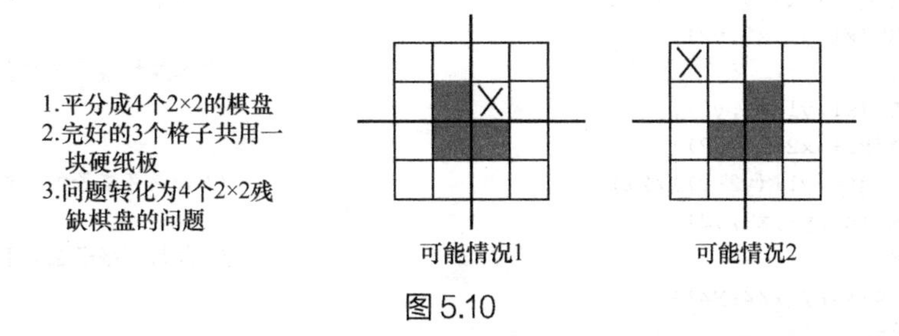

图 5.10

对于更大的棋盘，依此类推即可。部分参考代码如下，请完善该代码。

```
1   //残缺棋盘
2   #include <bits/stdc++.h>
3   using namespace std;
4
5   int k=1,c[1024][1024];                    //左上角坐标设为(1,1)
6
7   void Lt(int x1,int y1,int x2,int y2 )     //坏格子在左上角的处理
8   {
9     c[x1+(x2-x1)/2][y1+(y2-y1)/2+1]=1;
10    c[x1+(x2-x1)/2][y1+(y2-y1)/2]=1;
11    c[x1+(x2-x1)/2+1][y1+(y2-y1)/2]=1;      //填充图形1
12  }
13
14  void Rt(int x1,int y1,int x2,int y2 )     //坏格子在右上角的处理
15  {
16    略，请自行完善
17  }
18
19  void Lb(int x1,int y1,int x2,int y2 )     //坏格子在左下角的处理
20  {
21    略，请自行完善
22  }
23
24  void Rb(int x1,int y1,int x2,int y2 )     //坏格子在右下角的处理
25  {
```

```
26      略，请自行完善
27    }
28
29    void Out()                                        //输出数组
30    {
31      略，请自行完善
32    }
33
34    void Work(int x1,int y1,int x2,int y2)  //递归函数
35    {
36      int p,q;
37      for(int i=x1; i<=x2; i++)        //查找该棋盘的坏格子或已覆盖的格子在哪里
38        for(int j=y1; j<=y2; j++)
39          if(c[i][j]!=0)
40            p=i,q=j;
41      if(p<=(x1+(x2-x1)/2))
42        if( q<=(y1+(y2-y1)/2))                              //如果坏格子位于左上角
43          Rb(x1,y1,x2,y2);
44        else                                                //如果坏格子在右上角
45          Lb(x1,y1,x2,y2);
46      if(p>(x1+(x2-x1)/2))
47        if (q<=(y1+(y2-y1)/2))                              //如果坏格子位于左下角
48          Rt(x1,y1,x2,y2);
49        else                                                //如果坏格子在右下角
50          Lt(x1,y1,x2,y2);
51      if(x2-x1!=1)
52      {
53        Work(x1,y1,(x1+(x2-x1)/2),(y1+(y2-y1)/2));     //棋盘平分为4个后递归
54        Work(          略，请自行完善              );
55        Work(          略，请自行完善              );
56        Work(          略，请自行完善              );
57      }
58    }
59
60    int main()
61    {
62      int n,x,y;
63      cin>>n>>x>>y;
64      for(int i=1; i<=n; i++)
65        k*=2;
66      c[x][y]=7;                                        //定义坏格子的坐标为7
67      Work(1,1,k,k);                                    //左上坐标(1,1),右下坐标(k,k)
68      Out();
69      return 0;
70    }
```

该代码既涉及了递归，又涉及了分治，所以称之为递归分治。通过分治，可以将大问题不断细化成几个部分分别处理以减少代码执行时间。

注意代码中的变量y1定义的是局部变量，这是没有问题的，但如果在C++代码里将y1定义为全局变量，会导致变量名重复定义的错误，因为j0、j1、jn、y0、y1、yn等全局变量名已经在C++标准库中被定义过了。为防止此类错误的发生，在定义变量名时可尽可能大小写字母混合，例如Y1、Yn等。

☐ 5.1.17　计算机组装

【上机练习】计算机组装（assemble）POJ 3497

琪儿准备了一定的预算去买各种组件以组装计算机，每种计算机组件买一个。每种计算机组件都有品质和价格两个参数。

琪儿认为计算机的品质取决于它所有组件中品质最差的部件，那么，如何在不超过预算的情况下，使组装的计算机品质最好呢？

【输入格式】

第 1 行为一个整数 N（$N \leqslant 100$），表示测试组数。

每组数据第 1 行有两个数，分别表示组件数和预算（$1 \leqslant$ 组件数 $\leqslant 1000$，$1 \leqslant$ 预算 $\leqslant 1000000000$）。

以下各行表示组件的类型、名称、价格（$0 \leqslant$ 价格 $\leqslant 1000000$）、质量（$0 \leqslant$ 质量 $\leqslant 1000000000$）。

【输出格式】

每组测试数据输出一行，表示买到的所有组件中的最大品质值。

【输入样例】

```
1
18  800
processor 3500_MHz 66 5
processor 4200_MHz 103 7
processor 5000_MHz 156 9
processor 6000_MHz 219 12
memory 1_GB 35 3
memory 2_GB 88 6
memory 4_GB 170 12
mainboard all_onboard 52 10
harddisk 250_GB 54 10
harddisk 500_FB 99 12
casing midi 36 10
monitor 17_inch 157 5
monitor 19_inch 175 7
monitor 20_inch 210 9
monitor 22_inch 293 12
mouse cordless_optical 18 12
```

mouse microsoft 30 9

keyboard office 4 10

【输出样例】

9

5.2 提高组

□5.2.1 交叉的梯子

【上机练习】交叉的梯子（ladders）POJ 2507

如图 5.11 所示，在一条狭窄的街道上矗立着两栋楼，右楼有一个长为 x 的梯子搭在左楼，左楼有一个长为 y 的梯子搭在右楼，两个梯子的交叉点离地面高度为 c。求街道的宽度。

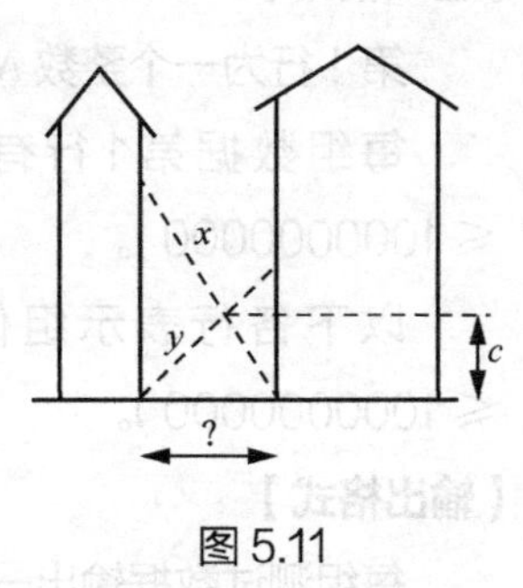

图 5.11

【输入格式】

输入多组数据，每组数据占一行，依次表示 x、y、c。

【输出格式】

输出街道的宽度（保留 3 位小数）。

【输入样例】

30 40 10

12.619429 8.163332 3

10 10 3

10 10 1

【输出样例】

26.033

7.000

8.000

9.798

□5.2.2 第 k 小的数 1

【例题讲解】第 k 小的数 1（k1）

对于给定的 n 个元素的无序数组，要求从中找出第 k 小的数。

【输入格式】

第 1 行是总数 n（$1 < n < 100000$）和 k，第 2 行是 n 个无序的数。

【输出格式】

第 *k* 小的数在数组中的位置（保证该数无重复）。

【输入样例】

5 3

25 9 90 57 3

【输出样例】

1

要求用最快速度找到第 *k* 小的数，所以如果对所有数据排序后再查找并不是最优的方法。

例如一个由 10 个元素组成的数组 {5,7,1,2,3,9,8,10,4,6}，假设要找出第 4 小的数。

将第 1 个元素 5 作为参照数，将比 5 小的元素放在 5 的左边，比 5 大的元素放在 5 的右边，则数组第 1 次调整为 { 2,1,4,3 } ,5,{ 10,9,8,7,6 }。

比 5 小的元素有 4 个，所以将搜索范围缩小到 5 左边的数组，即 { 2,1,4,3 }，舍弃右边的数组。

以 2 为参照数，将比 2 小的元素放在 2 的左边，比 2 大的元素放在 2 的右边，则数组第 2 次调整为 { 1 } ,2, { 4,3 }。

可以看出，2 为数组中第 2 小的元素，所以将搜索范围缩小到 2 右边的数组 { 4,3 }，舍弃左边的数组。

最后依此法找出第 4 小的数为 4。

实际操作时定义两个“指针”i 和 j。i 从数组最左端依次向右扫描，j 从数组最右端依次向左扫描，操作过程如图 5.12 所示。

依此类推，直到 i、j 指针重合，完成数组的第 1 次调整（代码实现时，i、j 指针是互换的，移动的一直是 j 指针）。再二分缩小搜索范围，继续以上的操作，直到找到第 *k* 小的数。

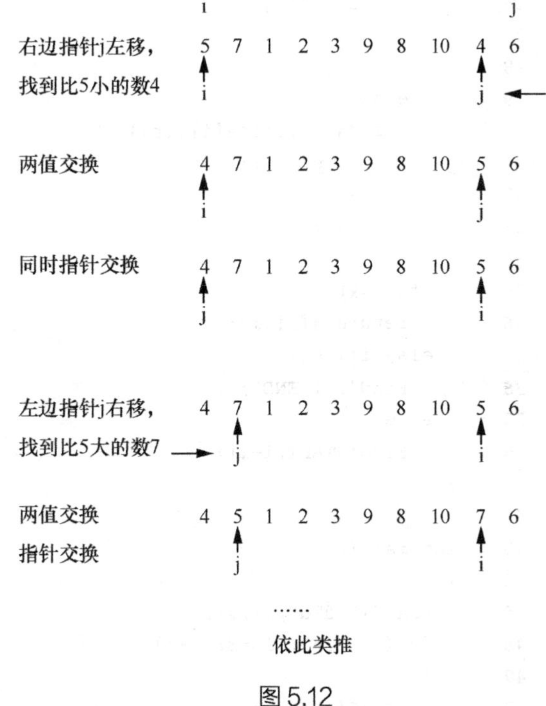

图 5.12

参考代码如下。

```
1   //第 k 小的数 1
2   #include <bits/stdc++.h>
3   using namespace std;
4
5   struct st
```

```
6   {
7     int val,ID;                                        //ID保存原始位置
8   } a[100001];
9   int m,k;
10
11  void Swap(int &i,int &j)                            //引用i、j
12  {
13    swap(a[i].val,a[j].val);                          //两元素互换
14    swap(a[i].ID,a[j].ID);
15    swap(i,j);                                        //指针互换
16  }
17
18  int Find(int START,int END)
19  {
20    int i=START;
21    int j=END;
22    while(i!=j)                                       //当指针未重合时
23    {
24      if(i<j)                                         //如果i指针在j指针左边
25        if(a[i].val>a[j].val)
26          Swap(i,j);
27        else
28          --j;                                        //j指针左移
29      else                                            //如果i指针在j指针右边（指针已互换）
30        if(a[i].val<a[j].val)
31          Swap(i,j);
32        else
33          ++j;                                        //j指针右移
34    }
35    if(i==k)                                          //若已找到第k小的数
36      return a[i].ID;                                 //输出答案即原位置
37    else if(i<k)                                      //此时i和j已重合
38      Find(i+1,END);                                  //取右边的数组递归查找
39    else
40      Find(START,i-1);                                //取左边的数组递归查找
41  }
42
43  int main()
44  {
45    scanf("%d%d",&m,&k);
46    for(int i=1; i<=m; i++)
47    {
48      scanf("%d",&a[i].val);
49      a[i].ID=i;
50    }
51    cout<<Find(1,m)<<endl;                            //在1～m范围内开始二分查找
52    return 0;
53  }
```

□5.2.3　第 *k* 小的数 2

【上机练习】第 *k* 小的数 2（*k*2）

从两个升序数组 A[n] 和 B[m]（1＜*n*，*m*＜100000）中找出第 *k* 小的数。

【输入格式】

输入的第 1 行是 3 个整数 *n*、*m*、*k*。

第 2 行是第 1 个有序数组的 *n* 个元素。

第 3 行是第 2 个有序数组的 *m* 个元素。

【输出格式】

输出第 *k* 小的数。

【输入样例】

6　7　6

786 3891 4258 4694 7130 7899

357 720 1292 2579 7889 9255 9611

【输出样例】

3891

【算法分析】

首先取数组 A[] 和数组 B[] 两者的中点位置 idxA=A.lenth/2，idxB=B.lenth/2，LenA 表示 A[] 数组前半段的元素个数，LenB 为 B[] 数组前半段的元素个数，则分 3 种情况讨论。

（1）若 LenA+LenB ＞ k，操作如图 5.13 所示。

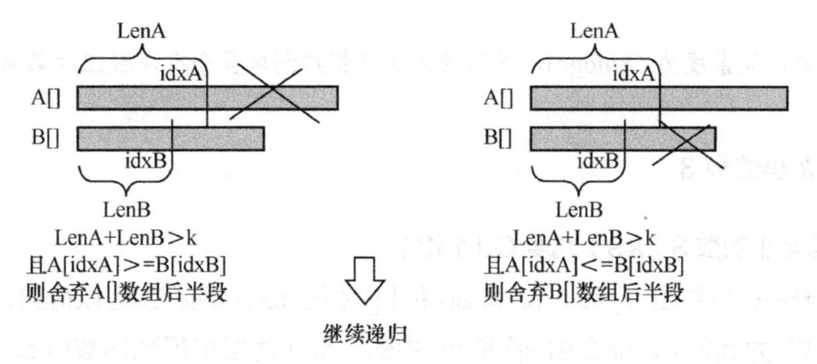

图 5.13

（2）若 LenA+LenB ＜ k，则操作如图 5.14 所示。

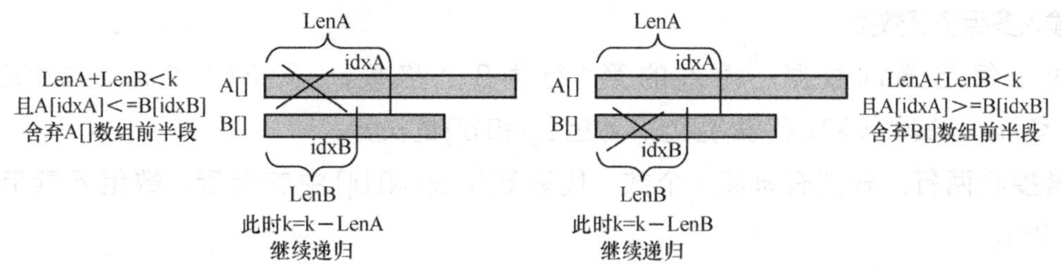

图 5.14

（3）若 LenA+LenB=k，则表示答案已经找到。

核心代码如下。

```
1   int Find(int s1, int e1, int s2, int e2, int kth)
2   {
3     int idxA=(s1+e1)>>1;                          //取中间位置
4     int idxB=(s2+e2)>>1;
5     int lenA=s1>e1 ? 0 : idxA-s1+1;               //A[]数组前半段元素个数
6     int lenB=s2>e2 ? 0 : idxB-s2+1;               //B[]数组前半段元素个数
7     int Len=lenA+lenB;                            //两数组前半段元素个数之和
8     if(Len > kth)                                 //前半段元素个数之和超过了k
9     {
10      if(lenB && (!lenA || A[idxA]<=B[idxB]))     //B[]数组中还有元素
11        return Find(s1, e1, s2, idxB-1, kth);     //截掉B[]数组中一半元素
12      else
13        return Find(s1, idxA-1, s2, e2, kth);     //否则只能截取A[]数组中的元素
14    }
15    else                                          //前半段元素个数之和不够k
16    {
17      if(kth==Len && lenA==0)                     //正好相等，并且A[]为空
18        return B[idxB];
19      if(kth==Len && lenB==0)                     //正好相等，并且B[]为空
20        return A[idxA];
21      if(lenA && (!lenB || A[idxA]<=B[idxB]))
22        return Find(idxA + 1, e1, s2, e2, kth-lenA);
23      else
24        return Find(s1, e1, idxB + 1, e2, kth-lenB);
25    }
26  }
```

该程序的时间复杂度为 $O(n\log n)$，同时此方法能推广到求多个有序数组的第 k 小数。

□5.2.4 第 *k* 小的数 3

【上机练习】第 *k* 小的数 3（*k*3）九度 OJ 1534

给定两个升序整型数组 a[] 和 b[]。将 a[] 和 b[] 中的元素两两相加可以得到数组 c[]。譬如，a[] 为 a[1,2]，b[] 为 b[3,4]，那么由 a[] 和 b[] 中的元素两两相加得到的数组 c[] 为 c[4,5,5,6]。现在给你数组 a[] 和 b[]，求由 a[] 和 b[] 两两相加得到的数组 c[] 中，第 k 小的数字是多少？

【输入格式】

输入多组测试数据。

对于每组测试数据，输入的第 1 行为 3 个整数 m、n、k（$1 \leqslant m, n \leqslant 100000$，$1 \leqslant k \leqslant nm$），其中 m 和 n 代表将要输入数组 a[] 和 b[] 的长度。

紧接着两行，分别有 m 和 n 个数，代表数组 a[] 和 b[] 中的元素。数组元素范围为 $[0,1\times10^9]$。

【输出格式】

对应每组测试数据，输出由数组 a[] 和 b[] 中元素两两相加得到的数组 c[] 中第 *k* 小的数字。

【输入样例】

2 2 3
1 2
3 4
3 3 4
1 2 7
3 4 5

【输出样例】

5
6

直接枚举 *k* 的时间复杂度为 *O*(*nm*)，故考虑用二分的方法，显然答案在 [a[1]+b[1], a[n]+b[m]] 的区间，即下界为 a[1]+b[1]，上界为 a[n]+b[m]。反复枚举上下界的中间值 mid 与 *k* 比较以缩小搜索范围，即可找到答案。

假设如图 5.15 所示，有数组 a[] 和数组 b[]，并已求出 min、max、mid 的值。

从 a[1] 到 a[n]，将 a[] 数组的元素依次逆序与 b[] 数组的元素相加，若某一轮中 a[i] 加 b[j] 的和不大于 mid 的值，则该轮中不大于 mid 值的元素个数为 j。下一轮 a[i+1] 与 b[] 数组的元素逆序相加时，直接从 b[j] 开始加即可，因为很显然，a[i+1] > a[i]。累加所有不大于 mid 值的元素个数即 mid 值在两数组中的排序数，如图 5.16 所示。

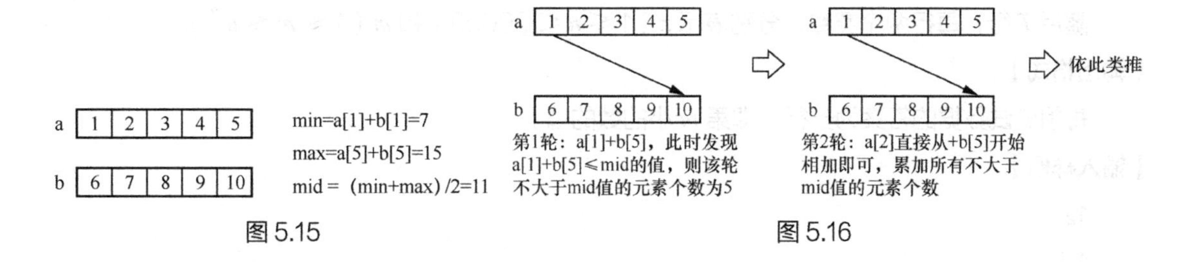

图 5.15　　图 5.16

核心代码如下。

```
1  long long Cal(long long m,long long n,long long Mid)
2  {
3    long long Cnt = 0;
4    for (int i=0,j=n-1; i<m; ++i)          //a[] 数组的元素与 b[] 数组的元素逆序相加
5    {
6      while (j>=0 && a[i]+b[j]>Mid)        // 定位 b 数组中相加比 Mid 值小的位置
7        --j;
8      Cnt += (j+1);                        // 累加所有不大于 Mid 值的元素个数
9    }
```

```
10     return Cnt;
11   }
12
13   long long FindKth(long long m,long long n,long long k)
14   {
15     long long Min = a[0] + b[0];
16     long long Max = a[m-1] + b[n-1];
17     while (Min <= Max)                          //二分查找
18     {
19       long long Mid = (Max + Min) >> 1;
20       if (k <= Cal (m, n, Mid))                 //计算Mid值在两个数组中的排序数
21         Max = Mid - 1;
22       else
23         Min = Mid + 1;
24     }
25     return Min;
26   }
```

其实在Cal()函数里，也可以用二分查找的方式计算小于或等于k的数字个数，这样时间复杂度可降至$n\log(m)$。

5.2.5 矩阵中数的查找

【上机练习】矩阵中数的查找（matrix）POJ 3685

给出一个$n\times n$的矩阵A，A_{ij}的值为$i^2+100000i+j^2-100000j+ij$，求这个矩阵中第$m$小的数。

【输入格式】

第1行为一个整数T，表示测试数据组数。

随后T行，每行两个整数，分别表示n（$1\leqslant n\leqslant 50000$）和$m$（$1\leqslant m\leqslant n^2$）。

【输出格式】

每组测试数据的答案为一行，即第m小的数的值。

【输入样例】

```
12
11
21
22
23
24
31
32
38
```

3 9

5 1

5 25

5 10

【输出样例】

3

-99993

3

12

100007

-199987

-99993

100019

200013

-399969

400031

-99939

□ 5.2.6 删除多余括号

【上机练习】删除多余括号（bracket）

一个表示算式的字符串（含四则运算、乘方）中有很多多余的括号，你需要通过编程去掉多余的括号，并保持原表达式中变量和运算符的相对位置不变，且与原表达式等价。

注意，只要求你去掉括号，并没有要求你化简表达式！此外，“+”和“-”不会用作正负号。例如输入表达式：

a+(b+c)

(a*b)+c/d

a+b/(c-d)

a^2+(b^2+c^2)

应输出表达式：

a+b+c

a*b+c/d

a+b/(c-d)

a^2+b^2+c^2

注意：表达式以字符串输入，所有字母为小写字母，长度不超过 255。输入无须判错，输入 a+b时不能输出b+a，只需要去掉多余的括号，不要对表达式化简。

【输入格式】

输入一行表达式。

【输出格式】

输出去掉括号后的表达式。

【输入样例】

a+(b+c)

【输出样例】

a+b+c

1. 二分法

本题看起来涉及运算的优先级，似乎有点复杂，但分析符合“多余括号”的情况只有 3 种：

（1）括号内没有运算符；

（2）括号左侧是加法运算符，右侧是加法或减法运算符；

（3）括号左侧是乘法运算符，右侧是乘法或除法运算符。

首先定义运算符的优先级，例如将运算符“^”的优先级设为 3，运算符“*”和“/”的优先级设为 2，运算符“+”和“-”的优先级设为 1。

定义一个字符串数组 s[] 保存表达式，与之相对应地定义一个整型数组 a[]，用于标记括号是否多余，如图 5.17 所示。

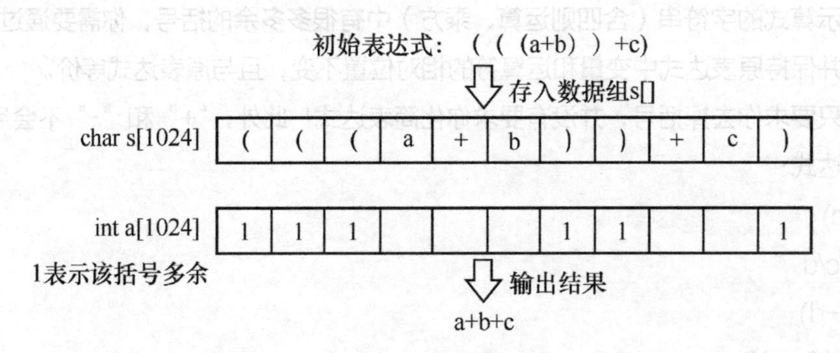

图 5.17

将相匹配的括号对内的表达式看作一个整体，与括号外的优先级最低的运算符（简称最低运算符）进行比较，若括号内的最低运算符优先级大于或等于括号外的最低运算符，则此对括号可删除，如图 5.18 所示。

实际操作时，找出表达式中最低运算符，将表达式从最低运算符处分为左右两个子式，再对左右两个子式依此递归下去即可，如图 5.19 所示。

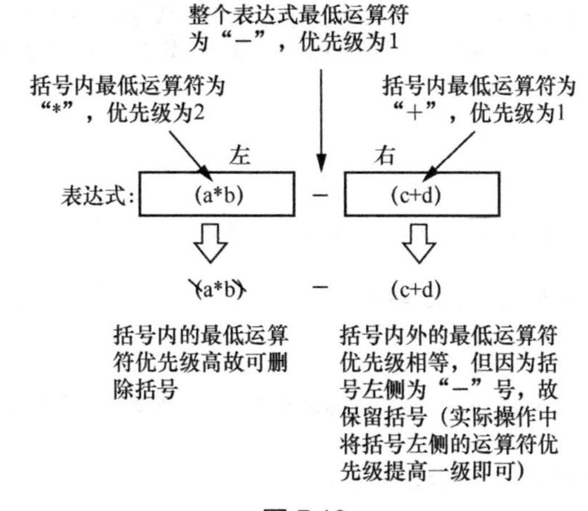

图 5.18

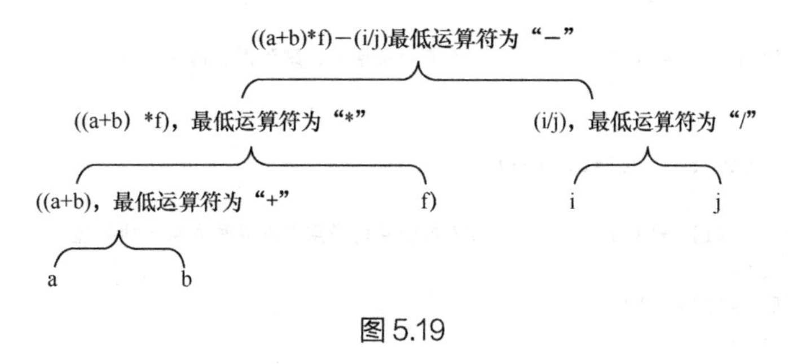

图 5.19

定义递归函数为 int Cal(int L,int R,int prev_min)，其中 L 表示表达式的起始处，R 表示表达式末尾，prev_min 表示递归前式子的最低运算符级别，则对表达式的递归过程如图 5.20 所示。

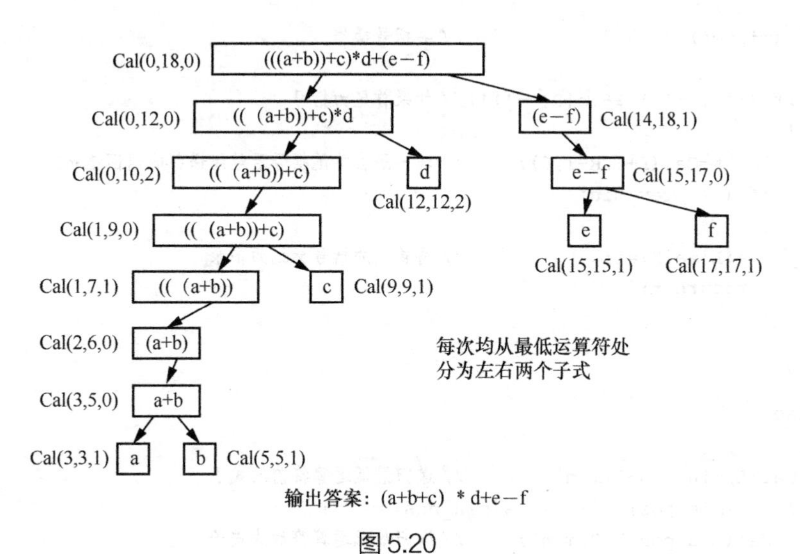

图 5.20

核心代码如下。

```
1    int Cal(int L, int R, int prev_min)
2    {
```

```
3      int min=4, min_pos;            //min_pos 表示最低运算符的位置
4      for (int i=L; i<=R; i++)       // 扫描找出最低运算符，并标记位置
5      {
6        if(s[i]=='^')
7        {
8          if (min>3)
9            min=3, min_pos=i;        // 标记 "^" 运算符优先级为 3
10       }
11       else if(s[i]=='*' || s[i]=='/')
12       {
13         if (min>2)
14           min=2, min_pos=i;        // 标记 "*" 和 "/" 运算符优先级为 2
15       }
16       else if(s[i]=='+' || s[i]=='-')
17       {
18         if (min>1)
19           min=1, min_pos=i;        // 标记 "+" 和 "-" 运算符优先级为 1
20   }
21       else if(s[i]=='(')           // 遇到左括号，跳到匹配的右括号
22       {
23         i++;
24         for (int t=1; t!=0; i++)
25         {
26           if (s[i]=='(')           // 对括号内多重左括号和右括号的处理
27             t++;
28           if (s[i]==')')
29             t--;
30         }
31         i--;
32     }
33     }
34     if (min==4)                    // 去括号操作
35     {
36       if (s[L]=='(' && s[R]==')')// 如果首尾为括号
37       {
38         int t=Cal(L+1,R-1,0);      // 求出除去首尾括号后继续递归的返回值 min
39         if (t>=prev_min)
40         {
41           a[L]=a[R]=1;             // 将首尾的括号标记为多余
42           return t;
43         }
44       }
45     }
46     else
47     {
48       Cal(L,min_pos-1,min);        // 递归最低运算符前的式子
49       if (s[min_pos]=='+' || s[min_pos]=='*')
50         Cal(min_pos+1,R,min);      // 递归最低运算符后的式子
51       else                         // 最低运算符是 "-" 或 "/"
52         Cal(min_pos+1,R,min+1);    // 递归最低运算符后的式子，但运算优先级 +1
53     }
54     return min;
55   }
```

2. 非二分法

非二分法类似二分法，其从右向左扫描，扫描到的第 1 个左括号肯定为最内层的左括号，由此找到相匹配的右括号后判断括号内的最低运算符的优先级。其括号删除规则如下：

（1）如括号的左边为“/”，则括号不能删除；

（2）如括号左边为“*”或“-”，且括号内最低运算符为“+”或“-”，则括号不能删除；

（3）如右括号后为“/”或“*”，且括号内最低运算符为“+”或“-”，则括号不能删除。

（4）跳转判断外一层括号对（如果有的话），继续上述操作直到结束。

核心伪代码如下。

```
1   void Work()
2   {
3     for(从第 1 个左括号开始向左扫描)
4       if(扫描到的当前字符为"(")
5       {
6         找到相匹配的右括号
7         找到该左右括号内的优先级最低的运算符
8         if(左括号前为"/")
9           则不可删除
10        else if(左括号前为"*"或"-" && 括号内优先级最低运算符为"+"或"-")
11          则不可删除
12        else if(右括号后为"/"或"*" && 括号内优先级最低运算符为"+"或"-")
13          则不可删除
14        else
15          删除这一对括号
16      }
17  }
```

□ 5.2.7　矿石检测

【上机练习】矿石检测（qc）

质检员检验一批矿石的质量，这批矿石共有 n 块，逐一编号为 1 ～ n，每块矿石都有自己的重量（质量的俗称）w_i 以及价值 v_i。检验矿石的流程如下：

（1）给定 m 个区间 $[L_i, R_i]$；

（2）选出一个参数 W；

（3）选出一个区间 $[L_i, R_i]$，计算矿石在这个区间的检验值 Y_i：

$Y_i=\sum_j 1\times\sum_j v_j$，$j\in[L_i,R_i]$ 且 $w_j\geqslant W$，j 是矿石编号。

这批矿石的检验结果 Y 为各个区间的检验值之和，即 $Y=\sum_{i=1}^{m} Y_i$。

若这批矿石的检验结果与所给标准值 S 相差太多，就需要再去检验另一批矿石。一位不负责任的质检员不想浪费时间去检验另一批矿石，所以他想通过调整参数 W 的值，让检验结果尽可能接近标准值 S，即让 $S-Y$ 的绝对值最小。

请你帮忙求出这个最小值。

【输入格式】

输入的第1行为3个整数 n、m、S，分别表示矿石的数量、区间的个数和标准值。接下来的 n 行，每行两个整数，中间用空格隔开，第 i+1 行表示 i 号矿石的重量 w_i 和价值 v_i。

接下来的 m 行表示区间，每行两个整数，中间用空格分隔，第 $i+n+1$ 行表示区间 $[L_i,R_i]$ 的两个端点 L_i 和 R_i。注意：不同区间可能重合或相互重叠。

【输出格式】

输出只有一行，包含一个整数，表示所求的最小值。

【输入样例】

```
5 3 15
1 5
2 5
3 5
4 5
5 5
1 5
2 4
3 3
```

【输出样例】

```
10
```

【样例说明】

当 W 为4的时候，3个区间上的检验值分别为20、5、0，这批矿石的检验结果为25，此时与标准值 S 相差最小为10。

【数据规模】

对于10%的数据，$1 \leqslant n, m \leqslant 10$;

对于30%的数据，$1 \leqslant n, m \leqslant 500$;

对于50%的数据，$1 \leqslant n, m \leqslant 5000$;

对于70%的数据，$1 \leqslant n, m \leqslant 10000$;

对于100%的数据，$1 \leqslant n, m \leqslant 200000$，$0 < w_i, v_i \leqslant 10^6$，$0 < S \leqslant 10^{12}$，$1 \leqslant L_i \leqslant R_i \leqslant n$。

【算法分析】

$\sum$的英语名称为Sigma，是求和符号，例如$\sum_{i=1}^{100} i$=1+2+3+⋯+98+99+100。根据样例，由于 W=4，故区间[1,5]中重量大于或等于4的矿石只有4、5，故 $Y_1=(1+1)\times(5+5)=20$（即数量×价值之和）；区间[2,4]中重量大于或等于4的矿石只有4，故 $Y_2=1\times5=5$；区间(3,3)中重量大于或等于4的矿石一块没有，故 $Y_3=0$。

观察 Y_i 的表达式，显然，随着 W 的增大，符合条件的矿石减少，Y_i 和 Y 都会减小。所以 Y

是一个随W变化而变化的单调函数，也就是说Y具有二分性质。利用二分查找，上界是0，下界是max（w）（重量数组中的最大值）就可以找到最接近S的Y。

此外，由于区间很多，计算时需要用前缀和算法。定义 Sum[] 数组，Sum[i] 表示求 1,2,…,i 中有几块重量大于 W 的矿石；定义数组 Sumv[ ]，Sumv[i] 表示求 1,2,…,i 中重量大于 W 的矿石的价值总和。那么区间 (x,y) 的检验值就表示为 (Sum[y]-Sum[x-1]) *(Sumv[y]-Sumv[x-1])。

□ 5.2.8　一维最接近点对问题

【例题讲解】一维最接近点对问题（nearest）

给定 x 轴上 n 个点，找其中的一对点，使得在 n 个点组成的所有点对中，该点对之间的距离最小。严格地说，最接近点对可能不止一对，简单起见，这里只找其中的一对。

【输入格式】

第 1 行表示点的个数 n（$2 \leqslant n \leqslant 60000$）；接下来 n 个数字，表示 n 个点在 x 轴上的位置。

【输出格式】

输出仅一行，为一个实数，表示最接近点对之间的距离。

【输入样例】

3

1 5 -1

【输出样例】

2

【算法分析】

将一维的 n 个点的排序映射到 x 轴上并设为集合 S，用各点坐标的中位数 m 将 S 划分为两个子集 S_1 和 S_2，每个子集中约有 $n/2$ 个点，对于所有 $p \in S_1$ 和 $q \in S_2$ 有 $p < q$，如图 5.21 所示。

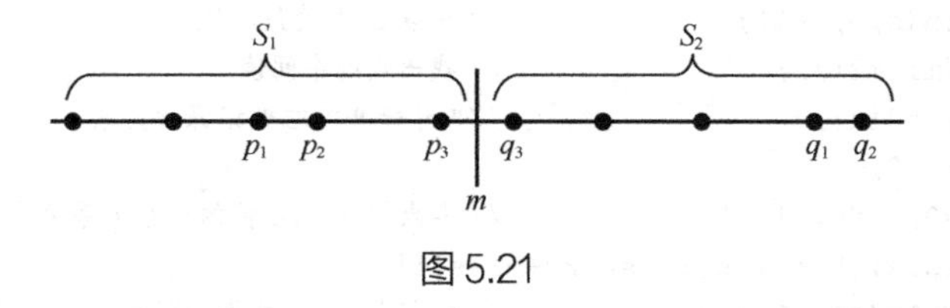

图 5.21

通过递归算法可求出 S_1 的最接近点对是 $\{p_1,p_2\}$，S_2 的最接近点对是 $\{q_1,q_2\}$。那么 S 的最接近点对是 $\{p_1,p_2\}$、$\{q_1,q_2\}$，或者 $\{p_3,q_3\}$，其中 $p_3 \in S_1$ 且 $q_3 \in S_2$。

设 d=min$\{|p_1-p_2|,|q_1-q_2|\}$，如果 S 的最接近点对是 $\{p_3,q_3\}$，即 $|p_3-q_3|$ 小于 d，则 p_3 和 q_3 两者与 m 的距离不超过 d，即 $p_3 \in (m-d,m],q_3 \in (m,m+d]$。由于在 S_1 中，每个长度为 d 的半闭区间至多包含一个点（否则必有两点距离小于 d），并且 m 是 S_1 和 S_2 的分割点，因此 $(m-d,m]$ 中至多包含 S 中的一个点。由图 5.21 可以看出，如果 $(m-d,m]$ 中有 S 中的点，则此点就是 S_1 中的最大

点。因此，以时间复杂度$O(n)$的算法就能找到区间$(m-d,m]$和$(m,m+d]$中的所有点，即p_3和q_3，从而将S_1的解和S_2的解合并成为S的解。

参考代码如下。

```
1  //一维最接近点对问题
2  #include <bits/stdc++.h>
3  using namespace std;
4  
5  struct cpair
6  {
7    float dist,d1,d2;                      //结构体保存两点距离及两点坐标
8  };
9  float s[100];
10 
11 float Max(float s[],int b,int e)         //返回 s[b] 到 s[e] 中的最大值
12 {
13   float m1=s[b];
14   for(int i=b+1; i<=e; i++)
15     m1=max(m1,s[i]);
16   return m1;
17 }
18 
19 float Min(float s[],int b,int e)         //返回 s[b] 到 s[e] 中的最小值
20 {
21   float m1=s[b];
22   for(int i=b+1; i<=e; i++)
23     m1=min(m1,s[i]);
24   return m1;
25 }
26 
27 cpair Calc(float s[],int n)              //返回 s 中距离最近的点对及其距离
28 {
29   if(n<2)                                //当点个数不足 2 时，返回无穷大的 dist（即距离）值
30     return cpair {1e9,0,0};              //使用了 C++11 标准，注意竞赛规则是否支持
31   float m1=Max(s,0,n-1);                 //获取 s[] 的最大值
32   float m2=Min(s,0,n-1);                 //获取 s[] 的最小值
33   float Mid=(m1+m2)/2;                   //找出点的中间值
34   float s1[n],s2[n];                     //"开辟"左右数组保存元素
35   int k1=0,k2=0;
36   for(int i=0; i<n; i++)                 //各点按与 Mid 值的大小关系分为 s1 和 s2 两组
37     s[i]<=Mid?s1[k1++]=s[i]:s2[k2++]=s[i];
38   cpair d1=Calc(s1,k1);                  //递归求 s1 组的最近距离
39   cpair d2=Calc(s2,k2);                  //递归求 s2 组的最近距离
40   float p=Max(s1,0,k1-1
41   float q=Min(s2,0,k2-1);
42   if((q-p)<min(d1.dist,d2.dist))
43     return cpair {q-p,q,p};              //使用了 C++11 标准，注意竞赛规则是否支持
44   else
45     return d1.dist<d2.dist?d1:d2;
46 }
47 
```

```
48  int main()
49  {
50    int m;
51    cin>>m;                                  //输入点的个数
52    for(int i=0; i<m; i++)                   //输入各点坐标
53      cin>>s[i];
54    cout<<Calc(s,m).dist<<endl;
55    return 0;
56  }
```

□5.2.9　二维最接近点对问题

【上机练习】二维最接近点对问题（nearest）HDU 1007

最接近点对问题是指给定平面上有 n 个点，找其中的一对点，使得在 n 个点组成的所有点对中，该点对之间的距离最小。严格地说，最接近点对可能不止一对。简单起见，这里只限于找其中的一对。

【输入格式】

第 1 行表示点的个数 n（$2 \leqslant n \leqslant 60000$）。接下来 n 行，每行两个实数 x 和 y，分别表示一个点的横坐标和纵坐标，中间用一个空格分隔。

【输出格式】

输出仅一行，为一个实数，表示点对最小距离的一半，精确到小数点后两位。

【输入样例】

3
1 1
1 2
2 2

【输出样例】

0.50

【算法分析】

显然，n 个点的集合 Q 中共有 C_n^2 个点对，简单的算法是穷举所有点对，这种算法时间复杂度太高。为了提高算法效率，需要使用分治算法。

下面来考虑二维的情形，如图 5.22 所示。

和一维算法相类似：选取垂直线 l 来作为分割直线将 S 平均分割为 S_1 和 S_2。用递归算法在 S_1 和 S_2 上找出其中点对的最小距离 d_1 和 d_2，并设 $d=\min\{d_1,d_2\}$，则 S 中的最接近点对或者是 d，或者是某个 $\{p,q\}$，其中 $p \in P_1$ 且 $q \in P_2$。

计算 $\{p,q\}$ 表示的最接近点对，如图 5.23 所示（q 点可以是图中右边灰色区域中的任意一点）。

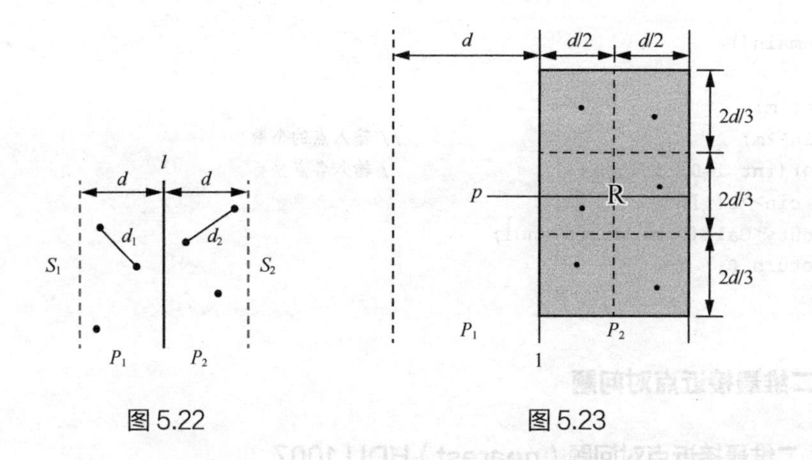

图 5.22　　　　图 5.23

对于 P_1 中的任意一点 p，它若与 P_2 中的点 q 构成最接近点对的候选者，则必有 p 与 q 之间的距离小于 d。满足这个条件的 P_2 中的点一定落在一个 $d\times 2d$ 的灰色矩形 R 中。由 d 的定义和抽屉原理可知，P_2 中任何两个 S 中的点的距离都不小于 d。由此可以推出矩形 R 中最多只有 6 个 S 中的点 [可以将矩形 R 划分为 6 个 $(d/2)\times(2d/3)$ 的矩形。假设 u，v 是位于同一小矩形中的两点，则有 $(u_x-v_x)^2+(u_y-v_y)^2\leqslant(d/2)^2+(2d/3)^2=5d/6$，而 $5d/6<d$ 与 d 的意义矛盾，故假设不成立]。因此，在分治算法的合并步骤中最多只需要检查 $6\times n/2=3n$ 个候选者。

为了确切地知道要检查哪 6 个点，可以将 p 和 P_2 中所有 S_2 的点投影到垂直线 l 上。由于能与 p 点一起构成最接近点对候选者的 S_2 中的点一定在矩形 R 中，因此它们在直线 l 上的投影点距 p 在直线 l 上投影点的距离小于 d。由上面的分析可知，这种投影点最多只有 6 个。因此，若将 P_1 和 P_2 中所有 S 中的点按其 y 坐标排好序，则对 P_1 中所有排好序的点列进行一次扫描，就可以找出所有最接近点对的候选者。对 P_1 中的每一点最多只要检查 P_2 中排好序的连续 6 个点。

为提高算法效率，在使用分治算法之前，预先将 S 中的 n 个点依其 x 坐标排序好，程序的时间复杂度为 $O(n\log n)$。

在实际比赛中，还可以写一个暴力枚举的程序进行“对拍”。

第 06 章　贪心算法

贪心算法（又称贪婪算法）是指在对问题求解时，总是做出当前看来最好的选择；也就是说，算法不从整体最优上加以考虑，所得到的仅是在某种意义上的局部最优解。贪心算法不是在处理所有问题时都能得到整体最优解，但在许多问题上能得到整体最优解或者是整体最优解的近似解。

6.1 普及组

6.1.1　删数问题

【上机练习】删数问题（deletenum）

输入一个正整数 n（n 的有效位数小于或等于 240），去掉其中任意 s 个数字后，剩下的数字按原左右次序将组成一个新的正整数。试编程寻找一种方案，使得剩下的数字组成的新数最小。

【输入格式】

输入多组数据，每组数据一行，每行两个整数，即 n 和 s。

【输出格式】

输出剩下数字组成的最小数。

【输入样例 1】

178543 4

【输出样例 1】

13

【输入样例 2】

100009 1

【输出样例 2】

00009

【算法分析】

由于正整数 n 的有效位数最多可达 240 位，因此可以采用字符串（string）类型来存储 n。

那么，应如何确定该删除哪s个数呢？可以考虑选取的贪心策略如下。

每一步总是选择一个使剩下的数最小的数字删去，即按从高位到低位的顺序搜索，若各位数字递增，则删除最后一个数字，否则删除第1个递减区间的首字符。然后回到串首，按上述规则再删除下一个数字。重复以上过程s次，剩下的数字串便是问题的解了。

例如当n=178543、s=4时，删数过程如下：

n=178543 {删掉8}

n=17543 {删掉7}

n=1543 {删掉5}

n=143 {删掉4}

n=13 {解为13}

这样，删数问题就与寻找递减区间首字符这样一个简单的问题对应起来了。

□6.1.2 数列极差问题

【上机练习】数列极差问题（max_min）HOJ 1062

在黑板上有一个由N个正整数组成的数列，现进行如下操作：每次擦去其中的两个数a和b，然后在数列中加入一个数ab+1，重复此操作，直至黑板上剩下一个数。在所有按这种操作方式最后得到的数中，最大的记为max，最小的记为min，则该数列的极差定义为M=max−min。

对于给定的数列，试编程计算极差。

【输入格式】

输入多组测试数据，每组测试数据的第1个数N($0 \leqslant N \leqslant 50000$)表示正整数序列的长度，随后是$N$个正整数，$N$为0表示输入结束。

【输出格式】

每组数据输出一行结果。

【输入样例】

3

1 2 3

0

【输出样例】

2

【算法分析】

假设有3个数a、b、c，且$a < b < c$，按照题目中的操作方式进行计算的结果如下。

（1）先取a、b：$ans=(ab+1)c+1=abc+c+1$。

（2）先取a、c：$ans=(ac+1)b+1=abc+b+1$。

（3）先取b、c：$ans=(bc+1)a+1=abc+a+1$。

由此可得到结论：每次合并最小的两个数，最后得到的结果是最大的数；每次合并最大的两个数，最后得到的结果是最小的数。

例如有 6 个数，分别为 8、6、5、9、7、1，则 min 求值过程如下：

8 6 5 9 7 1
→73 7 6 5 1
→512 6 5 1
→3073 5 1
→15366 1
→15367

max 求值过程如下：

8 6 5 9 7 1
→6 6 7 8 9
→37 7 8 9
→37 57 9
→334 57
→19039

M =19039-15367=3672

如果不想每次合并后排序取最值的话，可以考虑使用两个优先队列。

☐6.1.3　均分纸牌

【上机练习】均分纸牌（card）

某纸牌游戏有 *N* 堆纸牌，编号分别为 1,2,⋯,*N*。每堆有若干张纸牌，纸牌总数必为 *N* 的倍数。可以在任一堆上取若干张纸牌，然后移到另一堆。

移牌规则：在编号为 1 的堆上取的纸牌，只能移到编号为 2 的堆上；在编号为 *N* 的堆上取的纸牌，只能移到编号为 *N*-1 的堆上；其他堆上取的纸牌，可以移到左边或右边相邻的堆上。

现在要求找出一种移动方法，用最少的移动次数使每堆的纸牌张数都一样多。

例如 *N*=4，4 堆纸牌张数分别为

①　②　③　④

9　8　17　6

移动 3 次可达到目的：

从③取 4 张纸牌放到④（9,8,13,10）→从③取 3 张纸牌放到②（9,11,10,10）→从②取 1 张纸牌放到①（10,10,10,10）。

【输入格式】

第 1 行为一个整数 N（$1 \leqslant N \leqslant 100$）。

第 2 行为 N 个数，表示每堆纸牌的初始张数 $A_1,A_2,\cdots,A_n$（$1 \leqslant A_i \leqslant 10000$）。

【输出格式】

所有堆的纸牌张数均相等时的最少移动次数。

【输入样例】

4

9 8 17 6

【输出样例】

3

如果能想到把每堆纸牌的张数减去平均张数，题目就变成移动正数，加到负数中，使每堆纸牌的张数都变成 0，这就意味着成功了一半！

拿例题来说，纸牌平均张数为 10，原张数 9,8,17,6 变为 -1,-2,7,-4，其中没有为 0 的数。从左边出发：要使第 1 堆纸牌的数 -1 变为 0，只需将 -1 张纸牌移到它的右边（第 2 堆）-2 中，结果是 -1 变为 0,-2 变为 -3，各堆纸牌张数变为 0,-3,7,-4。同理：要使第 2 堆纸牌的张数变为 0，只需将 -3 移到它的右边（第 3 堆）7 中，各堆纸牌张数变为 0,0,4,-4；要使第 3 堆纸牌的张数变为 0，只需将第 3 堆中的 4 移到它的右边（第 4 堆）-4 中，结果各堆纸牌张数为 0,0,0,0, 完成任务。每移动 1 次纸牌，步数加 1。也许你要问，负数张纸牌怎么移，不违反题意吗？其实从第 i 堆移动 $-m$ 张纸牌到第 i+1 堆，等价于从第 i+1 堆移动 m 张纸牌到第 i 堆，步数是一样的。

如果各堆纸牌张数中本来就有为 0 的，怎么办呢？如 0,-1,-5,6，还是从左算起（从右算起也完全一样），第 1 堆纸牌的张数是 0，无须移纸牌，余下的移纸牌操作与上述操作相同。再比如 -1,-2,3,10,-4,-6，从左算起，第 1 次移动的结果为 0,-3,3,10,-4,-6，第 2 次移动的结果为 0,0,0,10,-4,-6，现在第 3 堆纸牌的张数已经变为 0 了，可节省 1 步，余下的继续移动。

□6.1.4　排座椅

【上机练习】排座椅（seat）

同学们在教室中坐成了 M 行 N 列，有 D 对同学上课时交头接耳。坐在第 i 行第 j 列的同学的位置是 (i,j)。为了方便同学们进出，在教室中设置了 K 条横向的通道，L 条纵向的通道。班主任打算重新摆放桌椅，改变同学们桌椅间通道的位置，因为如果一条通道隔开了两个交头接耳的同学，那么他们就不会交头接耳了。

试编程给出最好的通道划分方案，使上课时交头接耳的同学对数最少。

【输入格式】

输入的第 1 行有 5 个整数，分别是 M、N、K、L、D（$2 \leqslant N, M \leqslant 1000$，$0 \leqslant K < M$，$0 \leqslant L < N$，$D \leqslant 2000$）。

接下来 D 行，每行有 4 个用空格分隔的整数，第 i 行的 4 个整数 x_i、y_i、p_i、q_i，表示坐在位置 (x_i,y_i) 与 (p_i,q_i) 的两个同学会交头接耳（输入时保证他们前后相邻或者左右相邻）。

输入数据需保证最优方案的唯一性。

【输出格式】

输出共两行。第 1 行包含 K 个整数，$a_1,a_2,\cdots,a_K$，表示第 a_1 行和第 a_1+1 行之间、第 a_2 行和第 a_2+1 行之间……第 a_K 行和第 a_K+1 行之间要开辟通道，其中 $a_i < a_i$+1，每两个整数之间用空格分隔（行尾没有空格）。

第 2 行包含 L 个整数，$b_1,b_2,\cdots,b_L$，表示第 b_1 列和第 b_1+1 列之间、第 b_2 列和第 b_2+1 列之间……第 b_L 列和第 b_L+1 列之间要开辟通道，其中 $b_i < b_i$+1，每两个整数之间用空格分隔（行尾没有空格）。

【输入样例】

```
4 5 1 2 3
4 2 4 3
2 3 3 3
2 5 2 4
```

【输出样例】

```
2
2 4
```

【样例说明】

图 6.1 中用符号 *、※、+ 标出了 3 对交头接耳的同学的位置，图中 3 条粗线的位置表示划分的通道，图示的通道划分方案是唯一的最佳方案。

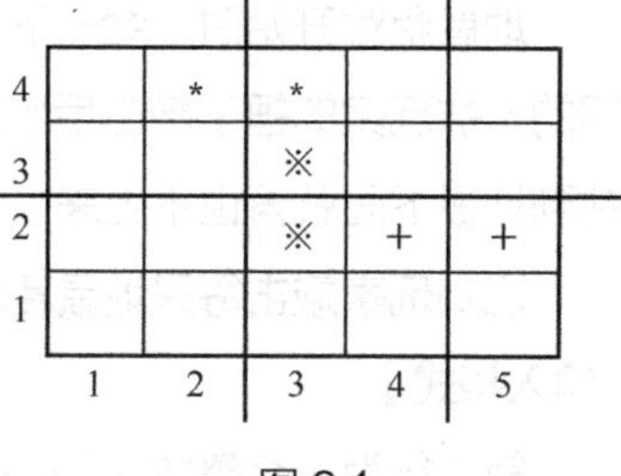

图 6.1

【算法分析】

无论横向或者纵向，如果画一条线，肯定画说话人最多的那行或那列。如果画两条线，那就画说话最多和说话次多的，这样能使上课说话的人数最少。

□6.1.5 修理牛棚

【上机练习】修理牛棚（barn）USACO 1.3

约翰的牛棚一个紧挨着另一个排成一行，所有的牛棚有相同的宽度。有些牛棚里有牛，有些没有。

因为大风将牛棚的门吹飞了，约翰必须尽快在牛棚前竖立起新的木板。木材供应商可以提供任何他想要长度的木板，但是供应商只能提供有限数目的木板。约翰想将购买的木板总长度减到最小。

【输入格式】

第 1 行输入 3 个整数 m、s、c（$1 \leqslant m \leqslant 50$，$1 \leqslant c \leqslant s \leqslant 200$），分别表示购买木板的最大数目、牛棚的总数、牛的总数。

接下来第 2 行的 c 个数，表示牛所占牛棚的编号。

【输出格式】

输出一个整数，表示拦住所有有牛的牛棚所需木板的最小总长度。

【输入样例】

4 50 18

3 4 6 8 14 15 16 17 21 25 26 27 30 31 40 41 42 43

【输出样例】

25

【样例说明】

一种最优的安排是用木板拦住牛棚 3 ～ 8、14 ～ 21、25 ～ 31、40 ～ 43。

【算法分析】

除贪心算法外，动态规划算法也可以解决该问题。

□6.1.6 地鼠游戏

【上机练习】地鼠游戏（mouse）

地鼠游戏开始时，会一下子在地板上冒出很多只地鼠，每只地鼠冒出后停留的时间可能是不同的，被玩家的锤子敲击后增加的游戏分值也可能是不同的，而且每只地鼠在冒出一段时间后又钻到地板下面就再也不上来。

已知玩家敲击每只地鼠耗时是 1 秒，求玩家可能得到的最大总分值。

【输入格式】

第 1 行为一个整数 n（$1 \leqslant n \leqslant 1000000$），表示有 n 只地鼠。

第 2 行为 n 个整数，表示每只地鼠冒出后停留的时间。

第 3 行为 n 个整数，表示每只地鼠被敲击后，玩家得到的游戏分值（不超过 100）。

【输出格式】

输出一个整数，表示玩家可能得到的最大总分值。

【输入样例】

5

1 2 3 4 5

1 2 3 4 5

【输出样例】

15

□6.1.7　最优分解

【上机练习】最优分解（unpack）

设 n 是一个正整数，现在要求将 n 分解为若干个互不相同的自然数的和，使这些自然数的乘积最大。

【输入格式】

输入一个整数 n（$5 \leqslant n \leqslant 200$）。

【输出格式】

输出一个数，即答案。

【输入样例】

10

【输出样例】

30

□6.1.8　电视节目安排

【上机练习】电视节目安排（TV）HDU 2037

小光很喜欢看电视，他会事先查询所有喜欢看的电视节目的播出时间并列出计划，然后合理安排时间，以看到尽量多的完整节目。

【输入格式】

输入多组（不超过 100 组）测试数据，每组测试数据的第 1 行只有一个整数 n（$n \leqslant 100$），表示小光喜欢看的电视节目的总数。然后是 n 行数据，每行包括两个数据 i_s、i_e（$1 \leqslant i \leqslant n$），分别表示第 i 个节目的开始时间和结束时间；为了简化问题，节目开始时间和结束时间都用一个正整数表示。n=0 表示输入结束，不处理。

【输出格式】

输出小光能完整看到的电视节目的个数，每组测试数据的输出占一行。

【输入样例】

12

1 3

3 4

0 7

3 8

15 19

15 20

10 15

8 18

6 12

5 10

4 14

2 9

0

【输出样例】

5

不相交区间问题，抽象为数学问题即数轴上有 n 个开区间 (x_i, y_i)，需选择尽量多的区间，使这些区间两两没有公共点。

假设每个区间表示为 (x, y)，我们可以选择按照 x 来排序所有区间，也可以选择按照 y 来排序所有区间。不管选择哪一种方法来排序，其原理和本质都一样，都是为了方便操作，将区间有序化。

例如选择按照 y 来排序，排序后，$y_1 \leqslant y_2 \leqslant y_3 \cdots$

现在讨论 x_1 和 x_2，如图 6.2 所示。

（1）当 $x_1 > x_2$ 时，区间 1 被区间 2 包含，所以选择区间 1 更合适。

（2）当 $x_1 < x_2$ 且 $x_2 > y_1$ 时，两个区间互不相交，先区间 1，接着区间 2。

（3）当 $x_1 < x_2$ 且 $x_2 \leqslant y_1$ 时，两个区间相交，这时，如果选择了区间 2，就不能选择区间 1，如果选择了区间 1，就不能选择区间 2。

但要选择哪一个呢？我们知道如果不选区间 2 就是选区间 1，则此时把区间 1 分成两部分，一部分在区间 2 内，如果选择了区间 2，区间 2 不仅包含了区间 1 的节目，还可能包含区间 3 的节目，因为区间 2 的长度肯定大于或等于区间 1 的长度，也就是说，选区间 2 肯定不如选区间 1 合适。

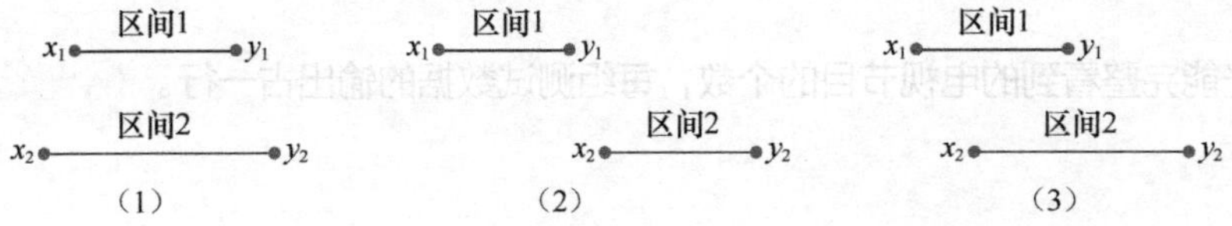

图 6.2

综上所述：这个问题第 1 次一定要选择区间 1，接着就是把区间相交部分去掉，循环选不相交的。

□6.1.9　闭区间问题

【上机练习】闭区间问题（closedinterval）FOJ 1230

一条直线上有 n 个闭区间，闭区间之间可能会有重叠，请尝试尽可能少地去掉闭区间，使剩下的闭区间都不相交。

【输入格式】

第 1 行表示闭区间的个数 n（$1 \leqslant n \leqslant 40000$），随后 n 行表示闭区间的两个端点。

【输出格式】

输出为去掉的尽可能少的闭区间的个数。

【输入样例】

3
10 20
15 10
20 15

【输出样例】

2

□6.1.10　监测点

【上机练习】监测点（choicepoint）

数轴上有 n 个闭区间 $[a_i,b_i]$。现要设置尽量少的监测点，使得每个区间内都至少有一个监测点（不同区间内的监测点可以是同一个），请问需要多少个监测点?

【输入格式】

第 1 行为一个整数 x（$x \leqslant 100$)，表示有 x 组数据。每组数据第 1 行为一个整数 n（$n \leqslant 100$)，表示有 n 个闭区间。随后 n 行，每行有两个整数，分别表示区间左端点 a_i 和右端点 b_i（$0 \leqslant a \leqslant b \leqslant 100$）。

【输出格式】

输出一个整数，即监测点个数。

【输入样例】

1
3
1　5
2　8
6　9

【输出样例】

2

【算法分析】

"区间选点"问题，可按照 $b_1 \leqslant b_2 \leqslant b_3 \cdots$ 的方式排序，从前向后遍历，当遇到还没有被选中的区间时，选取这个区间的右端点 b。证明方法如下。

方便起见，设如果区间 i 内已经有一个点被取到，则称区间 i 被满足。

（1）首先考虑区间包含的情况。当小区间被满足时大区间一定被满足，所以应当优先选取小区间中的点，从而使大区间不用考虑。按照上面的方式排序后，如果出现区间包含的情况，小区间一定在大区间前面，所以此情况下会优先选择小区间。则此情况下，贪心策略是正确的。

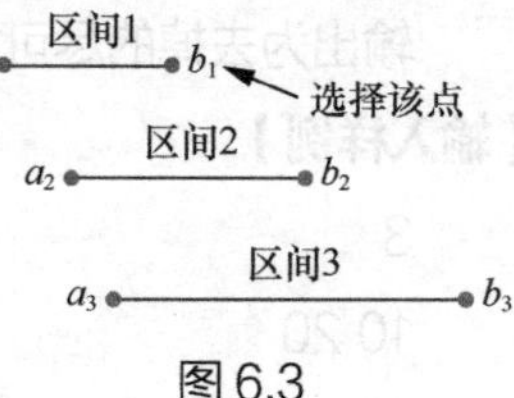

图 6.3

（2）排除上一种情况后，一定有 $a_1 \leqslant a_2 \leqslant a_3 \cdots$ 的关系。

如图 6.3 所示，对于区间 1 来说，显然选择它的右端点是明智的，因为它比前面的点能覆盖更大的范围。

□6.1.11 雷达问题

【上机练习】雷达问题（radar）UVA Live 2519

如图 6.4 所示，雷达装在一条直线上，直线上方是海洋，海洋中的岛屿位置已知，每一个雷达的扫描范围是一个半径为 d 的圆形区域，那么最少需要多少个雷达才能覆盖所有岛屿？

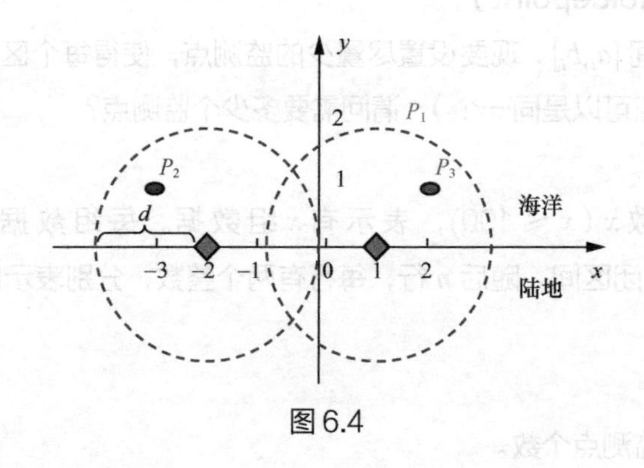

图 6.4

【输入格式】

输入多组测试数据（不超过 100 组），每组测试数据的第 1 行为两个整数 n（$1 \leqslant n \leqslant 1000$）和 d，分别表示岛屿数和雷达扫描半径。随后 n 行，每行用两个整数表示岛屿坐标。每组测试数据以空行间隔，所有测试数据以"0 0"结束。

【输出格式】

输出最少需要安装的雷达数，每组一行。若无解以 -1 表示。

【输入样例】

3 2
1 2
-3 1
2 1

1 2
0 2

0 0

【输出样例】

Case 1: 2
Case 2: 1

□6.1.12　广告问题 1

【上机练习】广告问题 1（ad1）UVA 10148 Advertisement

广告商调查了 n（$1 \leqslant n \leqslant 1000$）位顾客，这 n 位顾客每天都有固定的活动范围（可视为数学上的区间），每一区间至少要投放 k（$1 \leqslant k \leqslant 1000$）个广告，若某区间不够投放 k 个广告，则该区间全部填满。如果广告商要在这些区间投放广告，如何投放广告能使其数量最少？

【输入格式】

第 1 行为一个整数，表示测试数据的组数。每组数据的第 1 行为 k 和 n，随后 n 行数据表示区间的左右端点，左右端点的绝对值不超过 10000。

【输出格式】

第 1 行为一个整数 m，表示最少广告数，随后 m 行表示广告的位置。

【输入样例】

1
5 10
1 10
20 27
0 -3
15 15
8 2
7 30
-1 -10

27 20
2 9
14 21

【输出样例】

19
-5
-4
-3
-2
-1
0
4
5
6
7
8
15
18
19
20
21
25
26
27

【算法分析】

为使代码更为精简，可以考虑使用 STL 中的 set 集合容器保存投放广告的位置。因为 set 集合容器能自动将数据（无重复值）由小到大排列，且检索效率高 [时间复杂度为 $O(\log n)$]。

□6.1.13 广告问题 2

【上机练习】广告问题 2（ad2）

一条街道被分割成 n 块，编号为 1,⋯,n，每块有一个广告栏，只能贴一个广告。有 w 个命令，每个命令指定了 3 个数 b、e、t，表示在 b 和 e 之间最少贴 t 个广告，请问这条街道最少贴多少广告?

【输入格式】

第 1 行为 n，表示分割块数。

第 2 行为 w（$w \leqslant 5000$），表示命令数。

随后为 w 行命令，每行命令包含 3 个数 b、e、t（$0 < b \leqslant e \leqslant 30000$，$b \leqslant e$，$t \leqslant e-b+1$）。

【输出格式】

输出一个数，表示最少贴的广告数。

【输入样例】

8
4
2 4 1
4 6 2
7 8 2
3 7 2

【输出样例】

4

□6.1.14　空间定位 1

【例题讲解】空间定位 1（location1）

有一个横向为 20km，纵向为 2km 的空间，在横向的中心线上放置半径为 R_i 的定位装置，定位装置的覆盖范围是一个半径为 R_i 的圆形区域，现在有充足的定位装置 i（$1 < i < 600$）个，并且一定能把空间全部覆盖。你要做的是选择尽量少的定位装置，把整个空间全部覆盖。

【输入格式】

第 1 行为一个整数 m，表示有 m（$m \leqslant 10$）组测试数据。

每组测试数据的第 1 行有一个整数 n，n 表示共有 n 个定位装置。随后的一行，有 n 个实数 R_i（$0 < R_i < 15$），R_i 表示该定位装置能覆盖的范围的半径。

【输出格式】

输出所用定位装置的个数。

【输入样例】

2
5
2 3.2 4 4.5 6
10
1 2 3 1 2 1.2 3 1.1 1 2

【输出样例】

2

5

因为定位装置是放在横向的中心线上的，并且一定要把空间全部覆盖，所以半径小于或等于1的装置均不可用。

通常，选择半径越大的装置，所用的数目就越少。因此，可以先对半径排序，然后选择半径大的装置。半径为 r 的装置覆盖的最大长度为 2*(sqrt(r*r-1))。

参考代码如下。

```
1   //空间定位1
2   #include <bits/stdc++.h>
3   using namespace std;
4
5   double dot[605];
6
7   int main()
8   {
9     int m, n;
10    scanf("%d",&m);
11    for (int i=1; i<=m; i++)
12    {
13      scanf("%d", &n);
14      for (int k=1; k<=n; k++)
15        scanf("%lf", &dot[k]);
16      sort(dot+1, dot+n+1, greater<double>());      //半径从大到小排序
17      double len=0;
18      for (int j=1; j<=n; j++)
19      {
20        len+=2*(sqrt(dot[j]*dot[j]-1));            //覆盖的总长度
21        if (len>=20)
22        {
23          printf("%d\n", j);
24          break;
25        }
26      }
27    }
28    return 0;
29  }
```

□6.1.15 空间定位2

【上机练习】空间定位2（location2）

有一个空间，横向为 w，纵向为 h，在它横向的中心线上的不同位置处装有 n（$n \leqslant 10000$）个点状的定位装置，每个定位装置 i 覆盖的范围是以它为中心、半径为 r_i 的圆形区域。请在给出的定位装置中选择尽量少的定位装置，把整个空间全部覆盖。

【输入格式】

第 1 行为一个正整数 N，表示共有 N 组测试数据。

每一组测试数据的第 1 行有 3 个整数 n、w、h，n 表示共有 n 个定位装置，w 表示空间的横向长度，h 表示空间的纵向长度（即高度）。

随后的 n 行，每行都有两个整数 x_i 和 r_i，x_i 表示第 i 个定位装置的横坐标（最左边为 0），r_i 表示该定位装置能覆盖的范围的半径。

【输出格式】

每组测试数据输出一个正整数，表示共需要多少个定位装置，每组输出单独占一行。

如果不存在一种能够把整个空间全部覆盖的方案，请输出 0。

【输入样例】

```
2
2 8 6
1 1
4 5
2 10 6
4 5
6 5
```

【输出样例】

```
1
2
```

【算法分析】

假设定位装置位置为 x，可以覆盖的半径为 r，空间的高度为 h。分析半径和该空间的高度的 1/2 的关系可以得知，如果该定位装置的定位半径小于或等于空间的高度的 1/2，则该定位装置无效；如果大于空间的高度的 1/2 的话，定位装置可以覆盖的范围为 [x-sqrt(r*r-(h/2)*(h/2)), x+sqrt(r*r-(h/2)*(h/2))]，这样就转换为我们熟悉的区间覆盖问题了，然后采用贪心算法，先把它们按线段中的左端点的位置从小到大开始排序，然后在符合条件的情况下选取右端点值最大的那个点即可。

□6.1.16　引水入城

【上机练习】引水入城（flow）NOIP 2010

传说中有一个遥远的国度，它的一侧是风景秀美的湖泊，另一侧则是漫无边际的沙漠。该国的行政区划形如一个 N 行 M 列的网格，如图 6.5 所示。其中，每个格子代表一座城市，每座城市都有一定的海拔（每座城市的海拔都不超过 10^6）。

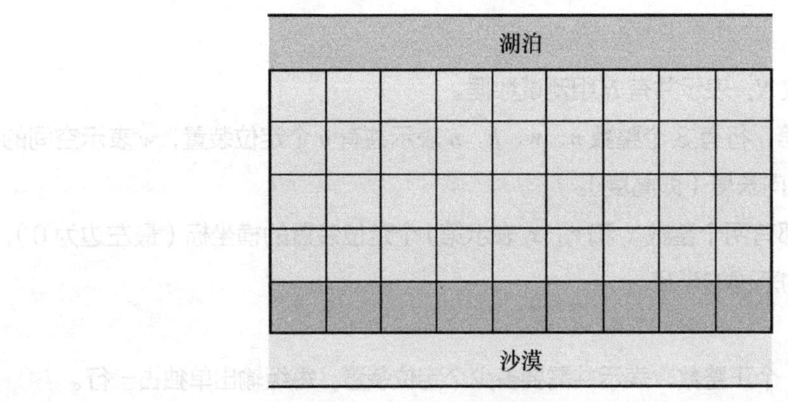

图 6.5

为了使居民都能饮用到湖水，要在某些城市建造水利设施。水利设施有两种，分别为蓄水厂和输水站。蓄水厂的功能是利用水泵将湖泊中的水抽取到所在城市的蓄水池中。因此，只有与湖泊毗邻的城市（网格第 1 行）才可以建造蓄水厂。而输水站的功能则是利用高度落差，通过输水管线将湖水从高处向低处输送。故一座城市能建造输水站的前提是存在比它海拔更高、已经建有水利设施且与其相邻（即在图 6.5 中，两个格子拥有公共边）的城市。由于第 N 行的城市靠近沙漠，是该国的干旱区，因此要求其中的每座城市都建有水利设施。那么，这个要求能否满足呢？如果能，请计算最少建造几个蓄水厂；如果不能，请计算干旱区中不可能建有水利设施的城市数目。

【输入格式】

输入的第 1 行是两个正整数 N 和 M（N，$M \leqslant 500$），可表示该国的规模。接下来 N 行，每行 M 个正整数，依次表示每座城市的海拔。

【输出格式】

输出有两行。如果能满足要求，输出的第 1 行是整数 1，第 2 行是一个整数，表示最少建造几个蓄水厂；如果不能满足要求，输出的第 1 行是整数 0，第 2 行是一个整数，表示有几座干旱区中的城市不可能建有水利设施。

【输入样例 1】

```
2 5
9 1 5 4 3
8 7 6 1 2
```

【输出样例 1】

```
1
1
```

【样例 1 说明】

只需要在海拔为 9 的那座城市中建造蓄水厂，即可满足要求。

【输入样例 2】

3 6

8 4 5 6 4 4

7 3 4 3 3 3

3 2 2 1 1 2

【输出样例 2】

1

3

【样例 2 说明】

如图 6.6 所示，在 3 个用粗线框出的城市中建造蓄水厂，可以满足要求。以这 3 个蓄水厂为源头在干旱区中建造的输水站分别用 3 种颜色标出。当然，建造方法可能不唯一。

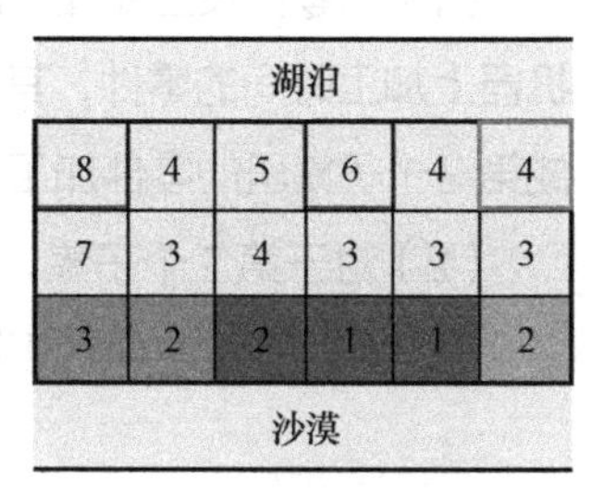

图 6.6

【算法分析】

可以使用 DFS/BFS 算法求出建造蓄水厂的城市能够将水输送到哪些城市。想明白水能被输送到的城市有哪些特点，代码就容易实现了。

□6.1.17 加工生产调度

【上机练习】加工生产调度（prod）

已知 N 个零件要在由两台机器 M_1 和 M_2 组成的流水线上完成加工，每个零件 i 必须先在 M_1 机器上加工，然后在 M_2 机器上加工，时间分别为 a_i 和 b_i。

确定这 N 个零件的加工顺序，使得从第 1 个零件开始在 M_1 机器上加工到最后 1 个零件在 M_2 机器上加工完成的总时间最少。

【输入格式】

第 1 行仅一个数 N,（$0 < N < 1000$），表示零件的数量。

第 2 行有 N 个整数，表示这 N 个零件在 M_1 机器上各自加工所需的时间。

第 3 行有 N 个整数，表示这 N 个零件在 M_2 机器上各自加工所需的时间。

【输出格式】

第 1 行有一个数据，表示最少的加工时间。

第 2 行表示一种时间最少的加工顺序，若有多个答案，仅输出字典序最小的一个。

【输入样例】

5

3 5 8 7 10

6 2 1 4 9

【输出样例】

34

1 5 4 2 3

【算法分析】

简单来说就是使得零件在 M_1 机器中的加工尽快完成，以便尽快转到 M_2 机器中加工。注意：M_1 机器没有空闲时间，而 M_2 机器可能有空闲时间。使用两台机器的情况下可以使用多项式算法 [约翰逊（Johnson）算法]，使用 3 台及以上的机器的情况下目前没有多项式算法可用。

Johnson 算法的思想就是贪心，其时间复杂度是 $O(nlogn)$，其执行过程如下。

（1）把零件按工序加工时间分成两个子集，第 1 个子集保存在 M_1 机器上加工时间小于在 M_2 机器上加工时间的零件，其他的零件放到第 2 个子集。先完成第 1 个子集里面的零件加工，再完成第 2 个子集里的零件加工。

（2）对于第 1 个子集，其中的零件加工顺序是按在 M_1 机器上加工时间的不减排列；对于第 2 个子集，其中的零件加工顺序是按在 M_2 机器上加工时间的不增排列。

□6.1.18 做作业

【上机练习】做作业（homework）HDU 1789

小光总是不及时做作业，所以他总是在赶作业。每一门课的老师都给了他一个完成作业的最后期限，如果他超过期限交作业，老师们就会在他的期末评价中扣分。假设做每一门课的作业都需要一天，小光希望你能够帮助他安排一个做作业的顺序，使他被扣掉的分数最少。

【输入格式】

输入的第 1 行是一个整数 T，代表测试数据的个数，接下来的就是 T 个测试数据的输入。每个测试数据都从一个正整数 N（$1 \leqslant N \leqslant 1000$）开始，代表了作业的数目。接下来有两行：第 1 行包含 N 个整数，分别表示每一门课作业提交的最后期限；第 2 行也有 N 个整数，即对应于每一门课的作业超过提交时间的扣分。

【输出格式】

对每一个测试数据，应该在一行中输出最小的扣分数。

【输入样例】

2

3

3 3 3

10 5 1

3

1 3 1

6 2 3

【输出样例】

0

3

6.2 提高组

□6.2.1　预算

【上机练习】预算（budget）

汽车驾驶员计划以最少的费用驾车从一座城市到另一座城市（假设出发时汽车油箱是空的）。给定两座城市之间的距离 D_1 的。汽车油箱的容量 C [以升（L）为单位]，每升汽油能供汽车行驶的距离 D_2。出发点加油站每升汽油的价格 P，沿途的加油站数 N（N 可以为 0），加油站 i 离出发点的距离 D_i 和每升汽油的价格 P_i（i=1,2,…,N）。计算结果四舍五入保留小数点后两位。如果无法到达目的地，则输出“No Solution”。

【输入格式】

第 1 行输入 5 个数，即 D_1、C、D_2、P、N。随后 N 行为两个数，分别为加油站 i 离出发点的距离 D_i 和每升汽油的价格 P_i。

【输出格式】

输出最少费用，如无法到达目的地，则输出“No Solution”。

【输入样例】

275.6 11.9 27.4 2.8 2

102.0 2.9

220.0 2.2

【输出样例】

26.95

□6.2.2　穿越时空

【上机练习】穿越时空（siworae）POJ 1230

琳琳要使用魔力穿越时空。如图 6.7 所示，在时空中有一些“时空乱流”（灰色区域）。时空乱流平行于横轴，宽度相同，但长度各不相同，并且同一区域上不会有两个时空乱流。现在她要从上方沿纵轴方向穿越到下方。途中她可以穿越部分时空乱流，但会消耗一部分魔力，所以穿越的时空乱流数不能超过一个值 k。要保证琳琳无论从横轴的哪点出发，

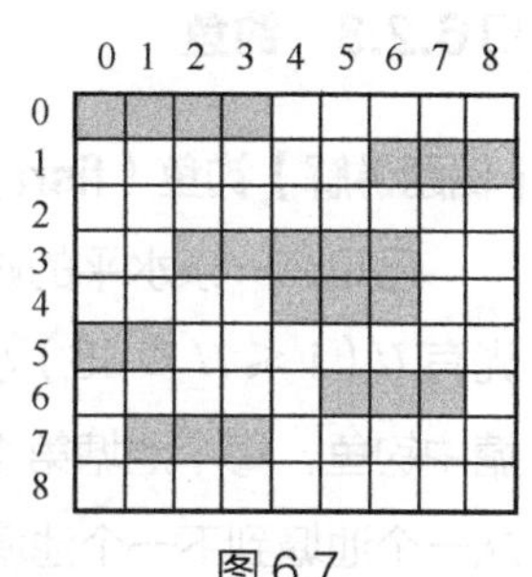

图 6.7

都能穿越到下方，就必须湮灭某些时空乱流，使得每条路上的时空乱流数都不超过穿越限定值。现给定时空乱流的分布与穿越限定值，问至少湮灭多少时空乱流，可保证每条路上的时空乱流数不超过该限定值。例如图6.7中，当穿越限定值k=3时，琳琳除了横轴为6的点外，可以从横轴上的任何一点出发。

【输入格式】

输入多组测试数据，第1行为组数t（$1 \leqslant t \leqslant 10$）。随后是各组测试数据，第1行为两个整数，分别表示时空乱流数n（$1 \leqslant n \leqslant 100$）和穿越限定值$k$（$0 \leqslant k \leqslant 100$），接下来$n$行表示时空乱流的起始坐标和结束坐标。

【输出格式】

每组一行数据，表示最少需要湮灭的时空乱流数。

【输入样例】

```
2
3 1
2 0 4 0
0 1 1 1
1 2 2 2
7 3    （此例为图 6.7 中所示）
0 0 3 0
6 1 8 1
2 3 6 3
4 4 6 4
0 5 1 5
5 6 7 6
1 7 3 7
```

【输出样例】

```
1
1
```

□6.2.3 钓鱼

【例题讲解】钓鱼（fish）POJ 1042

已知在一条水平的路边，有n（$2 \leqslant n \leqslant 25$）个池塘，从左到右编号依次为1,2,3,⋯,$n$。小光有$H$（$1 \leqslant H \leqslant 16$）小时（h）的空闲时间，他只能从第1个池塘开始向右走，可以在每个池塘中钓鱼，每个池塘第1个5分钟（min）可以钓到鱼f_i，以后再每钓5分钟，鱼量减少d_i，且从一个池塘到下一个池塘之间都有一定的距离5t_i，例如t_i=4，则距离为20。已知从一个池塘走到下一个池塘所需的时间和每个池塘一开始能够钓到鱼的数量，求小光在规定的时间内最多能钓到的鱼的数量。

【输入格式】

输入多组测试数据，每组数据第 1 行为整数 n，第 2 行为 H，随后一行为 f_i（$1 \leqslant i \leqslant n$），接下来一行为 d_i（$1 \leqslant i \leqslant n$），最后为 n-1 个整数 t_i（$1 \leqslant i \leqslant n-1$），$n$=0 表示输入结束。

【输出格式】

对于每组输入数据，第 1 行输出在每个池塘花费的时间，第 2 行输出最多能钓到的鱼的数量。若有多种方案，选择在第 1 个池塘花费时间最多的方案，若在第 1 个池塘中没有钓到鱼，则选择在第 2 个池塘花费时间最多的方案，依此类推。每种方案以空行间隔。

【输入样例】

```
2
1
10 1
2 5
2
4
4
10 15 20 17
0 3 4 3
1 2 3
4
4
10 15 50 30
0 3 4 3
1 2 3
0
```

【输出样例】

```
45, 5
Number of fish expected: 31

240, 0, 0, 0
Number of fish expected: 480

115, 10, 50, 35
```

Number of fish expected: 724

【算法分析】

首先需注意的一点是，小光只能向前走，因为返回的话只会增加在路上的时间，导致他钓鱼的时间减少。因此此题解题步骤如下。

（1）枚举小光最终可能走到某一个池塘的所有情况，每种情况减去步行所需的时间，剩下的就是钓鱼的时间。

（2）每 5 分钟选取鱼量最多的池塘进行钓鱼，直到空闲时间耗尽。

（3）在所有枚举的情况中选择钓鱼量最多的情况，为问题的最优解。

需要注意的问题如下。

（1）如果解不唯一，选择在第 1 个池塘耗时最多的解；如果仍旧存在不唯一解，选择在第 2 个池塘耗时最多的解，依此类推。

（2）随着时间的增加，某个池塘中的鱼量可能为负数，此时应将该池塘中每个时间单位内能钓到的鱼量更新为 0 。

参考代码如下。

```
1   //钓鱼
2   #include <bits/stdc++.h>
3   using namespace std;
4
5   int n,h;
6   int fish[30],d[30],WalkTime[30];        //WalkTime[i]表示走到i池塘花费的时间
7
8   struct LAKE
9   {
10    int max;                              //保存钓鱼总量
11    int tim[30];
12  } lake[30];
13
14  int GetMax(int p[], int i, int j)      //返回数组p[]中最大数的编号
15  {
16    int Max=p[i], loc=i;
17    for(int m=i+1; m<=j; m++)
18      if(Max<p[m])
19      {
20        Max=p[m];
21        loc=m;
22      }
23    return loc;
24  }
25
26  void GetFish(int T)
27  {
28    for(int i=1; i<=n; i++)              //结构体数组初始化
29    {
30      lake[i].max=0;
```

```
31        memset(lake[i].tim,0,sizeof(lake[i].tim));
32      }
33      int f[30];                                    //保存 f[] 数组的值，以便修改
34      for(int i=1; i<=n; i++)                       //枚举最后走到 i 池塘的情况
35      {
36        int RealTime=T-WalkTime[i];                 //除去走路，能钓鱼的真正时间
37        int FishTime=0;                             //实际钓鱼时间初始值为 0
38        for(int j=1; j<=i; j++)
39          f[j]=fish[j];                             //将 fish[] 数组的值复制到 f[] 数组中
40        while(FishTime<RealTime)                    //当时间没用完时
41        {
42          int k=GetMax(f,1,i);                      //找到 1 ～ i 池塘中钓鱼量最多的编号
43          lake[i].max+=f[k];                        //更新钓鱼总量
44          lake[i].tim[k]+=5;                        //停在 k 池塘的时间增加 5 分钟
45          f[k]>=d[k]?f[k]-=d[k]:f[k]=0;             //更新第 k 个池塘在下一时间能钓到的鱼
46          FishTime+=5;                              //时间增加 5 分钟
47        }
48      }
49      for(int i=1; i<=n; i++)
50        f[i]=lake[i].max;
51      int loc=GetMax(f,1,n);                        //找到最优解下标
52      for(int i=1; i<=n; i++)
53        printf("%d%s",lake[loc].tim[i],i==n?"\n":", ");
54      printf("Number of fish expected: %d\n\n", lake[loc].max);
55    }
56
57    int main()
58    {
59      while(scanf("%d", &n) && n)
60      {
61        scanf("%d", &h);
62        for(int i=1; i<=n; i++)
63          scanf("%d", &fish[i]);
64        for(int i=1; i<=n; i++)
65          scanf("%d", &d[i]);
66        for(int i=2,t; i<=n; i++)
67        {
68          scanf("%d", &t);
69          WalkTime[i]=WalkTime[i-1]+5*t;          //预处理走到第 i 个池塘花费的时间
70        }
71        GetFish(h*60);
72      }
73      return 0;
74    }
```

进一步的优化是使用 STL 中的优先队列，这样就无须每次遍历查找钓鱼量最多的池塘了。此外，当池塘里的鱼都为 0，无法再钓到任何鱼时，就应该结束查找。

试完成优化代码。

□6.2.4 田忌赛马

【例题讲解】田忌赛马（horse）POJ 2287

“田忌赛马”是历史上有名的揭示如何用自己的长处去对付对手的短处，从而在比赛中获胜的事例。假设当时田忌和齐威王赛马，他们各派出 N（$N \leqslant 2000$）匹马。每场比赛，输的一方要给赢的一方 200 两黄金；如果是平局的话，双方都不必拿出黄金。

每匹马的速度是固定而且已知的，而齐威王出马顺序也与田忌的出马顺序无关。请问田忌该如何安排自己的马去对抗齐威王的马，才能赢最多的黄金？

【输入格式】

输入多组数据。每组数据的第 1 行为一个正整数 N（$N \leqslant 1000$），表示双方马的数量。第 2 行用 N 个整数表示田忌的马的速度。第 3 行的 N 个整数表示齐威王的马的速度。全部数据输入结束以 0 表示。

【输出格式】

每组输入数据输出一行，表示田忌最多可能赢得的黄金，结果有可能为负数。

【输入样例】

```
3
92 83 71
95 87 74
2
20 20
20 20
2
20 19
22 18
0
```

【输出样例】

```
200
0
0
```

1. 贪心算法 1

（1）如果田忌的最快马快于齐威王的最快马，则两者比赛一场。因为若是田忌的别的马很可能就赢不了了，所以两者比赛一场。

（2）如果田忌的最快马慢于齐威王的最快马，则用田忌的最慢马和齐威王的最快马比赛一场。因为田忌所有的马都赢不了齐威王的最快马，所以选择损失最小的方案，拿最慢的和他比。

（3）如果田忌的最快马和齐威王的最快马速度一样快，则比较田忌的最慢马和齐威王的最慢马，分两种情况讨论。

① 若田忌的最慢马快于齐威王的最慢马，则用田忌的最慢马和齐威王的最慢马比。因为田忌的最慢马既然能赢一场就应赢一场，而且齐威王的最慢马肯定也得有匹马和它比，所以选比齐威王的最慢马快的最慢马与其比，避免浪费。

② 否则就拿田忌的最慢马和齐威王的最快马比。因为这时齐威王所有的马都比田忌的最慢马快了。

参考代码如下。

```
1   //田忌赛马 — 贪心算法 1
2   #include <bits/stdc++.h>
3   using namespace std;
4
5   int main()
6   {
7     int n,tian[1010],king[1010];
8     while (scanf("%d", &n) && n)
9     {
10      for(int i=0; i<n; ++i)
11        scanf("%d", &tian[i]);
12      for(int i=0; i<n; ++i)
13        scanf("%d", &king[i]);
14      sort(tian, tian+n);
15      sort(king, king+n);
16      int ans=0,max1=n-1,max2=n-1,min1=0,min2=0,cnt=0;
17      while((cnt++)<n)
18      {
19        if(tian[max1]>king[max2])                 //田忌最快马比齐威王最快马快
20        {
21          ans+=200;                               //直接比
22          max1--;
23          max2--;
24        }
25        else if(tian[max1]<king[max2])            //田忌最快马比齐威王最快马慢
26        {
27          ans-=200;
28          min1++;                                 //用田忌最慢的马比
29          max2--;
30        }
31        else
32        {
33          if(tian[min1]>king[min2])               //田忌最慢马比齐威王最慢马快
34          {
35            ans+=200;                             //直接比
36            min1++;
37            min2++;
38          }
39          else
40          {
```

```
41          if(tian[min1]<king[max2])                    //田忌最慢马比齐威王最快马慢
42            ans-=200;
43          min1++;                                      //用田忌最慢的马比
44          max2--;
45        }
46      }
47    }
48    printf("%d\n", ans);
49  }
50  return 0;
51 }
```

2. 贪心算法 2

另一种更容易理解的贪心算法如下。

（1）对田忌和齐威王的马分别按速度从慢到快排序后，遍历田忌的每一匹马，并为它寻找对手进行比赛。显然为了达到最大收益，应该为它匹配尽可能强的对手并赢得比赛。假设田忌最后共赢了 win 场。

（2）遍历田忌没有匹配的马，并寻找与齐威王的马速度相同的马进行比赛，显然它们的比赛以平局告终。

（3）田忌赢得的黄金为（win- 剩下未参加比赛的马的数量）×200。

3. 动态规划法

首先对田忌和齐威王的马都按照速度从快到慢的顺序排列。为了达到最大收益，田忌一定是从最快与最慢两个方向选马去和齐威王的马比赛的。

设 f[i][j] 表示经过了 i 场比赛后，田忌从后往前已经使用了 j 匹最慢的马所能获得的最大收益，则动态转移方程为

$$f[i][j]=\max\{f[i-1][j]+S(i-j,j),f[i-1][j-1]+S(n-j+1,j)\}$$

其中 S(x,y) 为一个函数，用于返回田忌使用第 x 匹马和齐威王第 y 匹马比赛后的得分。

f[i-1][j] 表示经过了 i-1 场比赛后，田忌已经使用 j 匹慢马的最大收益。当第 i 场比赛到来时，为了得到 f[i][j]，田忌只能使用前面的第 i-j 匹快马与齐威王的第 j 匹马比，即 f[i-1][j]+S(i-j,j)，f[i-1][j-1] 表示经过了 i-1 场比赛后，田忌使用 j-1 匹慢马的最大收益。当第 i 场比赛到来时，为了得到 f[i][j]，田忌只能使用第 j 匹慢马（设 n 为总共的马数，即第 n-j+1 匹马）与齐威王的第 j 匹快马比，即 f[i-1][j-1]+S(n-j+1,j)。

参考代码如下。

```
1  //田忌赛马 — 动态规划法
2  #include <bits/stdc++.h>
3  using namespace std;
4
5  int tian[1001],king[1001];
6  int f[1001][1001];
7
```

```
8   int S(int i, int j)                                    //得分
9   {
10    return (tian[i]==king[j]) ? 0 : (tian[i]>king[j] ? 1 : -1);
11  }
12
13  void Init(int n)
14  {
15    memset(f,0,sizeof(f));
16    for(int i=1; i<=n; i++)                              //设置 f[i][0]
17      if(tian[i]>king[i])                                //如果用最慢的马
18        f[i][0]=f[i-1][0]+1;                             //那必是依次用最快的马
19      else if(tian[i]<king[i])
20        f[i][0]=f[i-1][0]-1;
21      else
22        f[i][0]=f[i-1][0];                               //若速度相同就使用前一次的最优值
23    for(int j=n,g=1; j>=1; j--,g++)                      //设置 f[i][i]
24      if(tian[j]>king[g])                                //这说明田忌每一次都用最慢的马
25        f[g][g]=f[g-1][g-1]+1;
26      else if(tian[j]<king[g])
27        f[g][g]=f[g-1][g-1]-1;
28      else
29        f[g][g]=f[g-1][g-1];
30  }
31
32  int main()
33  {
34    for(int n; scanf("%d",&n) && n;)
35    {
36      for(int i=1; i<=n; i++)
37        scanf("%d",&tian[i]);
38      for(int x=1; x<=n; x++)
39        scanf("%d",&king[x]);
40      sort(tian+1,tian+n+1,greater<int>());              //速度由快到慢排序
41      sort(king+1,king+n+1,greater<int>());
42      Init(n);
43      for(int j=2; j<=n; j++)                            //动态规划递推关系
44        for(int k=1; k<j; k++)
45          f[j][k]=max((f[j-1][k-1]+S(n-k+1,j)),(f[j-1][k]+S(j-k,j)));
46      int Max = f[n][0];
47      for(int i=1; i<=n; ++i)                            //找到最大收益
48        if(f[n][i]>Max)
49          Max=f[n][i];
50      printf("%d\n",Max*200);
51    }
52      return 0;
53  }
```

4. 贪心 + 动态规划法

因为田忌掌握着比赛的“主动权”，他总是根据齐威王所出的马来出自己的马，所以这里不妨假设齐威王是按马的速度从快到慢出马的。由这样的假设，可归纳出如下几种贪心策略。

（1）如果田忌剩下的马中最快的马都赢不了齐威王剩下的最快的马，那么应该用最慢的一匹马去输给齐威王最快的马。

（2）如果田忌剩下的马中最快的马可以赢齐威王剩下的最快的马，那就用这匹马去赢齐威王剩下的最快的马。

（3）如果田忌剩下的马中最快的马和齐威王剩下的最快的马“打平”的话，可以选择打平或者用最慢的马输掉比赛。

选择打平时，如果齐威王每匹马的速度分别是1、2、3，则田忌每匹马的速度也分别是1、2、3。如果每次都选择打平，那么田忌一文钱也得不到，而如果选择先用速度为1的马输给速度为3的马的话，可以赢得200两黄金。

选择输掉时，如果齐威王每匹马的速度分别是1、3，田忌每匹马的速度分别是2、3。田忌一胜一负，仍然一文钱也拿不到，而如果先用速度为3的马去打平的话，可以赢得200两黄金。

通过上述的3种贪心策略，可以发现，如果齐威王的马按速度排序之后，从快到慢被派出的话，田忌一定是将他的马按速度排序之后，从“首”“尾”两头选马去和齐威王的马比赛。

设f[i][j]表示齐威王按从快到慢的顺序出马和田忌进行了i场比赛之后，田忌从“头”选取了j匹较快的马和从“尾”取了i-j匹较慢的马所能够得到的最大收益。

状态转移方程如下。

（1）如果田忌最快马可以赢齐威王最快马，那就去赢：

f[i][i]=f[i−1][i−1]+s(i,i)；

（2）田忌最快马无法赢齐威王最快马，那就用最慢马去输：

f[i][0]=f[i−1][0]+s(n−i+1,i)；

（3）田忌最快马可以跟齐威王最快马打平，那就选择打平或者用最慢马去输：

f[i][j]=max(f[i-1][j-1]+s(j,i)，f[i-1][j]+s(n-i+j+1,i))；

其中s(i,j)表示田忌的马和齐威王的马分别按照由快到慢的顺序排序之后，田忌的第i匹马和齐威王的第j匹马赛跑所能取得的收益。这样，无论田忌是从“首”或者是从“尾”选取马，状态转移方程已经把所有可能的贪心情况都表示出来了。

□6.2.5 观光公交

【上机练习】观光公交（bus）

Y市拥有n个美丽的景点，为此特意安排了一辆观光公交车，为游客提供更便捷的交通服务。观光公交车在第0分钟出现在1号景点，随后依次前往2,3,4,⋯,n号景点。从i号景点开到i+1号景点需要D_i分钟。任意时刻，公交车只能往前开，或在景点处等待。

设共有m位游客，每位游客需要乘车从一个景点到达另一个景点，第i位游客在T_i分钟来到景点A_i，希望乘车前往景点B_i（$A_i < B_i$）。为了使所有游客都能顺利到达目的地，公交车在每站

都必须等到需要从该景点出发的所有游客都上车后才能出发开往下一景点。

假设游客上下车不需要时间，一位游客的旅行时间等于他到达目的地的时刻减去他来到出发景点的时刻。因为只有一辆观光车，有时候还要停下来等其他游客，游客们纷纷抱怨旅行时间太长了，于是聪明的司机给公交车安装了 k 个魔法加速器，每使用一个魔法加速器，可以使其中一个 D_i 减 1。对于同一个 D_i 可以重复使用魔法加速器，但是必须保证使用后 D_i 大于或等于 0。

那么司机该如何安装使用魔法加速器，才能使所有游客的旅行时间总和最小？

【输入格式】

第 1 行是 3 个整数 n、m、k，每两个整数之间用一个空格分隔，分别表示景点数、游客数和魔法加速器个数。

第 2 行是 n-1 个整数，每两个整数之间用一个空格分隔，第 i 个数表示从第 i 个景点开往第 i+1 个景点所需要的时间 D_i。

第 3 行至 m+2 行每行 3 个整数 T_i、A_i、B_i，第 i+2 行的这 3 个数分别表示第 i 位游客来到出发景点的时刻，出发时的景点编号和要到达的景点编号。

【输出格式】

输出共一行，包含一个整数，表示游客们最小的总旅行时间。

【输入样例】

```
3 3 2
1 4
0 1 3
1 1 2
5 2 3
```

【输出样例】

```
10
```

【样例说明】

从 2 号景点前往 3 号景点的途中使用 2 个魔法加速器，D_2 变为 2 分钟。

公交车在第 1 分钟时从 1 号景点出发，第 2 分钟到达 2 号景点，第 5 分钟从 2 号景点出发，第 7 分钟时到达 3 号景点。

第 1 位游客旅行时间 7-0=7 分钟，第 2 位游客旅行时间 2-1=1 分钟，第 3 位游客旅行时间 7-5=2 分钟，总时间 7+1+2=10 分钟。

【数据规模】

对于 100% 的数据，$1 \leqslant n \leqslant 1000$，$1 \leqslant m \leqslant 10000$，$0 \leqslant k \leqslant 100000$，$0 \leqslant D_i \leqslant 100$，$0 \leqslant T_i \leqslant 100000$。

第 07 章　排序算法

排序（sorting）是计算机程序设计中的一种重要操作，它的功能是将一个数据元素（或记录）的任意序列，重新排列成一个关键字有序的序列。排序算法有很多，对空间的要求及其时间效率也不尽相同，应根据实际情况选用合适的排序算法。

7.1 普及组

□7.1.1　常用排序法

【例题讲解】常用排序法（sort）

对 n（$n \leqslant 100000$）个乱序数按从小到大的顺序排序。

【输入格式】

第 1 行为一个数 n，第 2 行为 n 个数，每个数均不超过整型的最大值。

【输出格式】

输出排好序的数列，数字之间用空格隔开。

【输入样例】

10

2 1 76 11 4 765 32 56 3 23

【输出样例】

1 2 3 4 11 23 32 56 76 765

1. 直接插入排序法

直接插入排序法是将一个数据插入已经排好序的有序数列中，且数列依然保持有序。由于初始序列是无序的，因此可以假设初始序列仅有第 1 个元素，显然只有第 1 个元素的序列一定是有序的。随后依次将后面的元素插入已经排好序的数列中。

直接插入排序的过程如图 7.1 所示（用方括号标注的序列已为有序数列）。具体操作是把欲插入的元素与数组中的各元素逐个比较，当找到第 1 个比插入元素大的元素 i 时，该元素之前即插入位置。然后从数组的最后一个元素开始到该元素为止，逐个后移一个位置。

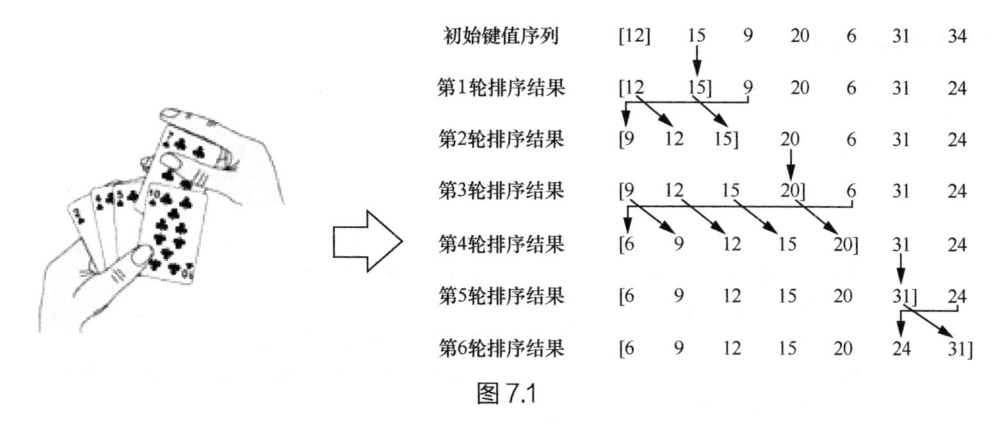

图 7.1

如果将 n 个元素的序列升序排列，那么直接插入排序的最好情况是初始序列已经是升序排列了，在这种情况下，需要进行的比较操作为（$n-1$）次。最坏情况是初始序列是降序排列，那么此时需要比较 $n(n-1)/2$ 次。一般来说，直接插入排序算法的时间复杂度为 $O(n^2)$。因而，直接插入排序不适合数据量比较大的排序应用。

核心代码如下。

```
1   void InsertSort(int n)                      // 对 n 个元素排序
2   {
3     for(int i=2; i<=n; i++)
4     {
5       int temp=a[i];                          //temp 为要插入的元素
6       int j=i-1;
7       while(j>=1 && temp<a[j])                // 从 a[i-1] 开始向前找比 a[i] 小的数
8       {
9         a[j+1]=a[j];                          // 同时把数组中的元素向后移
10        --j;
11      }
12      a[++j]=temp;                            // 插入元素
13    }
14  }
```

2. 选择排序法

选择排序法是不稳定的排序方法，所谓不稳定，是指原序列中如果有相同编号的数据 A 和 B，其中 A 排在 B 的前面，但排完序后，A 有可能排到了 B 的后面。

选择排序在每一轮排序时从待排序的数据元素中选出最小（或最大）的一个元素，依次放在已排好序的数列的最后，直到全部待排序的数据元素排完。排序过程如图 7.2 所示。

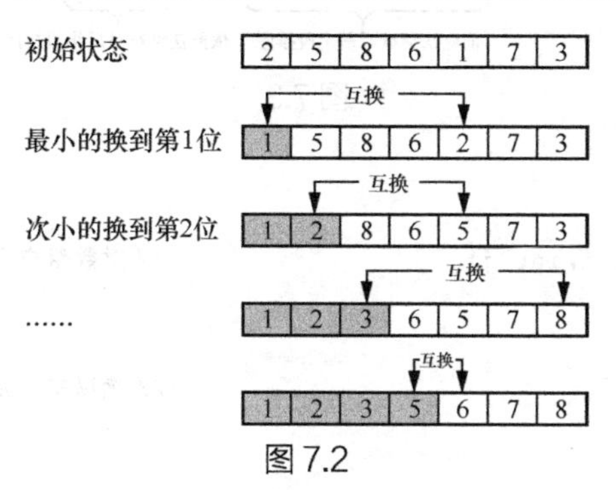

图 7.2

核心代码如下。

```
1   void SelectSort(int n)
2   {
3     int min;
4     for (int i=1; i<n; i++)
5     {
6       min = i;                            //假设当前下标为 i 的数最小，比较后再调整
7       for (int j=i+1; j<=n; j++)          //遍历，找出最小数的下标
8         if (a[j] < a[min])
9           min = j;                        //更新最小数的下标
10      if (min != i)                       //如果 min 在遍历中改变了，就需要交换数据
11        swap(a[i],a[min]);
12    }
13  }
```

3. 快速排序法

快速排序，顾名思义，该算法最突出的特点是速度快！其平均时间复杂度为 $O(n\log n)$。

快速排序的基本思想：对一组无序数组中的元素排序时，选其中一个数组元素（一般为中间元素）作为参照，把比它小的元素放到它的左边，比它大的元素放在右边，形成两个子数组。再依此方法对两个子数组递归排序，直至最后完成整个数组的排序。

例如有 5,4,9,7,6,2,1,3,8,-1，其排序过程如图 7.3 所示。

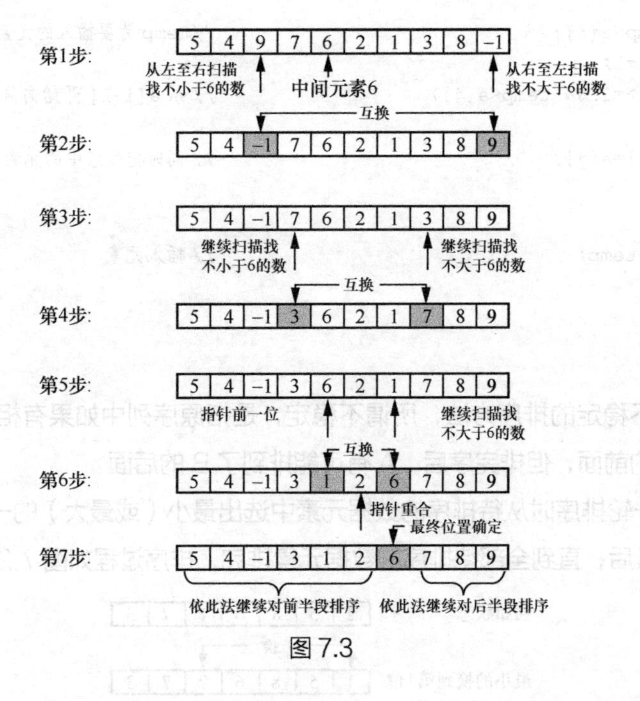

图 7.3

核心代码如下。

```
1   void QuickSort(int i,int j)               //对数组中下标为 i ~ j 的元素快速排序
2   {
3     int m=i,n=j;
4     int k=a[(i+j)>>1];                      //选取中间元素 k
```

```
5    while(m<=n)
6    {
7      while(a[m]<k && m<j)   m++;                    // 从左到右找不小于 k 的元素
8      while(a[n]>k && n>i)   n--;                    // 从右到左找不大于 k 的元素
9      if(m<=n)
10       swap(a[m++],a[n--]);                         // 若找到满足条件的元素，则互换
11   }
12   if(m<j)  QuickSort(m,j);                         // 递归
13   if(n>i)  QuickSort(i,n);
14 }
```

该代码片段是取中间元素为参照进行排序，这种取值方法更易于理解，而在其他教材中，通常是取第 1 个元素作为参照。

4. 随机化快速排序法

快速排序的时间复杂度基于每次对参照元素的选择。例如在数组已经有序的情况下，每次选择第 1 个元素为参照元素将得到 $O(n^2)$ 的时间复杂度。常见的优化方法如平衡快速排序（balanced quicksort），即每次尽可能地选择一个能够代表中值的元素作为参照元素，然后遵循快速排序的原则进行比较、替换和递归。一般选择这个元素的方法是取开头、结尾、中间 3 个数据，通过比较选出其中的中值。

另一种方法是随机化快速排序。

随机化快速排序即随机选取一个参照元素，这种情况下虽然最坏情况的时间复杂度仍然是 $O(n^2)$，但理论上出现最坏情况的可能性仅为 $1/2^n$。所以随机化快速排序对于绝大多数输入数据可达到 $O(n\log n)$ 的期望时间复杂度。

随机化快速排序的缺点在于：一旦输入数据中有很多的相同数据，随机化的效果将直接减弱。最坏情况下，即对 n 个相同的元素排序，随机化快速排序的时间复杂度将为 $O(n^2)$。

核心代码如下。

```
1  void QuickSort(int i,int j)
2  {
3    int m=i,n=j;
4    int k=a[rand() % (j-i+1)+i];                     // 随机选取参照元素 k
5    while(m<=n)
6    {
7      while(a[m]<k && m<j)   m++;                    // 从左到右找比 k 大的元素
8      while(a[n]>k && n>i)   n--;                    // 从右到左找比 k 小的元素
9      if(m<=n)                                       // 若找到满足条件的元素，则互换
10       swap(a[m++],a[n--]);
11   }
12   if(m<j)  QuickSort(m,j);                         // 递归
13   if(n>i)  QuickSort(i,n);
14 }
```

5. 谢尔排序法

谢尔排序（Shell sort）法又叫增量递减（diminishing increment）排序法，时间复杂度为 $O(n\log_2 n)$，由谢尔（D.L. Shell，又译为希尔）发明。谢尔排序处理待排序的 n 个元素时，先取

一个小于 n 的元素 d_1 作为第 1 个增量（一般取 n 的一半为增量，以后每次减半，直到增量为 1），把 n 个待排序的元素分成 d_1 个组。所有距离为 d_1 的倍数的元素放在同一个组中后在各组内进行直接插入排序；然后，取第 2 个增量 d_2（$d_2<d_1$）重复上述的分组和排序，直至所取的增量 $d_t=1$（$d_t<d_{t-1}<\cdots<d_2<d_1$），即所有元素都能放在同一组中进行直接插入排序为止。

该算法本质上是一种分组插入方法。例如有 10 个原始待排序元素 25、19、6、58、34、10、7、98、150、1，具体排序过程如图 7.4 所示。

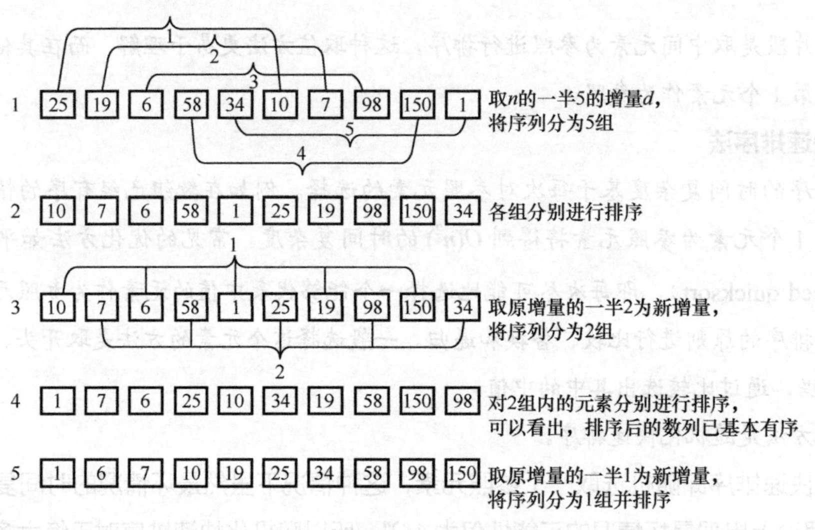

图 7.4

核心代码如下。

```
1   void ShellSort(int *a, int n)                              // 谢尔排序法
2   {
3     int t,i,j;
4     for(int d=n/2; d>=1; d>>=1)                              // 增量为 d，每次减一半
5       for(i=d; i<n; i++)                                     // 对每个元素按组进行直接插入排序
6       {
7         t=a[i];                                              // 注意：和之前的直接插入排序实现方法略有区别
8         for(j=i-d; (j>=0) && (a[j]>t); j-=d)                 // 找到插入的合适位置
9           a[j+d]=a[j];
10        a[j+d]=t;
11      }
12  }
```

6. 归并排序法

归并排序法是建立在归并操作基础上的一种有效的排序算法，该算法是分治的一个非常典型的应用。

归并排序法是将待排序数组二分递归至单个元素，再按大小依次排序合并成一个数组，其原理如图 7.5 所示，但实际递归编程时排列的先后顺序会略有不同。

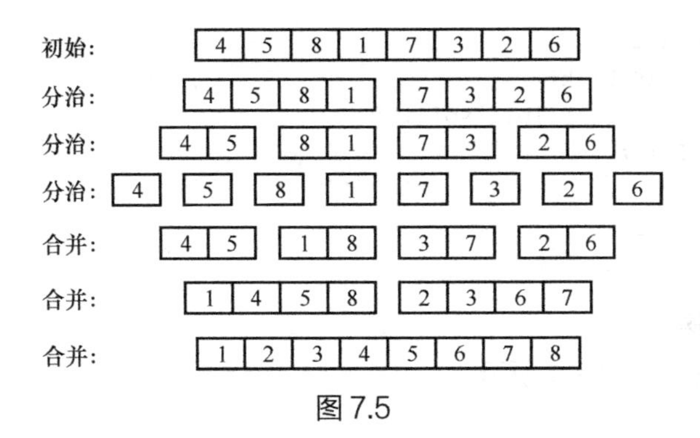

图 7.5

实际编程时使用了辅助数组 B[] 模拟分治和合并的过程。以最后一步合并为例，将指针 i 指向辅助数组 B[] 的第 1 个元素，将指针 j 指向辅助数组 B [] 的后半段的第 1 个元素，若 B[i] < B[j]，则最终排序数组 A[] 顺序存入 B[i]，否则顺序存入 B[j]，依次后移比较即可。排序过程如图 7.6 所示。

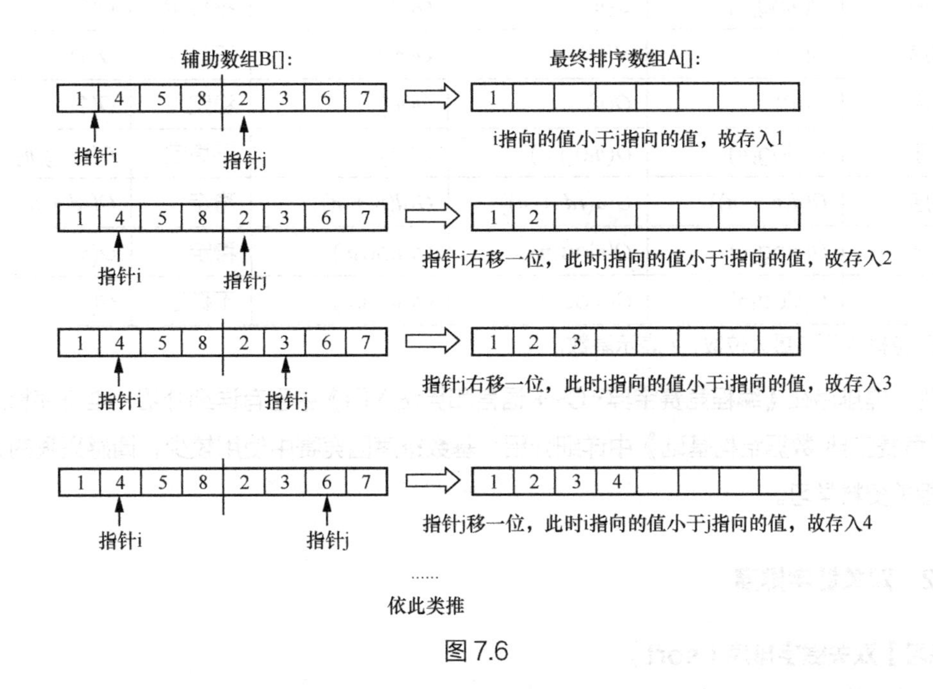

图 7.6

当一个队列取完，另一个队列还未取完时，直接将非空队列增加到最终排序数组 A[] 末尾。核心代码如下。

```
1  void MergeSort(int L,int R)
2  {
3    if(L>=R)
4      return;
5    int mid=(L+R)>>1;                          //取左右区间的中间值
6    MergeSort(L,mid);                          //前一半队列递归
7    MergeSort(mid+1,R);                        //后一半队列递归
8    for(int i=L; i<=R; i++)                    //保存到辅助数组b[]
9      b[i]=a[i];
```

```
10    int i=L,j=mid+1;
11    for(int k=L; k<=R; k++)                                    //归并
12      if(i<=mid &&((j>R)||b[i]<b[j]))
13        a[k]=b[i++];
14      else
15        a[k]=b[j++];
16  }
```

7. 各种排序算法的比较

各种排序算法的比较如表 7.1 所示。

表 7.1

排序算法名称	平均时间复杂度	最好时间复杂度	最坏时间复杂度	稳定性	辅助空间复杂度
直接插入排序	$O(n^2)$	$O(n)$	$O(n^2)$	稳定	$O(1)$
桶排序	$O(n)$	$O(n)$	$O(n)$	稳定	$O(n)$
谢尔排序	$O(n\log_2 n)$	$O(n)$	$O(n^2)$	不稳定	$O(1)$
选择排序	$O(n^2)$	$O(n^2)$	$O(n^2)$	不稳定	$O(1)$
冒泡排序	$O(n^2)$	$O(n)$	$O(n^2)$	稳定	$O(1)$
快速排序	$O(n\log_2 n)$	$O(n\log_2 n)$	$O(n^2)$	不稳定	$O(n\log_2 n)$
基数排序	$O(d(r+n))$	$O(d(rd+n))$	$O(d(r+n))$	稳定	$O(rd+n)$
归并排序	$O(n\log_2 n)$	$O(n\log_2 n)$	$O(n\log_2 n)$	稳定	$O(n)$
堆排序	$O(n\log_2 n)$	$O(n\log_2 n)$	$O(n\log_2 n)$	不稳定	$O(1)$

注：d 表示待排序列的最大位数，r 表示基数。

说明：桶排序在《编程竞赛宝典：C++ 语言和算法入门》中已有详细介绍；堆排序算法将在《信息学竞赛宝典 数据结构基础》中详细介绍；基数排序因竞赛中使用较少，请感兴趣的读者自行查找相关资料学习。

□7.1.2　双关键字排序

【上机练习】双关键字排序（sort）

试用快速排序法对 n 对数排序，排序规则：按照第 1 个数的升序排序，如果第 1 个数相等就按照第 2 个数的升序排序。

【输入格式】

第 1 行输入一个整数 n（$1 \leqslant n \leqslant 100000$）。

接下来 n 行每行输入一对整数 a_i 和 b_i（$1 \leqslant a_i$，$b_i \leqslant 10000$）。

【输出格式】

按照升序输出所有整数对。

【输入样例】

4

2 4
1 3
1 2
2 3

【输出样例】

1 2
1 3
2 3
2 4

□7.1.3　紧急集合

【例题讲解】紧急集合（fruit）

有一个任务是将 n 个人集合起来，但每个人都有一个懒散值。已知一次可以将两群人集合在一起，耗费的体力是这两群人的懒散值之和。可以看出，经过 $n-1$ 次集合，所有的人就集合在一起了。例如有 3 个人，他们的懒散值依次为 1、2、9。可以先将懒散值为 1、2 的合并为一群，新群数目为 3，耗费体力为 3。接着，将新群与懒散值为 9 的合并，又得到新的群，数目为 12，耗费体力为 12。所以总共耗费体力为 3 + 12 = 15。可以证明 15 为最小的体力耗费值。那么 n 个人集合时，怎样集合，耗费的体力最少呢?

【输入格式】

第 1 行是一个整数 n（$1 \leqslant n \leqslant 10000$），表示人数。第 2 行包含 n 个整数，用空格分隔，表示懒散值，如第 i 个整数 a_i（$1 \leqslant a_i \leqslant 20000$）表示第 i 个人的懒散值。

【输出格式】

输出一行，这一行只有一个整数，表示最小的体力耗费值。输入数据应保证这个值小于 2^{31}。

【输入样例】

3
1 2 9

【输出样例】

15

【数据规模】

对于 30%的数据，$n \leqslant 1000$；
对于 50%的数据，$n \leqslant 5000$；
对于 100% 的数据，$n \leqslant 10000$。

【算法分析】

每次先集合懒散值最小的两群人，所耗费的体力最少。一般通过快速排序和二分排序即可解决这种问题，但此方法时间复杂度高，因此可以考虑使用计数排序法。

先定义一个下标为 1 ~ 20000 的整型数组 a[]，即计数排序法使用的“桶”，用于保存输入的原始数据。再定义另一个整型数组 b[]，用于依次保存合并后的懒散值（显然也是升序数组）。每次从 a[] 和 b[] 中选取两个最小的懒散值合并即可。

参考代码如下。

```
1   //紧急集合
2   #include <bits/stdc++.h>
3   using namespace std;
4
5   int n,sum,ans;
6   int a[20001],b[20001],t[20001];
7
8   int main()
9   {
10    scanf("%d",&n);
11    memset(a,127,sizeof(a));                    //赋数组元素值为最大值
12    memset(b,127,sizeof(b));
13    for (int i=1,k; i<=n; i++)
14    {
15      scanf("%d",&k);
16      t[k]++;                                   //计数排序
17    }
18    for (int i=1,k=0; i<=20000; i++)
19      for(; t[i]; t[i]--)                       //将采用桶排序的数据依次移到 a[] 数组中
20        a[++k]=i;
21    int k1=1,k2=1;                              //k1、k2 为指针，分别指向 a[]、b[]
22    for (int i=1,k=0; i<n; i++)                 //i 统计合并次数
23    {
24      sum=a[k1]<b[k2] ? a[k1++] : b[k2++];      //找到第 1 个合并的值
25      sum+=a[k1]<b[k2] ? a[k1++] : b[k2++];     //找到第 2 个合并的值
26      b[++k]=sum;                               //合并的值存入第 2 个数组
27      ans+=sum;                                 //统计合并值
28    }
29    printf("%d\n",ans);
30  }
```

更简单的方法是使用 STL 中的 priority_queue 或 multiset，使用 priority_queue 的参考代码如下。

```
#include <bits/stdc++.h>
using namespace std;

priority_queue<int,vector<int>,greater<int> >q;

int main()
{
  int n,ans=0;
```

```
cin>>n;
for(int i=1,t; i<=n; i++)
  cin>>t,q.push(t);
while(q.size()>=2)
{
  int a=q.top();
  q.pop();
  int b=q.top();
  q.pop();
  ans+=a+b;
  q.push(a+b);
}
cout<<ans<<endl;
return 0;
}
```

7.2 提高组

7.2.1　求逆序对数

【例题讲解】求逆序对数（reverse）

对于一个包含 n 个非负整数的数组 A[1,⋯,n] 来说，如果有 i < j，且 A[i] > A[j]，则称 (A[i],A[j]) 为数组 A[] 中的一个逆序对。

例如数组 [3,1,4,5,2] 的逆序对有 (3,1)、(3,2)、(4,2)、(5,2)，共 4 个。

【输入格式】

输入两行数据，第 1 行是一个整数 n（$1 \leqslant n \leqslant 1000$），第 2 行有 n 个整数，数值范围均在整型数据范围内。

【输出格式】

输出一行数据，这一行只包含一个整数，表示数组中逆序对的个数。

【输入样例】

5

3 1 4 5 2

【输出样例】

4

【算法分析】

最简单的方法是利用两重循环进行枚举，算法的时间复杂度为 $O(n^2)$。

插入排序时 A[j] 需要比较的次数和已排序的 A[1,⋯,j−1] 中比 A[j] 大的元素个数相同，这等价于逆序对的个数，时间复杂度也为 $O(n^2)$。

考虑到数据规模，有必要考虑效率更高的算法。

1. 归并排序求逆序对

目前较为高效的算法是利用归并排序的思想，在处理数据时同时统计逆序对数，该算法的时间复杂度为 $O(n\log n)$。其原理是：归并排序时如果后一段的队首元素小于前一段的队首元素，则它与前一段所有剩下的元素构成逆序对，因此累加前一段剩下的元素的个数即可。例如有前后两个有序序列 s1={3,5,6}，s2={1,4,7}，因为序列 s2 中的第 1 个元素“1”小于序列 s1 中的第 1 个元素“3”，所以序列 s1 中的所有元素均大于序列 s2 中的第 1 个元素。

参考代码如下。

```
1   // 求逆序对数
2   #include <bits/stdc++.h>
3   using namespace std;
4   const int MAXN=1001
5
6   int n,ans;
7   int a[MAXN],temp[MAXN];
8
9   void MergeSort(int i,int j)                 //归并排序求逆序对
10  {
11    if(i>=j)
12      return;
13    int mid=(i+j)>>1;
14    MergeSort(i,mid);
15    MergeSort(mid+1,j);
16    int l=i,r=mid+1;                          //l 为左边序列的指针，r 为右边序列的指针
17    for(int k=i; k<=j; k++)
18    {
19      if(l>mid)                               //如果左边序列的数已全部取完
20        temp[k]=a[r++];                       //加右边序列的数
21      else if(r>j)                            //如果右边序列的数已全部取完
22        temp[k]=a[l++];                       //加左边序列的数
23      else if(a[l]<=a[r])                     //如果左数不大于右数
24        temp[k]=a[l++];                       //加左数
25      else                                    //如果右数小于左数
26      {
27        temp[k]=a[r++];                       //加右数
28        ans+=mid-l+1;                         //统计逆序对数
29      }
30    }
31    for(int k=i; k<=j; k++)
32      a[k]=temp[k];                           //临时数组 temp[] 的值转存回数组 a[]
33  }
34
35  int main()
36  {
37    scanf("%d",&n);
38    for(int i=0; i<n; i++)
39      scanf("%d",&a[i]);
40    MergeSort(0,n-1);
41    printf("%d\n",ans);
42    return 0;
43  }
```

2.STL 求逆序对

可以使用 STL 中的 vector 模拟插入排序的过程来求逆序对。查找插入位置时，使用 upper_bound() 即可，因为 upper_bound() 可以二分查找到第 1 个大于某数的数的位置。

参考代码如下。

```
1   // 求逆序对数 — STL（速度略慢）
2   #include <bits/stdc++.h>
3   using namespace std;
4
5   int n,ans,a[100001];
6   vector<int>v;
7
8   int main()
9   {
10    scanf("%d",&n);
11    for(int i=1; i<=n; i++)
12    {
13      scanf("%d",&a[i]);
14      int now=upper_bound(v.begin(),v.end(),a[i])-v.begin();
15      ans+=i-now-1;                                          // 累加逆序对数
16      v.insert(v.begin()+now,a[i]);                          // 将 a[i] 插到合适位置
17    }
18    printf("%d\n",ans);
19    return 0;
20  }
```

使用数据结构中的树状数组也可以解决求逆序对问题，树状数组将在《信息学竞赛宝典 数据结构基础》中进行介绍。

进一步的扩展是求多元逆序组，例如三元逆序组的定义为，对于 i ＜ j ＜ k，有 A[i] ＞ A[j] ＞ A[k]。由于是多元，归并排序已“无能为力”，可以考虑其他数据结构。

□ 7.2.2　绝境求生

【上机练习】绝境求生（mnpuzzle）POJ 2893

一只蚂蚁落入一个 $M \times N$ 的矩形陷阱，M 和 N 中至少有一个数是奇数。矩形陷阱中有 1 到 $M \times N - 1$ 个可以滑动的方块，0 代表空地。当 $M = 4$、$N = 3$ 时，矩形陷阱可能如图 7.7 所示。

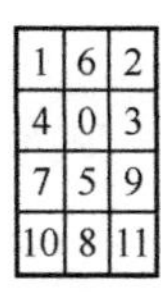

1	6	2
4	0	3
7	5	9
10	8	11

图 7.7

通过移动空地周围的方块，移成如图 7.8 所示的状态蚂蚁才可逃脱。

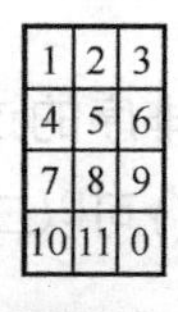

图 7.8

当 M = 4、N = 3 时，方块的移动顺序如图 7.9 所示。

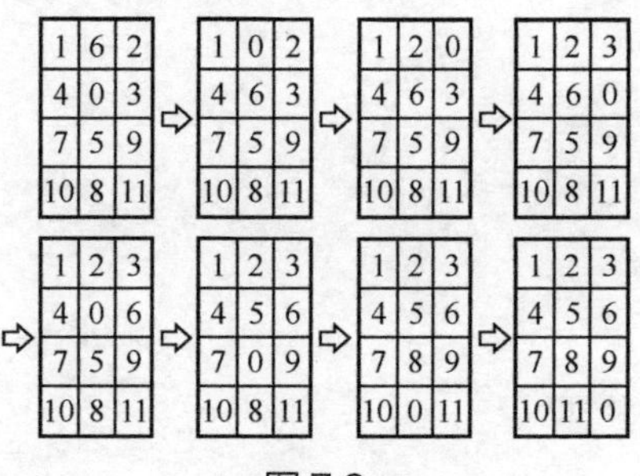

图 7.9

现在给定一个 $M \times N$ 的矩形陷阱，试计算蚂蚁能否逃脱。

【输入格式】

输入多组测试数据，每组数据第 1 行为两个整数 M 和 N（$2 \leqslant M, N \leqslant 999$），随后 M 行为各组测试数据。

全部测试数据输入完成后，以 0 0 结尾。

【输出格式】

对应每组测试数据输出答案，即蚂蚁是否能逃脱，能则输出“YES”，否则输出“NO”。

【输入样例】

```
3 3
1 0 3
4 2 5
7 8 6
4 3
1 2 5
4 6 9
11 8 10
3 7 0
0 0
```

【输出样例】

```
YES
NO
```

□7.2.3　学生排队

【上机练习】学生排队（happysort）2014 蓝桥杯

n 个学生站成一排，每个学生都有一个不高兴的程度，初始时所有学生的不高兴程度都是 0。

现在要把他们按身高从低到高的顺序排列，但是每次只能交换相邻位置的两个学生。

当某个学生第 k 次交换位置时，他的不高兴程度增加 k。例如某个学生第 1 次交换位置，则他的不高兴程度增加 1，如果第 2 次交换位置，则他的不高兴程度增加 2（即不高兴程度为 3），依此类推。

试求让所有学生从低到高排队，他们的不高兴程度之和最小是多少。

注意，如果有两个学生身高一样，则他们谁站在谁前面是没有关系的。

【输入格式】

第 1 行为一个整数 n（$1 \leqslant n \leqslant 100000$），表示学生的个数。

第 2 行为 n 个整数 $H_1, H_2,\cdots, H_n$（$0 \leqslant H_i \leqslant 1000000$），分别表示每个学生的身高。

【输出格式】

输出一个整数，表示学生的不高兴程度之和的最小值。

【输入样例】

3

3 2 1

【输出样例】

9

【样例说明】

首先交换身高为 3 和 2 的学生，再交换身高为 3 和 1 的学生，再交换身高为 2 和 1 的学生，每个学生的不高兴程度都是 3，总和为 9。

□7.2.4　火柴排队

【上机练习】火柴排队（match）NOIP 2013

琳琳有两盒火柴，每盒装有 n 根火柴，每根火柴都有一个高度。现在将每盒中的火柴各自排成一列，同一列火柴的高度互不相同，两列火柴之间的距离定义为 $\sum_{i=1}^{n}(a_i-b_i)^2$，其中 a_i 表示第 1 列火柴中第 i 根火柴的高度，b_i 表示第 2 列火柴中第 i 根火柴的高度。

每列火柴中相邻两根火柴的位置都可以交换，请你通过交换火柴使得两列火柴之间的距离最小。请问得到这个最小的距离，最少需要交换多少次？如果这个数字太大，请输出这个最少交换次数对 99999997 取模的结果。

【输入格式】

输入数据共3行，第1行为一个整数 n，表示每盒火柴中火柴的根数。

第2行有 n 个整数，每两个整数之间用一个空格分隔，表示第1列火柴的高度。

第3行有 n 个整数，每两个整数之间用一个空格分隔，表示第2列火柴的高度。

【输出格式】

输出一个整数，为最少交换次数对99999997取模的结果。

【输入样例1】

4

2 3 1 4

3 2 1 4

【输出样例1】

1

【样例1说明】

两列火柴之间的最小距离是0，最少需要交换1次位置。比如交换第1列的前2根火柴或者交换第2列的前2根火柴。

【输入样例2】

4

1 3 4 2

1 7 2 4

【输出样例2】

2

【样例2说明】

两列火柴之间的最小距离是10，最少需要交换2次位置。比如先交换第1列的中间2根火柴的位置，再交换第2列中后2根火柴的位置。

【数据规模】

对于10%的数据，$1 \leqslant n \leqslant 10$；

对于30%的数据，$1 \leqslant n \leqslant 100$；

对于60%的数据，$1 \leqslant n \leqslant 1000$；

对于100%的数据，$1 \leqslant n \leqslant 100000$，$0 \leqslant$ 火柴高度 $\leqslant 2^{31}-1$。

第 08 章　高精度算法

高精度算法是指参与运算的数（加数、减数、因数……）的范围大大超出了标准数据类型（整型或实型）能表示的范围的运算，例如计算两个 200 位的数的和，计算 100 的 100 次幂等运算。

算法竞赛中，加、减、乘的高精度算法应用较多，高精度除法的应用较少。

8.1 普及组

□ 8.1.1　被限制的加法

【上机练习】被限制的加法（add3）

仅用不超过 10 个的整型变量，编程计算出两个等长的 N（$1 < N < 10^7$）位正整数 A、B（无前导 0）相加的结果。

【输入格式】

第 1 行为一个数 N，表示正整数的位数。后面 N 行，每行两个数字，分别表示 A、B 的数值，输入的顺序是从正整数的最高位到最低位。

【输出格式】

输出一个整数，即两数的和。

【输入样例】

```
4
1 1
2 3
0 5
3 7
```

【输出样例】

```
2560
```

【样例说明】

输入样例表示要求1203与1357的和。

【内存限制】

100KB

【算法分析】

因为只能使用不超过10个的整型变量，所以无法定义数组以存入所有的输入数据，只能读一行数据处理一行数据。

显然，算法的关键是要解决进位引起的麻烦。由于只是两个数字相加，最多只会对上一位有进位1，而引发连续进位的只有一种情况：出现连续的9时后面出现了进位，如99999 + 1。

因此，这时可分为3种情况处理。

（1）当前计算的两个数（位数相同）的和sum < 9时，前位计算的结果不会受以后的进位影响，则可以输出当前的计算结果。

（2）当前计算的两个数（位数相同）的和sum = 9时，则使用变量n9记录连续9的个数，这样可以处理以后可能的连续进位。

（3）当前计算的两个数（位数相同）的和sum > 9时，引发高位的进位，则输出进位后的高位值，并将之前积累的连续n9个9以0输出。

例如计算788888 + 111314的值，运算过程如下：

（1）输入高位7 1，则sum = 7 + 1 = 8，因不确定后面是否有进位，故暂不输出，存于变量c；

（2）输入8 1，因sum = 8 + 1 = 9，则保存连续9的个数为1，即变量n9 = 1；

（3）输入8 1，因sum = 8 + 1 = 9，则保存连续9的个数为2，即变量n9 = 2；

（4）输入8 3，因sum = 8 + 3 = 11 > 9，引起最高位的进位，即c + 1 = 9，并将9输出，紧接着输出n9个0（即两个0），则n9 = 0，变量c保存sum/10的余数为1；

（5）输入8 1，因sum = 8 + 1 = 9，则保存连续9的个数为1，即变量n9 = 1；

（6）输入8 4，因sum = 8 + 4 = 12 > 9，引起高位进位，即c + 1 = 2，并将2输出，紧接着输出n9个0（即一个0），变量c保存余数，即c = sum-10 = 2；

（7）因已计算到个位，所以最后输出变量c。

请试着完成该程序。

□8.1.2　高精度加法

【例题讲解】高精度加法（add）

计算两个非负整数A、B的和，A、B的位数在5000以内。

【输入格式】

输入两行数据，第1行为一个非负整数A，第2行为一个非负整数B，A、B的位数均在5000以内。

【输出格式】

输出一个非负整数，即 A、B 之和。

【输入样例】

1111111111111111111111111111111111111111111111111

2222222222222222222222222222222222222222222222222

【输出样例】

3333333333333333333333333333333333333333333333333

【算法分析】

由于待处理的数据超过了任何一种数据类型所能表示的范围，因此可以先采用字符串形式输入数据，再将其转化为整型数组，以便后续处理。转化方式是将每一个字符的 ASCII 值减去 '0' 或者 48 后，按顺序保存。例如计算 1234567890 + 987654321 的值，初始化如图 8.1 所示。

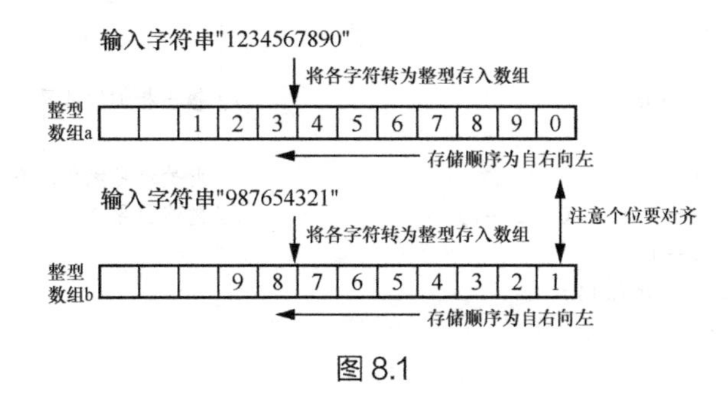

图 8.1

对整型数组 a[] 和 b[] 按算术运算规则进行运算之前，需要用变量记录两个整型数组的元素个数（即最大位数），这是因为高精度运算的结果可能使数据长度发生增减（最高位进位）。运算过程如图 8.2 所示。

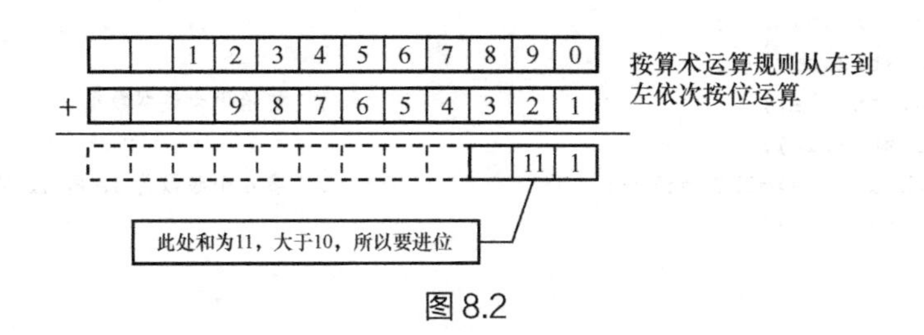

图 8.2

可以看到，当加到十位时，其和为 11，需要进位处理，处理方法：当第 i 位的值 $x \geqslant 10$ 时，则第 $i+1$ 位的值加 1，第 i 位的值变为 x 除以 10 的余数。

使用整型数组处理的参考代码如下（也可全部使用字符串型处理）。

```
1    //高精度加法
2    #include <bits/stdc++.h>
3    using namespace std;
4    const int MAXN=5001;
5
```

```
6     void Add(int x[],int y[],int ans[],int len)
7     {
8       for(int j=0; j<len; ++j)                   //从下标0开始逐位相加到len-1
9       {
10        ans[j]+=x[j]+y[j];                       //相加结果存到ans[]，注意是+=
11        for(int i=j; ans[i]>=10; ++i)
12        {
13          ans[i+1]++;                            //如写成ans[i+1]+=ans[i]/10，速度慢
14          ans[i]-=10;                            //如写成ans[i]%=10，速度慢
15        }
16      }
17    }
18
19    void Init(int x[],string str, int len)       //字符串倒序转换为整型数组
20    {
21      for(int i=0; i<len; i++)
22        x[len-i-1]=str[i]-'0';                   //此处采取下标0处个位对齐的方式
23    }
24
25    void Output(int ans[])                       //输出相加的结果
26    {
27      int i=MAXN-1;                              //此处还可优化，不必从MAXN-1开始
28      for(; ans[i]==0 && i>0; i--);              //忽略前导0
29      for(; i>=0; i--)
30        printf("%d",ans[i]);
31      printf("\n");
32    }
33
34    int main()
35    {
36      int a[MAXN]= {0},b[MAXN]= {0},ans[MAXN]= {0};
37      string str1,str2;
38      cin>>str1>>str2;
39      int la=str1.size();
40      int lb=str2.size();
41      Init(a,str1,la);                           //初始化为整型数组
42      Init(b,str2,lb);
43      Add(a,b,ans,la>=lb?la:lb);                 //第4个参数为la和lb的最大值
44      Output(ans);
45      return 0;
46    }
```

实际上，在某些题目里，使用字符串（string）型取代整型数组处理高精度加法运算更为方便，核心参考代码如下。

```
1     string Add(string a,string b)                //直接string+string，无须预处理
2     {
3       string ans(max(a.size(),b.size())+1,'0');  //设ans的串长度，并全部填充0
4       for(int i=ans.size()-1,l1=a.size(),l2=b.size(); i>=0; i--)       //倒序
5       {
6         int t=(ans[i]-'0')+(l1<1?0:a[--l1]-'0')+(l2<1?0:b[--l2]-'0');//逐位相加
7         ans[i]=t%10+'0';                                  //余数必须要转为字符后再保存
```

```
8          ans[i-1]=(ans[i-1]-'0'+t/10)+'0';                  //进位
9      }
10     for(; ans[0]=='0' && ans.size()>1; ans.erase(0,1));            //删前导 0
11     return ans;
12 }
```

□ 8.1.3　蜜蜂路线

【上机练习】蜜蜂路线（bee）

一只蜜蜂在图 8.3 所示的数字蜂房上爬行，已知它只能从标号小的蜂房爬到标号大的相邻蜂房，现在问你：蜜蜂从蜂房 M 爬到蜂房 N（$M < N$），有多少种爬行路线？

图 8.3

【输入格式】

输入 M、N（$M \leqslant 1000$，$N \leqslant 1000$）。

【输出格式】

输出一个整数，表示蜜蜂有多少种爬行路线。

【输入样例】

1 14

【输出样例】

377

□ 8.1.4　高精度减法

【上机练习】高精度减法（sub）

求出 $a-b$ 的值，a、b 均为非负整数，位数不超过 5000。

【输入格式】

输入共两行数据，第 1 行为一个非负整数 a，第 2 行为一个非负整数 b，a、b 的位数均在 5000 以内。

【输出格式】

输出一个整数，即 $a-b$ 的值。

【输入样例】

20000000000000000000000000000000000000000000000000000000

10000000000000000000000000000000000000000000000000000

【输出样例】

10000000000000000000000000000000000000000000000000000

高精度减法按由低位至高位的顺序依次进行减法运算，在每一次“位数运算”中，若出现低位不够减的情况，则向高位借位。

高精度减法需要考虑当小的数减大的数时结果出现负数的情况。所以当 $a < b$ 时，计算 $a-b$ 的值，可以先计算 $b-a$ 的值，再将结果取负输出即可。

□ 8.1.5 最大值减最小值

【上机练习】最大值减最小值（sub）

给定 n 个正整数，求其中最大值 - 最小值的值。

【输入格式】

第 1 行为一个整数 n（$2 \leqslant n \leqslant 100$）。

随后 n 行，每行一个整数 a（$1 \leqslant a \leqslant 10^{100}$）。

【输出格式】

输出计算结果。

【输入样例】

4

100

200

300

400

【输出样例】

300

□ 8.1.6 高精度数除以低精度数 1

【上机练习】高精度数除以低精度数 1（sample_div1）

输入一个被除数（位数≤ 5000）和一个除数（整型数据范围内），输出整数商，忽略小数。

【输入格式】

输入共两行：第 1 行为一个数字字符串，表示被除数；第 2 行为一个整数，表示除数。

【输出格式】

输出整数商，忽略小数。

【输入样例】

20

5

【输出样例】

4

【算法分析】

从被除数的最高位开始逐位读取，模拟除法的运算过程即可。例如计算 12345/7 的值，读取第 1 位数字 1，除以 7，得 0 余 1；读取第 2 位数字 2，此时余数是 12，12 除以 7 得 1 余 5；读取第 3 位数字 3，此时余数为 53，53 除以 7 得 7 余 4……

□ 8.1.7　高精度数除以低精度数 2

【上机练习】高精度数除以低精度数 2（sample_div2）

当输入高精度数 *a*（不超过 100 位）和低精度数 *b* 后，试求包含小数的 *a*/*b* 的值。

【输入格式】

输入数据共两行，第 1 行为高精度数 *a*（位数不超过 100），第 2 行为低精度数 *b*。

【输出格式】

输出格式为整数加小数（不包含小数点），不超过 100 位。如整数前有 0 或小数最末尾有 0，则自动舍弃；末尾一数为余数，与前面的结果以“,”分隔；如除数为 0，则输出“Divisor is 0”。

【输入样例 1】

1 5

【输出样例 1】

0.2,0

【输入样例 2】

1000 3333

【输出样例 2】

0.30003000300030003000300030003000300030003000300030003000300030003000300030003000300030003,1000

【输入样例 3】

1 123456789

【输出样例 3】

0.000000008100000073710000670761006103925155545718915466042130740983389742948846660834504613593991983,87077413

需要注意运算结果的小数点位置及将运算结果正确的输出，例如当运算结果为 0.0000…000XXX、X000…000 等形式时，如果误将有效位数（例如 0）消去，则代码无法通过评测。

□8.1.8 高精度乘法

【例题讲解】高精度乘法（mul）

已知 A 和 B 的值，A、B 的位数均不超过 5000，试求出 AB 的值。

【输入格式】

输入两行数字，即 A 和 B。

【输出格式】

输出一个整数，即 A 与 B 的乘积，运算结果不超过 5000 位。

【输入样例】

2

3

【输出样例】

6

【算法分析】

高精度乘法的实现略为复杂，模拟其运算过程如图 8.4 所示。

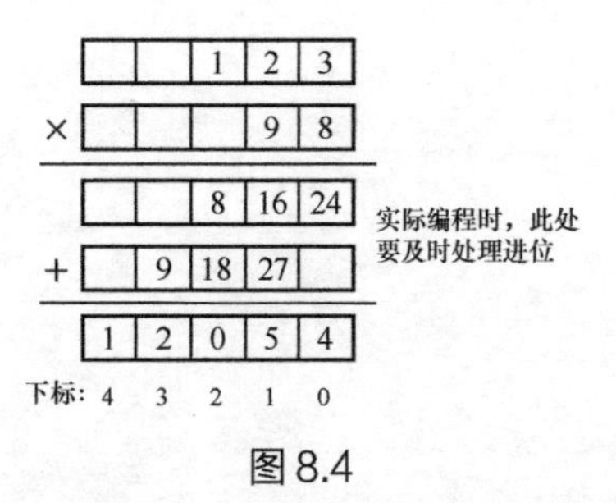

图 8.4

可以看出，第 i 位数与第 j 位数相乘，其乘积保存在第 $i+j-1$ 位即可。此外，还应及时对乘积大于或等于 10 的数进行处理，否则对于高精度的乘法运算，累积到最后再进行进位处理的话，有可能会导致数据溢出的错误出现。

□8.1.9 交流

【上机练习】交流（chat）

n 个人交流讨论，他们每个人都拥有一个有价值的想法，任意 3 个人的交流讨论会产生贡献值，贡献值为 3 个人想法的价值之和，求全部贡献值之和。

【输入格式】

第 1 行为一个整数 n（$n < 1000$）。

接下来 n 行，每行一个整数，表示第 i 个人想法的价值。

【输出格式】

输出一个整数，即全部的贡献值之和。

【输入样例】

4
2
3
4
5

【输出样例】

42

□8.1.10　最大乘积

【上机练习】最大乘积（最优分解高精度版）（maxmul）

一个正整数一般可以分解为几个互不相同的自然数的和，如 3 = 1 + 2、4 = 1 + 3、5 = 1 + 4 = 2 + 3、6 = 1 + 5 = 2 + 4……

现在你的任务是将指定的正整数 n 分解成若干个互不相同的自然数的和，且使这些自然数的乘积最大。

【输入格式】

输入一个正整数 n（$5 \leqslant n \leqslant 10000$）。

【输出格式】

第 1 行表示分解方案，相邻的数之间用一个空格分隔，并且按由小到大的顺序排列。

第 2 行表示最大的乘积。

【输入样例】

10

【输出样例】

2 3 5
30

□8.1.11　盒子与球

【上机练习】盒子与球（ball）

有 N 个不同的球，想把它们放到 M 个相同的盒子里，并且要求每个盒子中至少要有一个球，请问有多少种方案?

【输入格式】

输入多组数据（不超过 10 组），每行两个数 N、M（$1 \leqslant N, M \leqslant 100$）。

【输出格式】

每组数据输出一行，每行一个数，表示每组输入数据对应的方案数。

【输入样例】

4 2

【输出样例】

7

【样例说明】

7 种方案数分别如下:

1，2 3 4

2，1 3 4

3，1 2 4

4，1 2 3

1 2，3 4

1 3，2 4

1 4，2 3

□8.1.12　国王游戏

【上机练习】国王游戏（game）NOIP 2012

国王邀请 n 位大臣来玩一个有奖游戏。首先，他让每位大臣在左、右手上面分别写下一个整数，国王自己也在左、右手上各写一个整数。然后，这 n 位大臣排成一排，国王站在队伍的最前面。排好队后，所有的大臣都会获得国王奖赏的若干金币，每位大臣获得的金币数为排在该大臣前面的所有人的左手上写的数的乘积除以他自己右手上写的数，然后向下取整得到的结果。

国王不希望某一位大臣获得特别多的奖赏，所以他想请你帮他重新安排一下队伍的顺序，使得获得奖赏最多的大臣，所获的奖赏尽可能少。注意，国王的位置始终在队伍的最前面。

【输入格式】

第 1 行为一个整数 n（$1 \leqslant n \leqslant 1000$），表示大臣的人数。

第 2 行为两个整数 a 和 b（$0 < a$，$b < 10000$），分别表示国王左手和右手上写的整数。接下来 n 行，每行为两个整数 a 和 b，分别表示每个大臣左手和右手上写的整数。

【输出格式】

输出只有一行，包含一个整数，表示重新排列后的队伍中获奖赏最多的大臣所获得的金币数。

【输入样例】

3
1 1
2 3
7 4
4 6

【输出样例】

2

【样例说明】

按 1、2、3 号大臣这样排列队伍，获得奖赏最多的大臣所获得的金币数为 2；按 1、3、2 这样排列队伍，获得奖赏最多的大臣所获得的金币数为 2；按 2、1、3 这样排列队伍，获得奖赏最多的大臣所获得的金币数为 2；按 2、3、1 这样排列队伍，获得奖赏最多的大臣所获得的金币数为 9；按 3、1、2 这样排列队伍，获得奖赏最多的大臣所获得的金币数为 2；按 3、2、1 这样排列队伍，获得奖赏最多的大臣所获得的金币数为 9。因此，奖赏最多的大臣最少获得 2 个金币，答案输出 2。

8.2 提高组

□ 8.2.1　万进制高精度运算

【上机练习】万进制高精度运算（cal）

试用万进制高精度算法计算两个非负整数 A、B 的和、差、积，A、B 的位数在 50000 以内。

【输入格式】

输入两行数据，第 1 行为一个非负整数 A，第 2 行为一个非负整数 B，A、B 的位数均在 50000 以内。

【输出格式】

输出共 3 行：第 1 行为一个非负整数，即两数之和；第 2 行为一个非负整数，即两数之差；第 3 行为一个非负整数，即两数之积。

【输入样例】

5

2

【输出样例】

7

3

10

【算法分析】

普通的高精度数存储方法是用一个整型数组来表示一个很大的数，数组中的每一个元素表示一位十进制数字。但如果十进制数的位数很多，则对应数组的长度会很长，也增加了高精度计算的时间。那么有什么方法可以提高高精度数的运算效率呢?

我们可以采用扩大进制数的方法，即用一个数组元素记录2位数字、3位数字或更多位数字。理论上来说，数组中的每个元素表示的数字越多，数组的长度就越短，程序运行的时间也就越短。但是，考虑到计算机中的一个数的取值范围，即必须保证它在运算过程中不会越界，因此用整型数组记录 4 位数字是最佳的方案（如仅有高精度加法或减法，可以考虑使用亿进制等）。这个数组的每一个元素都是万进制下的数，如图 8.5 所示。

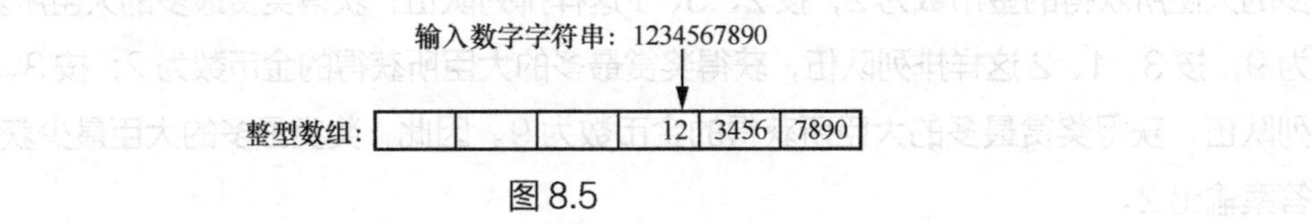

图 8.5

万进制高精度运算的具体运算过程与普通高精度运算过程类似，只不过进制由十变为万。

□8.2.2 高精度幂

【例题讲解】高精度幂（evolution）

求一个正整数 a 的 N 次幂，但只要求输出最后1000 位数。

【输入格式】

输入 a（$1 < a < 10^{100}$）和 N（$1 < N < 10^{8}$）。

【输出格式】

输出运算结果的最后1000 位数。若不够1000 位，则输出实际位数；若超过1000 位，即使首位为 0 也同样输出。

【输入样例】

2 10

【输出样例】

1024

【算法分析】

如果单纯使用高精度乘法的代码，时间复杂度过高，显然不够好，这里可以利用“反复平方”的技术来“加速”。例如当 $N = 17$ 时，可以按照下述方式“加速”：

（1）$a \times a = a^2$；

（2）$a^2 \times a^2 = a^4$；

（3）$a^4 \times a^4 = a^8$；

（4）$a^8 \times a^8 = a^{16}$；

（5）$a^{16} \times a = a^{17}$；

这样只需进行 5 次乘法运算就可以了。实际编程时可以采取降幂的方法，即 $a^N = (a^2)^{\frac{N}{2}}$ 。

□8.2.3　分组

【上机练习】分组（group）

n 个人站成一排，编号为 1 ～ n，现将他们分成多组，要求每组人数不为 0 且每组人的编号都是连续的（如 2、3、4 是连续的，而 2、4 不是连续的），请问有几种分法?

【输入格式】

输入一个整数 n。

【输出格式】

输出一个整数，表示有多少种分法。

【输入样例】

4

【输出样例】

8

□8.2.4　高精度阶乘

【例题讲解】高精度阶乘（factorial）

输入一个数 n，求 n 的阶乘，即 $n!$ 是多少。当 $n = 5$ 时，$n! = 5×4×3×2×1 = 120$。

【输入格式】

只输入一个数 n（$n < 10000$）。

【输出格式】

输出 n!。

【输入样例】

3

【输出样例】

3!=6

【时间限制】

1 秒

【算法分析】

使用普通的高精度算法计算该题时，会发现当 n 过大时会导致程序运行超时。一种简单的优化方法是先使用普通运算进行两两相乘，再进行高精度运算。例如计算 10! 时，可以先用普通运算算出 10×9、8×7、6×5、4×3、3×2 的值，再用高精度乘法将 5 个值相乘。

更进一步，可使用 64 位整数类型进行三三相乘或四四相乘的优化，但优化效果已不明显。

可将 5000!、6000!、7000!、8000! 等结果事先存入字符串，再在此基础上进行运算，这种方法一般称为“打表”。虽然这样做有点取巧的嫌疑，但在比赛中，只要参赛者所写的源代码（又称源码）占用的空间不超过比赛规定就可以了。NOI 系列比赛规定提交的源代码占用空间不大于 100KB。

□8.2.5 国债计算

【上机练习】国债计算（debt）POJ 1001

对数值很大、精度很高的数进行高精度计算是一类十分常见的问题。比如对国债进行计算就属于这类问题。

现在你要解决的问题是，对一个实数 R（$0.0 < R < 99.999$），要求写出程序精确计算 R 的 n 次幂（R^n），其中 n（$0 < n \leqslant 25$）是整数。

【输入格式】

输入多组 R 和 n，R 的值占第 1～6 列（包括小数点），n 的值占第 8 和第 9 列（见下方“输入样例”可将每个数位上的数字还有小数点视为占一列）。

【输出格式】

对于每组输入数据，输出一行，该行中的数据为精确的 R 的 n 次幂。输出时需要去掉前导的 0 和后面多余的 0。如果输出是整数，不要错误地输出小数点。

【输入样例】

95.123 12

0.4321 20

5.1234 15

6.7592 9

98.999 10

1.0100 12

【输出样例】

548815620517731830194541.899025343415715973535967221869852721

.0000000514855464107695612199451127676715483848176020072635120383542
9763013462401

43992025569.928573701266488041146654993318703707511666295476720493953024

29448126.7641210216181644302069090371732766 72

90429072743629540498.107596019456651774561044010001

1.126825030131969720661201

□8.2.6　组合数的高精度算法

【上机练习】组合数的高精度算法（combin）

在一个 $M \times N$ 的网格棋盘中，从左下角 (1,1) 开始走到右上角 (M,N)，每次只能向上或向右走，试问有多少种不同的走法？

【输入格式】

输入两个整数 M（$1 \leqslant M \leqslant 1000$），$N$（$1 \leqslant N < 10^{40}$）。

【输出格式】

输出一个整数，表示有多少种不同的走法。

【输入样例】

2 2

【输出样例】

2

从 (1,1) 走到 (M,N)，无论如何都必须向上走 $N-1$ 步，向右走 $M-1$ 步，共 $N+M-2$ 步。如果向上走用 1 表示，向右走用 0 表示，那么问题就转化为求长度是
$N+M-2$ 的二进制数中有 $N-1$ 个 1 的数有多少。

显然，计算组合数 $C(N+M-2,N-1)$ 即可。

□1. 算法 1

利用帕斯卡恒等式 $C_M^N = C_{M-1}^N + C_{M-1}^{N-1}$ 设计一个递归函数非常简单，但是递归算法的弱势和 N、M 的取值范围都决定了这样的算法无法得出全部解。

进一步的优化是将该式改成递推算法，并且使用滚动数组来优化存储空间，因为 C[M][x] 的值仅仅是其上一级 C[M-1][x] 递推而来的。滚动数组的运算过程如图 8.6 所示。

递推算法在运算速度上提高了很多，但当 M 和 N 过大时会导致数据溢出的错误，即使改成高精度运算，也难以处理全部数据。我们可以将组合公式 $C_M^N = M!/[N! \times (M-N)!]$ 展开，得

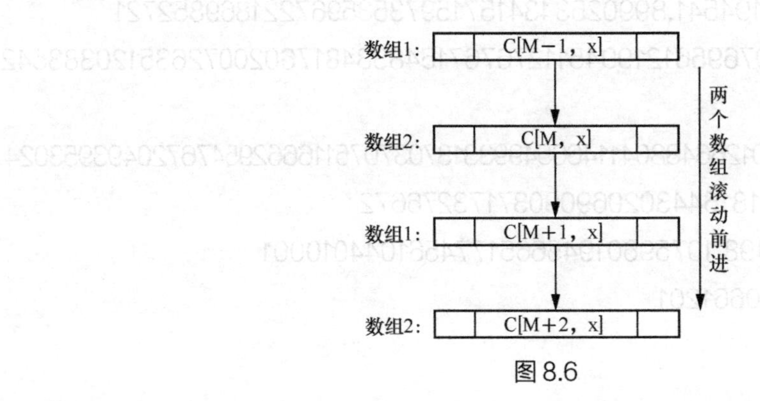

图 8.6

$$C_M^N = \frac{M \times (M-1) \times (M-2) \times \cdots \times (M-N+1)}{1 \times 2 \times 3 \times \cdots \times N}$$

其本质就是分子从 M 到 $M-N+1$ 连乘了 N 次，分母从 1 到 N 也连乘了 N 次。由于 N 个连续自然数相乘的积一定能被 $N!$ 整除，因此程序中先乘 M 除以 1，然后乘 $M-1$ 除以 2，再乘 $M-2$ 除以 3……最后乘 $M-N+1$ 除以 N 即可。

具体实现时，需要使用万进制高精度运算，否则连乘时会因数据过大而导致发生数据溢出的错误。

2. 算法 2

对于公式 $C_M^N = M!/[N! \times (M-N)!]$，其实是可以将其分子和分母约分至仅剩分子部分的。

例如 C_{15}^3 的操作过程如下。

（1）将小于 15 的素数（又称质数），即 2,3,5,7,11,13 存在数组 Prime[] 中。

（2）计算 $M!$ 中各质因数的使用次数，存至数组 Used[] 中。

（3）计算 $N!$ 中各质因数的使用次数，与先前存到 Used[] 中的质因数个数相抵。

（4）计算 $(M-N)!$ 中各质因数的使用次数，与先前存到 Used[] 中的质因数个数相抵。

（5）根据 Used[] 中各质因数的个数（即 1 个 5、1 个 7、1 个 13），则 $C_M^N = 5 \times 7 \times 13 = 455$。

计算阶乘的质因数个数有一个技巧，例如求 15! 有多少个 2 的质因数，不是依次分解 15 的质因数，再分解 14 的质因数……而是把 15 个数作为整体进行分解，即 15/2 + 7/2 + 3/2 = 7 + 3 + 1 = 11 个质因数 2。

□ 8.2.7　高精度数除以高精度数

【例题讲解】高精度数除以高精度数（div）

试编程求出高精度数 A、B 的整数商和余数。

【输入格式】

输入两个整数 A、B，用空格分隔，A、B 的位数均不超过 5000。

【输出格式】

输出 A/B 的结果，整数部分加小数部分共 5000 位（不包括小数点）。但如果能整除，后面的 0 省略。当 B 为 0 时，输出“Divisor is 0”。

【输入样例 1】

100 0

【输出样例 1】

Divisor is 0

【输入样例 2】

1 2

【输出样例 2】

0.5

【算法分析】

考虑到除法运算的特点及易于编写代码的目的，可以使用字符串直接保存数字而无须个位对齐，也不需转换为整数（计算时再转为整数计算即可）。例如一个 8 位数字的字符串“12345678”，保存的形式如图 8.7 所示。

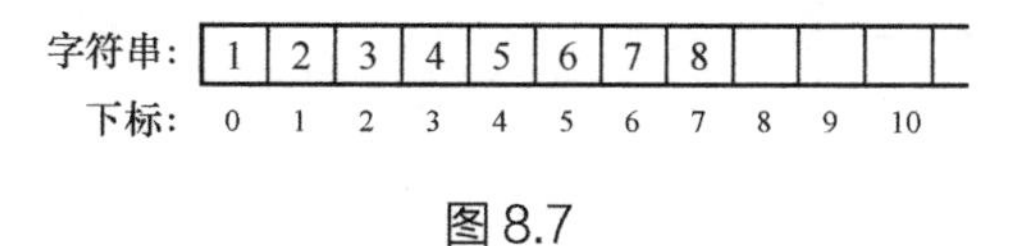

图 8.7

用字符串存储好除数和被除数后，就可以按手动求商的竖式除法原理来编写程序了。定义 x 为被除数，y 为除数，ans 保存商，now 为截取的被除数的一部分（用于进行除法运算），则除法运算过程大致如图 8.8 所示。

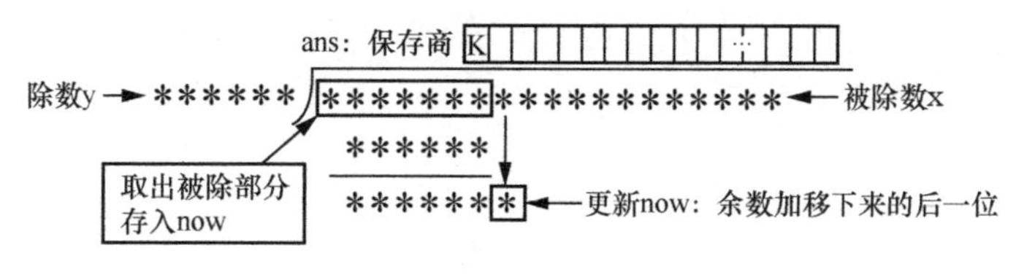

图 8.8

可以看出，先取与除数相同长度被除数的左子串存入 now，试商时不必用 0 ～ 9 这 10 个数字分别去乘除数 y 的方法来一次次反复计算比较。因为 k 的值可以使用二分法来求，即预先将除数乘以 0 ～ 9 的乘积保存到字符串数组 test[] 中，每次试商时，只要将 now 与 test[] 数组二分比较大小就可以了。

方便起见，计算过程中无须考虑小数点的位置，计算结束后再将小数点插入正确位置。

第 09 章　搜索算法

搜索算法是利用计算机的高性能来有目的地穷举一个问题的部分或所有的可能情况，从而求出问题的解的一种方法。搜索算法一般要根据题目条件进行巧妙的优化和剪枝，以提高搜索的效率。

9.1 普及组

□9.1.1　四色地图

【例题讲解】四色地图（map）

对于任意一张地图，如图 9.1 所示，试用 4 种颜色涂色，使任意相邻区域不存在相同颜色。

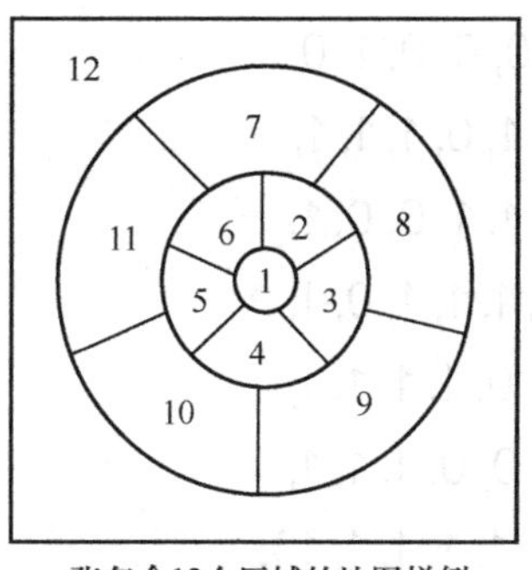

一张包含12个区域的地图样例

图 9.1

【输入格式】

第 1 行为 N（$1 < N \leqslant 26$），表示区域数。随后 N 行描述各区域之间是否相邻。

【输出格式】

以 1,2,3,4 分别代表 4 种颜色，输出各区域的颜色编号（最小字典序）。

【输入样例】

4

1 2 3

2 1 4
3 1 4
4 3 2

【输出样例】

1 2 2 1

【样例说明】

输入样例第 2 行的 1 2 3 表示区域 1 与区域 2、3 相邻，以下 3 行同理。

输出样例中的 1 2 2 1 表示区域 1,2,3,4 的颜色编号分别为 1,2,2,1。

【算法分析】

可以用一个二维数组来表示地图中各区域之间的关系，用 0 表示两区域无相邻情况，1 表示两区域有相邻情况，例如定义了布尔型数组 Map[13][13]，Map[1][2] = 1 表示区域 1 与区域 2 有相邻情况，Map[9][7] = 0 表示区域 9 与区域 7 无相邻情况，规定 Map[i][i] = 1。

图 9.1 的二维数组可以定义如下：

```
bool Map[13][13] = { 0, 0, 0, 0, 0, 0, 0, 0, 0, 0, 0, 0, 0,
          0, 1, 1, 1, 1, 1, 1, 0, 0, 0, 0, 0, 0,
          0, 1, 1, 1, 0, 0, 1, 1, 1, 0, 0, 0, 0,
          0, 1, 1, 1, 1, 0, 0, 0, 1, 1, 0, 0, 0,
          0, 1, 0, 1, 1, 1, 0, 0, 0, 1, 1, 0, 0,
          0, 1, 0, 0, 1, 1, 1, 0, 0, 0, 1, 1, 0,
          0, 1, 1, 0, 0, 1, 1, 1, 0, 0, 0, 1, 0,
          0, 0, 1, 0, 0, 0, 1, 1, 1, 0, 1, 1, 1,
          0, 0, 1, 1, 0, 0, 0, 1, 1, 1, 0, 0, 1,
          0, 0, 0, 1, 1, 0, 0, 0, 1, 1, 1, 0, 1,
          0, 0, 0, 0, 1, 1, 0, 0, 0, 1, 1, 1, 1,
          0, 0, 0, 0, 0, 1, 1, 1, 0, 0, 1, 1, 1,
          0, 0, 0, 0, 0, 0, 0, 1, 1, 1, 1, 1, 1};
```

4 种颜色分别用 1、2、3、4 来代表，类似于 N 皇后问题，从区域 1 开始涂色。按 4 种颜色的排列顺序，首先选择第 1 种颜色，然后检查相邻的区域是否已涂有该颜色，若不冲突，则涂色，否则选择下一种颜色，再判断……如果 4 种颜色都不能被选择，则需回溯到上一区域。

当区域 1 颜色确定之后，依次对区域 2、区域 3……进行处理，当所有区域都被涂上颜色后，即得到一种解法。

该题的一个难点是当程序读入 n 行数据时，不知道每一行有多少数据。

在不知道每行数据个数的情况下读入所有数据的参考代码如下。

```
1   //读取n行数，但不知道每行有多少个数的参考代码
2   #include <bits/stdc++.h>
3   using namespace std;
4
5   inline bool IsNumber(char c)                          //判断字符c是否为数字
6   {
7     return (c>='0' && c<='9');
8   }
9
10  int main()
11  {
12    char c;
13    int n;
14    scanf("%d",&n);                                     //输入n，表示有n行数据
15    getchar();                                          //抵消行末的换行符
16    for(int i=1; i<=n; i++)                             //循环输入n行数据
17      do
18      {
19        int num=0;
20        while(IsNumber(c=getchar()))                    //记录连续数字
21          num=num*10+c-'0';                             //转成数字
22        cout<<num<<' ';                                 //此处可写成保存num的语句
23      }while(c!='\n');                                  //当字符c不是换行符时
24    return 0;
25  }
```

根据图 9.1 编写的简单示例代码如下，请模仿该代码编写本题的完整代码。

```
1   //四色地图简单样例代码
2   #include <bits/stdc++.h>
3   using namespace std;
4
5   bool Map[13][13]= {0,0,0,0,0,0,0,0,0,0,0,0,0,
6                      0,1,1,1,1,1,1,0,0,0,0,0,0,
7                      0,1,1,1,0,0,1,1,1,0,0,0,0,
8                      0,1,1,1,1,0,0,0,1,1,0,0,0,
9                      0,1,0,1,1,1,0,0,0,1,1,0,0,
10                     0,1,0,0,1,1,1,0,0,0,1,1,0,
11                     0,1,1,0,0,1,1,1,0,0,0,1,0,
12                     0,0,1,0,0,0,1,1,1,0,1,1,1,
13                     0,0,1,1,0,0,0,1,1,1,0,0,1,
14                     0,0,0,1,1,0,0,0,1,1,1,0,1,
15                     0,0,0,0,1,1,0,0,0,1,1,1,1,
16                     0,0,0,0,0,1,1,1,0,0,1,1,1,
17                     0,0,0,0,0,0,0,1,1,1,1,1,1
18                    };                              //此数组表示图9.1所示的地图
19  int Color[13];                                      //存放各区域的颜色值，初始颜色均为0
20
21  int Try(int k)                                      //检查相邻区域是否有颜色冲突
22  {
23    for(int i=1; i<=12; i++)
24      if(Map[k][i])                                   //如果有相邻区域
25        if(Color[i]==Color[k] && k!=i)                //如果相邻区域颜色相同
```

```
26          return 0;                           //颜色冲突，返回 0
27      return 1;
28  }
29
30  int main()
31  {
32      int k=1;                                //k 为要涂色区域的编号
33      while(k<=12)
34      {
35          Color[k]++;                         //颜色值加 1
36          while((Color[k]<=4) && (!Try(k)))   //循环，直到能找到合适的颜色
37              Color[k]++;
38          if(Color[k]>4)                      //如果 4 种颜色都不能被选择，则回溯到上一区域
39              k--;                            //回到上一区域
40          else                                //如还有区域未涂色，则继续涂下一区域
41              Color[++k]=0;                   //k 指向下一区域，初始颜色为 0
42      }
43      for(int i=1; i<=12; i++)
44          printf("%d",Color[i]);
45      return 0;
46  }
```

9.1.2 迷宫问题

【例题讲解】迷宫问题（labyrinth）

如图 9.2 所示，有一个 m 行 n 列的 0-1 矩阵，其中 0 表示无障碍，1 表示有障碍。设入口为 (1,1)，出口为 (m,n)，每次移动只能从一个无障碍的单元移到其周围 8 个方向上任一无障碍的单元，编程给出一条通过迷宫的路径或报告一个“无路”的信息。

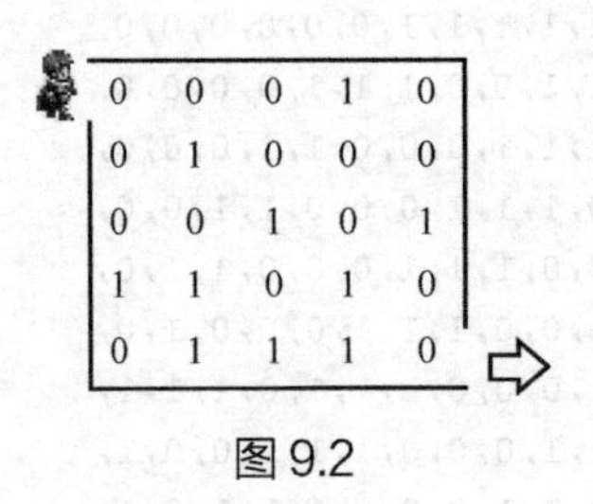

图 9.2

【输入格式】

第 1 行为两个整数，即 m 和 n（$1 < m < 100$，$1 < n < 100$）。

接下来 m 行，每行有 n 个整数，表示 m 行 n 列的 0-1 矩阵。

【输出格式】

依次输出路径的坐标。若“无路”，则输出 -1。

【输入样例】

2 2

0 0

0 0

【输出样例】

1 1

2 1

2 2

【样例说明】

不同的搜索方式，得到的结果不同，所以测试数据仅作参考。

1. 广度优先搜索

广度优先搜索（BFS）是利用队列的特点一层一层向外寻找可走的点，直到找到出口为止。

如图 9.3 所示，首先将初始坐标 (1,1) 存入队首，如果该坐标周围 8 个方向有可走的位置，则将所有可走方向的位置坐标存入队列并记录上一步的步号。例如坐标 (1,2) 和 (2,1) 可走，则将坐标 (1,2) 和 (2,1) 存入队列。随后将 (1,1) 坐标出列，再继续以队首 (1,2) 的位置坐标为起点探测，发现坐标 (1,3) 和 (2,3) 可走，则将坐标 (1,3) 和 (2,3) 存入队列。随后将队首 (1,2) 坐标出列……已经存入队列的就不能重复进队了，如此反复，直到到达终点坐标或队列为空。

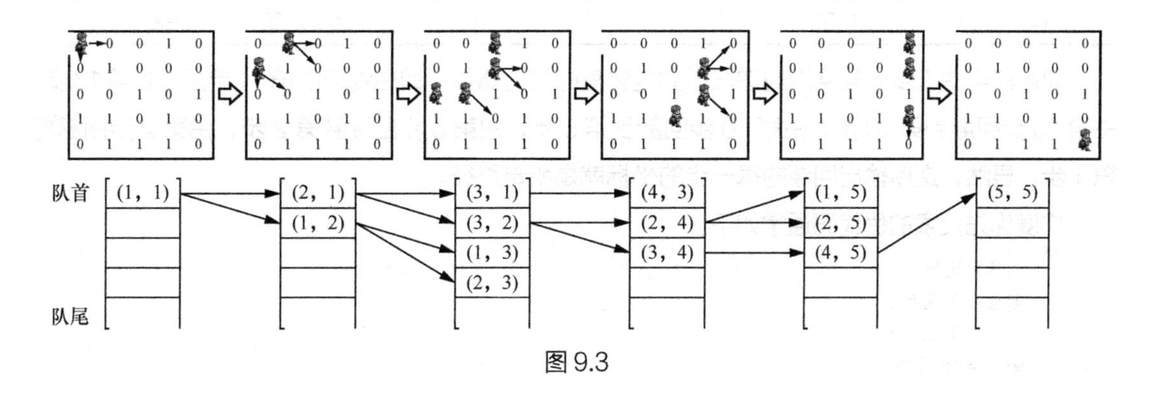

图 9.3

如表 9.1 所示，为方便搜索到当前位置周围 8 个方向的位置坐标，可以使用二维数组 dir[8][2] 提前存储 8 个方向的偏移量。例如从 (x, y) 位置向南出发，则下一个位置的坐标就应为 (x + x 轴偏移量，y + y 轴偏移量)，即 $(x + 0, y + 1)$；若向西北方向出发，则下一个位置的坐标就应为 $(x-1, y-1)$。

表 9.1

方向	南	西南	西	西北	北	东北	东	东南
下标	0	1	2	3	4	5	6	7
x 轴偏移量	0	−1	−1	−1	0	1	1	1
y 轴偏移量	1	1	0	−1	−1	−1	0	1

为防止走回原路，走过的位置需要做个标记，而且要记住当前步是从哪一步走过来的。以图 9.2 所示的迷宫为例，搜索过程如表 9.2 所示。

表 9.2

步号	位置坐标	上步步号	说明
1	(1,1)	0	
2	(2,1)	1	此步由第 1 步而来
3	(1,2)	1	此步由第 1 步而来
4	(3,1)	2	此步由第 2 步而来
5	(3,2)	2	此步由第 2 步而来
6	(1,3)	3	此步由第 3 步而来
7	(2,3)	3	此步由第 3 步而来
8	(4,3)	4	此步由第 4 步而来
9	(2,4)	5	此步由第 5 步而来
10	(3,4)	5	此步由第 5 步而来
11	(1,5)	9	此步由第 9 步而来
12	(2,5)	9	此步由第 9 步而来
13	(4,5)	10	此步由第 10 步而来
14	(5,5)	13	此步由第 13 步而来

随后即可由上步步号回溯或递归得到走迷宫的最短路径，即由终点的第14步回溯到第13步，由第 13 步回溯到第 10 步，由第 10 步回溯到第 5 步，由第 5 步回溯到第 2 步，由第 2 步回溯到第 1 步。显然，逆序输出回溯的每一步的坐标就是所走路径。

广度优先搜索的伪代码通常如下。

```
1   初始化队列Q
2   起点 s 入队列 Q
3   标记 s 为已访问
4   while(Q 非空)
5   {
6     取队首元素
7     队首元素出队
8     if(队首元素 == 目标状态)
9         处理并退出
10    所有与队首元素相邻并且未访问过的点进入队列并标记为已访问
11  }
```

参考代码如下。

```
1   //迷宫问题 —广度优先搜索
2   #include <bits/stdc++.h>
3   using namespace std;
4   const int N=105;
5
6   struct M
```

```
7     {
8       int  x,y;
9       bool vis;                                          // 走过的位置标记为 1，以防走回去
10    } pre[N][N];
11    bool Map[N][N];                                      // 保存地图
12    int m,n;
13    int dir[8][2]= {{0,1},{-1,1},{-1,0},{-1,-1},{0,-1},{1,-1},{1,0},{1,1}};
14
15    bool In(int x,int y)                                 // 判断坐标是否越界
16    {
17      return (x>0 && x<=m && y>0 && y<=n);
18    }
19
20    void PrintWay(int x,int y)                           // 递归输出路径
21    {
22      if (x==1 && y==1)
23        printf("%d %d\n",x,y);
24      else
25      {
26        PrintWay(pre[x][y].x,pre[x][y].y);
27        printf("%d %d\n",x,y);
28      }
29    }
30
31    void BFS()
32    {
33      queue<M>q;                                         // 定义一个队列
34      q.push(M {1,1});                                   // 入队列，注意这是 C++11 写法
35      pre[1][1].vis=true;                                // 起始点坐标标记为已走过
36      while (!q.empty())
37      {
38        M cur=q.front();
39        q.pop();                                         // 出队列
40        if(cur.x==m && cur.y==n)                         // 找到出口
41        {
42          PrintWay(m,n);
43          exit(0);                                       // 直接退出程序，返回 0 值
44        }
45        for (int i=0; i<=7; i++)                         // 尝试 8 个方向可否通行
46        {
47          int x=cur.x+dir[i][0];
48          int y=cur.y+dir[i][1];
49          if (In(x,y) && !pre[x][y].vis && !Map[x][y])   // 如果该坐标可走
50          {
51            q.push(M {x,y});                             // 坐标入队，C++11 写法
52            pre[x][y].x=cur.x;                           // 存入上一步的坐标
53            pre[x][y].y=cur.y;
54            pre[x][y].vis=true;
55          }
56        }
57      }
58    }
```

```
59
60  int main()
61  {
62    cin>>m>>n;
63    for (int i=1; i<=m; i++)
64      for (int j=1; j<=n; j++)
65        scanf("%d",&Map[i][j]);
66    BFS();
67    puts("-1");
68    return 0;
69  }
```

2. 深度优先搜索

深度优先搜索（DFS）的特点是从一个顶点开始，沿着一条路一直走到底，如果发现不能找到目标解，那就返回到上一个结点，尝试从另一条路开始一直走到底。这种尽量往“深处”走的概念即深度优先的概念。

深度优先搜索的递归伪代码通常如下。

```
1   void DFS(int depth)
2   {
3     if (depth==n)                                  //深度超过范围，说明找到了一个解
4     {
5       // 找到了一个解，对这个解进行处理
6       return;
7     }
8     for (int i=0; i<n; i++)                        //扩展结点
9     {
10      // 处理结点
11      …
12      // 继续搜索
13      DFS(depth+1);
14      // 部分问题需要恢复状态，如N皇后问题
15      …
16    }
17  }
```

参考代码如下。

```
1   //迷宫问题 — 深度优先搜索
2   #include <bits/stdc++.h>
3   using namespace std;
4   const int N=105;
5
6   bool Map[N][N];
7   int path[N][N];
8   int n,m;
9   int dir[8][2]= {{1,0},{1,1},{0,1},{-1,1},{-1,0},{-1,-1},{0,-1},{1,-1}};
10
11  bool In(int x,int y)
12  {
13    return (x>0 && x<=m && y>0 && y<=n);
```

```
14  }
15
16  int DFS(int x,int y,int last)
17  {
18    path[x][y]=last;                                        //保存前驱
19    if(x==m && y==n)
20      return 1;
21    for(int i=0; i<=7; i++)                                 //查找相邻坐标
22    {
23      int xx=x+dir[i][0];
24      int yy=y+dir[i][1];
25      if(In(xx,yy) && !path[xx][yy] && !Map[xx][yy] )       //如果该坐标可走
26        if(DFS(xx,yy,i+1))                                  //如果递归下去能走通
27          return 1;
28    }
29    return 0;
30  }
31
32  void PrintWay(int x,int y)                                //输出路径
33  {
34    if(y==1 && x==1)
35      cout<<1<<" "<<1<<endl;
36    else
37    {
38      int u=path[x][y]-1;
39      PrintWay(x-dir[u][0],y-dir[u][1]);
40      cout<<x<<" "<<y<<endl;
41    }
42  }
43
44  int main()
45  {
46    cin>>m>>n;
47    for(int i=1; i<=m; i++)
48      for(int j=1; j<=n; j++)
49        cin>>Map[i][j];
50    if(DFS(1,1,0))
51      PrintWay(m,n);
52    else
53      puts("-1");
54    return 0;
55  }
```

□ 9.1.3　骑士遍历 1

【例题讲解】骑士遍历 1（knight1）

如图 9.4 所示，骑士骑马从左下角 A 点出发，马只能向右走，有 4 个方向，编号为 1 ～ 4。根据“马走日字”的规则，如何走才能到达右上角 B 点？

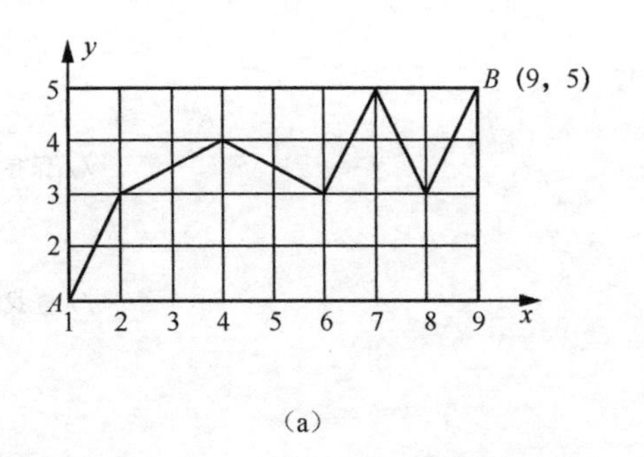

（a）

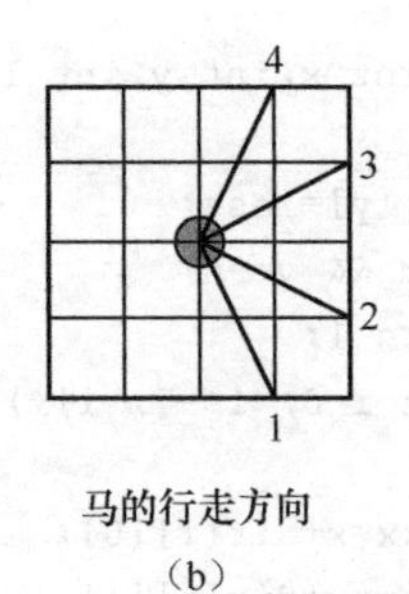

马的行走方向

（b）

图 9.4

【输入格式】

输入两个整数 x、y($x \leqslant 10000$，$y \leqslant 10000$)，代表右上角 B 点坐标为 (x,y)，例如图 9.4 中 B 点的 x、y 坐标分别为 9 和 5，A 点默认为 (1,1)。

【输出格式】

马走的路径，例如图 9.4（a）的路径可表示为 4 3 2 4 1 4（马的行走方向编号）。但注意，为了保证结果唯一，规定马尝试各方向的顺序如图 9.4（b）所示，依次为 1、2、3、4。因此，图 9.4（a）的路径顺序实际应为 3 2 4 1 4 4。如果无路可走，则输出 -1。

【输入样例】

5 5

【输出样例】

4 1 4 4

此题可采用回溯算法，其核心思想有以下两点。

（1）在无法知道走哪条路正确时，只能任选一条路试试看。

（2）当从某点出发，所有可能到达的点都不能够到达目标时，则说明到达此点是错误的，必须回到此点的上一个点，然后重新选择一个点。

为了回溯方便，必须记录下每步的方向。马在任一点上最多只可能有 4 个前进方向，记为 P_1、P_2、P_3、P_4，若用 k 表示这 4 个方向，则 k = 1,2,3,4。马从某一点出发，首先沿 k = 1 的方向前进，当走完此方向所有的可能路径而达不到目标时，就进行回溯，将 k 的值改为 2 后沿该方向再试……

设 P 点坐标为 (x, y)，则能够到达的点的坐标分别为 $P_1(x+1, y-2)$、$P_2(x+2, y-1)$、$P_3(x+2, y+1)$、$P_4(x+1, y+2)$。为了简化计算中的判断，引入增量数组：

```
1    int dx[5]= {0, 1, 2,2,1};                    // 控制 x 方向的增量数组
2    int dy[5]= {0,-2,-1,1,2};                    // 控制 y 方向的增量数组
```

例如从 A 点出发，先按 k = 1 的方向出发，则 1 + dx[1] = 2，1 + dy[1] = −1，此时已超出行走范围，是不可能的。于是退回 A 点再按 k = 2 的方向出发，发现也是不可能的，再退回 A

点，按 $k = 3$ 的方向出发……

回溯算法的简单样例代码如下。请参考此代码，编写完整代码（例如没有考虑到无路可走的情况），以完成本题。

```
1   //骑士遍历 1 — 简单样例代码
2   #include <bits/stdc++.h>
3   using namespace std;
4   
5   int main()
6   {
7     int k=0,num=0,x=1,y=1;                          //num 表示步数，A 点为 x=1、y=1
8     int step[10];                                   //存储每走一步的方向
9     int dx[5]= {0, 1, 2,2,1};                       //控制 x 方向的增量数组
10    int dy[5]= {0,-2,-1,1,2};                       //控制 y 方向的增量数组
11    while(1)
12    {
13      if(x==9 && y==5)                              //如果到达 B 点，则退出
14        break;
15      k++;                                          //改变方向
16      if(k>4)                                       //当 4 个方向都试完后，后退一步
17      {
18        k=step[num];                                //获得方向
19        num--;                                      //步数减 1
20        x-=dx[k];                                   //复原 x
21        y-=dy[k];                                   //复原 y
22      }
23      else                                          //否则试着按 k 的方向前进
24      {
25        x+=dx[k];
26        y+=dy[k];
27        if(x>9 || y<1 || y>5)                       //如果试的方向增量超出行走范围，则退回
28        {
29          x-=dx[k];
30          y-=dy[k];
31        }
32        else                                        //如果该方向可以走
33        {
34          num++;                                    //步数加 1
35          step[num]=k;                              //将该步方向存入数组
36          k=0;                                      //将下一步的方向初始化为 0
37        }
38      }
39    }
40    for(k=1; k<=num; k++)
41      printf("%d ",step[k]);
42    return 0;
43  }
```

当数据规模过大时，普通的递归和回溯均会超时，所以代码需要优化。通过模拟可以发现，骑士每一次最少向右走一步，最多向上走两步。因此如果向上的剩余步数大于两倍的向右的剩余步数时无解，如图 9.5 所示。

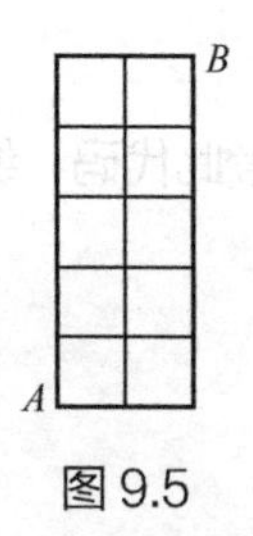

图 9.5

优化算法无论是递归还是回溯，均能处理全部测试数据。我们将这种通过某种判断，避免一些不必要的遍历过程，形象地说，就是剪去了搜索树中的某些“枝条”的算法，称作剪枝算法。

请试着完成该优化代码。

□ 9.1.4 骑士遍历 2

【上机练习】骑士遍历 2（knight 2）

一个 $n \times n$（$n \leqslant 10$）的棋盘，骑士骑马从任一点 $A(x,y)$ 开始，使马不重复地走遍区域中的每一个点。马走的规则是走“日”字，可向任意方向走。

【输入格式】

输入 3 个整数 n、x、y，其中 n 代表棋盘边长，x、y 代表 A 点坐标，棋盘起点坐标为 (1,1)。

【输出格式】

输出 $n \times n$ 的矩阵，即马走的顺序编号。

【输入样例】

5 3 3

【输出样例】

25 14 3 8 19

4 9 18 13 2

15 24 1 20 7

10 5 22 17 12

23 16 11 6 21

【样例说明】

考虑到因为搜索顺序不同而可能导致的不同结果，规定搜索时从点 $(x-1, y+2)$ 开始，逆时针方向尝试可走的路。

【算法分析】

本题可以使用回溯算法，其核心代码的伪代码参考如下。

```
1    while(没有走遍每个点并且有路可走时)
2    {
3      当前位置的马尝试下一个方向
```

```
4      if(下一个方向已经超过了规定的 8 个方向)
5      {
6        回溯到上一个位置，即当前位置是从哪儿走过来的，就走回哪儿去
7      }
8      else
9      {
10       if(走的下一个位置符合规则)
11         则该位置标号后从这个位置开始继续后面的尝试
12     }
13   }
```

也可以采用深度优先搜索（DFS）算法判断当前状态是否有解，其核心代码的伪代码参考如下。

```
1    bool DFS(走到当前位置的坐标, 步数)
2    {
3      if(已遍历完毕)
4        返回有解;
5      if(当前位置不符合规则)
6        返回无解;
7      else
8      {
9       当前位置标记为当前的步数
10      if( DFS(当前位置能走到的下一个位置坐标, 步数 +1))
11        返回有解;
12      还原当前位置的标记为 0
13      返回无解;
14     }
15   }
```

当棋盘足够大（例如 $n \leqslant 1000$）时，用深度优先搜索算法求解会超时（时间复杂度为指数级别）。如果只求骑士遍历问题的一个解，可以采用 Warnsdoff 策略，该策略属于贪心法，其选择下一出口的贪心标准是在那些允许走的位置中，选择出口最少的那个位置。如马的当前位置 (i,j) 只有 3 个出口，它们分别是 $(i+2, j+1)$、$(i-2, j+1)$ 和 $(i-1, j-2)$，如果分别走到这些位置，这 3 个位置又分别会有不同的出口，假定这 3 个位置的出口个数分别为 4、2、3，则程序就选择让马走向 $(i-2, j+1)$。

由于程序采用的是一种贪心法，整个“找解”过程是一直向前，没有回溯，因此能非常快地找到解。但是，对于某些开始位置，实际上有解，而该算法不能找到解。对于找不到解的情况，程序只要改变 8 种可能出口的选择顺序，就能找到解。改变出口选择顺序，就是改变有相同出口时的选择标准。

另外，如图 9.6 所示，当棋盘边长为奇数时，马从黑格出发是不能走遍棋盘的。

图 9.6

从图 9.6 可以看出，在国际象棋中黑格里的马走一步必定到达一个白格，同样白格里的马走一步必定到达黑格。而当棋盘边长 n 为奇数格时，棋盘上所有的格子的总和也是奇数，此时白格比黑格多出一格。马从某一黑格出发连走 $n \times n-2$ 步后，到达一个白格，此时棋盘上还剩下最后一个白格，无论这个白格位于何处，都不可能一步到达。

□9.1.5 机器人搬重物

【上机练习】机器人搬重物（robot）

如图 9.7 所示，机器人的形状是一个直径为 1 个单位的球，它被用于在储藏室中搬运货物。储藏室用一个 $N \times M$ 的网格表示，每个格子都为正方形，边长都为 1 个单位，有些格子为不可移动的障碍（白色表示无障碍，黑色表示有障碍）。机器人的中心总是在格点上。控制机器人行走有 5 种指令，分别是向前移动 1 步，向前移动 2 步，向前移动 3 步，向左转，向右转。每种指令所需要的时间为 1 秒。现给出机器人的起点和起点面向的方向以及目标终点，请计算出机器人完成任务所需的最少时间。

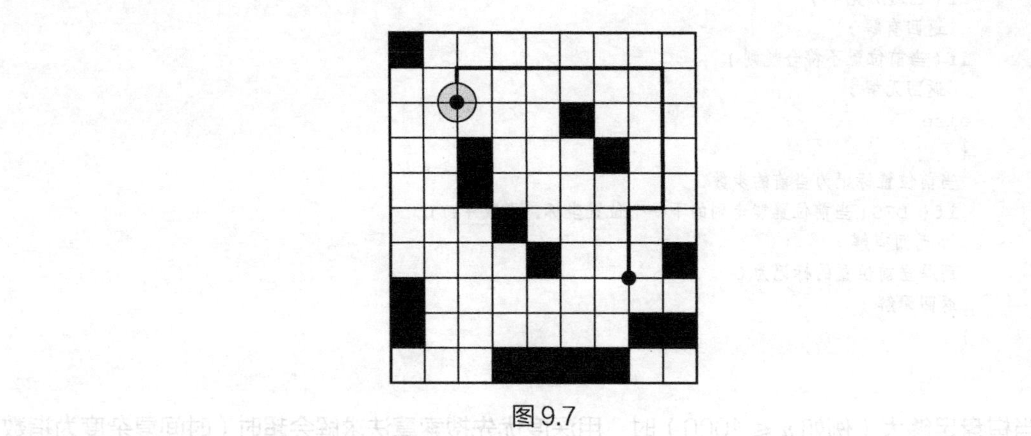

图 9.7

【输入格式】

第 1 行为两个正整数 N,M（$N \leqslant 50$，$M \leqslant 50$）。下面 N 行表示储藏室的构造（0 表示无障碍，1 表示有障碍），数字之间用一个空格分隔。接着一行有 4 个整数和 1 个大写字母，分别为起始点和目标点左上角网格的行与列，起始时，面向的方向（东 E、南 S、西 W、北 N），终点面向的方向是任意的。

【输出格式】

输出一个整数，表示机器人完成任务所需的最少时间。如果无法到达目标终点，输出 −1。

【输入样例】

```
10 9
1 0 0 0 0 0 0 0 0
0 0 0 0 0 0 0 0 0
0 0 0 0 0 1 0 0 0
0 0 1 0 0 0 1 0 0
0 0 1 0 0 0 0 0 0
0 0 0 1 0 0 0 0 0
```

000010001
100000000
100000011
000111100
2277W

【输出样例】

12

□9.1.6 单词接龙

【上机练习】单词接龙(word)

单词接龙类似于成语接龙游戏，现已知一组单词，且给定一个开头的字母，要求出以这个字母开头的最长的“龙”(每个单词最多在“龙”中出现两次)。在两个单词相连时，其相同部分合为一部分。例如 beast 和 astonish，如果接成一条“龙”则变为 beastonish；另外相邻的两部分不能存在包含关系，例如 at 和 atide 间不能相连。

【输入格式】

第 1 行为一个整数 n ($n \leqslant 20$)，表示单词数。随后 n 行，每行有一个单词，输入的最后一行为单个字符，表示“龙”开头的字母。你可以假定以此字母开头的“龙”一定存在。

【输出格式】

输出以此字母开头的最长的“龙”的长度。

【输入样例】

5
at
touch
cheat
choose
tact
a

【输出样例】

23(连成的“龙”为 atoucheatactactouchoose)

【算法分析】

两个单词合并时，合并部分取的是最小重叠部分。求最小重叠部分可以从“龙”的最后一个字母开始从后向前枚举，直到找到一个单词与想要接龙的单词的第 1 个字母相同，然后同时向后逐个字母匹配看是否能够重叠，若能够重叠，“龙”就接上该单词。

□9.1.7 互素组

【上机练习】互素组（prime）openjudge 7834

将 n 个正整数分组，使得每组中任意两个数互素（也称互质），问至少要分成多少组。

【输入格式】

第 1 行是一个正整数 n（$1 \leqslant n \leqslant 10$）。

第 2 行是 n 个不大于 10000 的正整数。

【输出格式】

输出一个正整数，表示最少需要的组数。

【输入样例】

6

14 20 33 117 143 175

【输出样例】

3

【算法分析】

因为数据规模不大，所以可以使用深度优先搜索（DFS）算法，即设 DFS(i,g) 表示已枚举到第 i 个数，当前共有 g 个互质组，则第 i 个数有两种选择：一种是放到某个互质组里（保证该数与互质组里的每个数互质）后 DFS(i + 1,g)；另一种是不加到任何互质组里，单独建一个互质组后 DFS(i + 1,g + 1)。

另一种更简单的方法是枚举每一个数，如果能加入某个互质组就加入，如果不能加入就单独建一个互质组。

□9.1.8 最小的木棍

【上机练习】最小的木棍（stick）

小光有一些同样长的小木棍，他把这些木棍随意砍成几段，直到每段的长都不超过 50。

现给出每段小木棍的长度，编程帮他找出原始木棍的最小可能长度。

【输入格式】

输入数据最多不超过 15 组。每组数据的第 1 行为一个整数 N（$N \leqslant 65$），表示砍过以后的小木棍的总数。第 2 行为 N 个正整数，表示 N 段小木棍的长度。末尾以 0 表示全部数据输入结束。

【输出格式】

输出一个数，表示要求的原始木棍的最小可能长度。

【输入样例】

9

5 2 1 5 2 1 5 2 1
0

【输出样例】

6

【算法分析】

本题可以用朴素的 DFS 算法处理部分数据，算法的伪代码大致如下。

```
1  void DFS(已拼好的木棍数，当前拼的木棍拼到哪一段了，当前拼的木棍的剩余长度)
2  {
3    if(已拼好了足够数量的原始木棍)
4      输出结果
5    if(当前拼的木棍剩余长度为 0，即拼好了这一根)
6      DFS(拼好的木棍数 +1，下一根木棍另起一段，重置剩余长度)
7    for(枚举每段没有用到的木棍)
8      if(该木棍可以用)
9      {
10       标记该木棍已使用过
11       DFS(已拼好的木棍数，当前拼的木棍拼到了这根木棍，更新剩余长度)
12       恢复该木棍为未使用过
13     }
14 }
```

如果要处理全部测试数据，代码还需要被优化，可选择的优化方法有以下几种。

（1）上下界剪枝：上界为所有木棍长度的和的一半，下界为最长的木棍。从最长的一段木棍开始尝试拼接原始木棍，到所有木棍长度和的一半结束。显然如果 DFS 搜不到结果，那么答案就是全部木棍的长度和，即只有一根原始木棍。

（2）优化搜索顺序：对输入的所有木棍按长度从大到小排序，按从长到短的顺序尝试将木棍拼接。因为如果先用长木棍拼接，最后再用短木棍补充，剩下的短木棍就能更加灵活地拼接出需要的长度。

（3）最优性剪枝：如果全部木棍的长度和不能被原始木棍的长度整除，则跳过。

（4）可行性剪枝：只找木棍长度不超过剩余长度的所有木棍，这时可以用木棍长度的单调性来二分查找出第一根满足条件的木棍。

（5）可行性剪枝：如果搜索到当前长度的木棍不合格，那么如果随后还有几根相等长度的木棍，显然可以直接跳过。

……

可行性剪枝：如果当前条件不合法就不再继续搜索，直接返回。这是非常容易理解的剪枝方法，搜索初学者都能轻松地掌握，而且也很容易思考，一般的搜索都会加上。

最优性剪枝：如果当前条件所找出的答案必定没有之前找到的答案好，那么接下来的搜索就毫无必要，甚至可以剪掉。

□9.1.9 解药还是毒药

【上机练习】解药还是毒药（heal）codevs 2594

小光研制出了各种可以治愈很多疾病的药，可是他一个不小心，每种药都配错了一点原料，所以这些药都有可能在治愈某些病症的同时又使人患上某些别的病症。经过小光的努力，他终于弄清了每种药的具体疗效。他会把每种药能治愈的病症和使人患上的病症列一张清单给你，然后你要根据这张清单找出能治愈所有病症的最少药剂组合。

病症的数目不超过 10 种，而且药是用不完的，也就是说每种药都可以被重复使用。

【输入格式】

第 1 行是病症的总数 n（$1 \leqslant n \leqslant 10$）。

第 2 行是药剂的种类 m（$0 < m \leqslant 100$）。

随后有 m 行，每行有 n 个数字（用空格分隔）。第 $i+2$ 行的 n 个数字中，如果第 j 个数为 1，就表示第 i 种药可以治愈病症 j（如果患有这种病的话则治愈，没有这种病则无影响）；如果为 0 表示无影响；如果为 -1 表示会使人患上这种病（无病则患病，有病无影响）。小光研制的药中任何两种的疗效都不同。

【输出格式】

输出用的最少的药剂数，如果用尽了所有的药也不能将所有病治愈，则输出“The patient will be dead.”。

【输入样例】

```
3
2
1 0 1
-1 1 0
```

【输出样例】

```
2
```

□9.1.10 棋盘分割

【上机练习】棋盘制作（chessboard）NOI 99

如图 9.8 所示，小光将对一个 8×8 的棋盘进行如下分割：从原棋盘割下一块矩形棋盘并使剩下部分也是矩形，再将剩下的部分继续如此分割，这样割了 n-1 次后，连同最后剩下的矩形棋盘共有 n 块矩形棋盘（每次分割都只能沿着棋盘格子的边进行）。

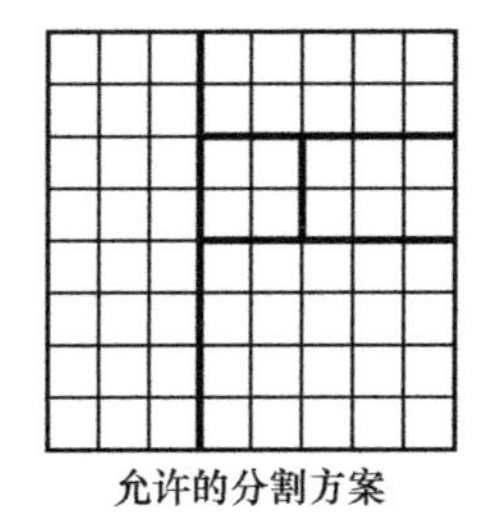
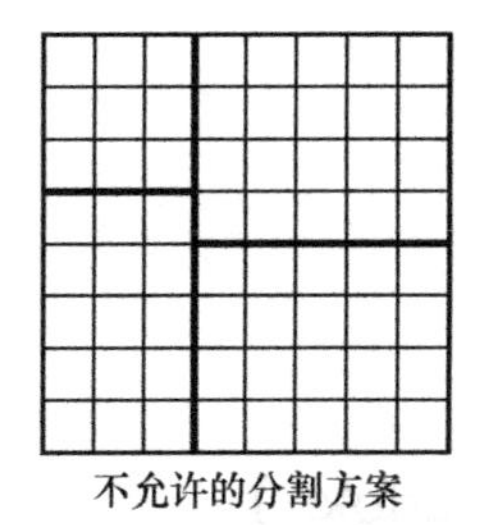

允许的分割方案　　不允许的分割方案

图 9.8

原棋盘上每一格有一个分值，一块矩形棋盘的总分为其所含各格分值之和。现在需要把棋盘按上述规则分割成 n 块矩形棋盘，并使各矩形棋盘总分的标准差 σ 最小。

标准差 $\sigma=\sqrt{\dfrac{\sum_{i-1}^{n}(x_i-\bar{x})^2}{n}}$，其中平均值 $\bar{x}=\dfrac{\sum_{i-1}^{n}x_i}{n}$，$x_i$ 为第 i 块矩形棋盘的分值。

请根据给出的棋盘及 n，编程求出 σ 的最小值。

【输入格式】

第 1 行为一个整数 n（$1 < n < 15$）。

第 2 ～ 9 行每行为 8 个小于 100 的非负整数，表示棋盘上相应格子的分值。每行相邻两数之间用一个空格分隔。

【输出格式】

输出一个数，即 σ（四舍五入精确到小数点后 3 位）。

【输入样例】

```
3
1 1 1 1 1 1 1 3
1 1 1 1 1 1 1 1
1 1 1 1 1 1 1 1
1 1 1 1 1 1 1 1
1 1 1 1 1 1 1 1
1 1 1 1 1 1 1 1
1 1 1 1 1 1 1 0
1 1 1 1 1 1 0 3
```

【输出样例】

```
1.633
```

【样例说明】

样例说明如图 9.9 所示。

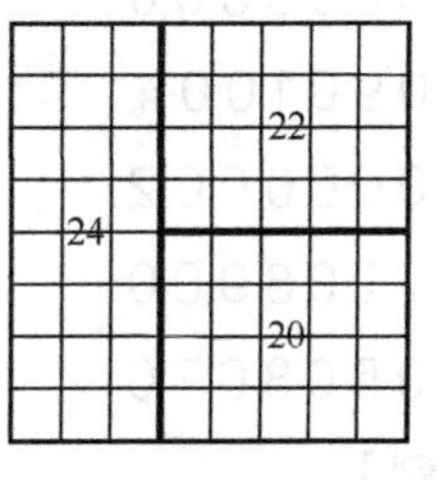

图 9.9

【算法分析】

除 DFS 算法外，还可以使用动态规划算法解决该题。

9.2 提高组

9.2.1 数独游戏

【例题讲解】数独游戏（sudoku）

已知 9×9 的方阵，有些格子填有 1～9 的数字，有的格子则是空白。试编程使得每一行、每一列以及每一个小九宫格（9 个 3×3 的方阵）中的数字都刚好是 1～9。

如图 9.10 所示，该例子中图 9.10（a）是开始时的方阵状态，图 9.10（b）为完成后的样子。

	6		1		4		5	
		8	3		5	6		
2								1
8			4		7			6
		6				3		
7			9		1			4
5								2
		7	2		6	9		
	4		5		8		7	

（a）

9	6	3	1	7	4	2	5	8
1	7	8	3	2	5	6	4	9
2	5	4	6	8	9	7	3	1
8	2	1	4	3	7	5	9	6
4	9	6	8	5	2	3	1	7
7	3	5	9	6	1	8	2	4
5	8	9	7	1	3	4	6	2
3	1	7	2	4	6	9	8	5
6	4	2	5	9	8	1	7	3

（b）

图 9.10

【输入格式】

输入 9 行 9 列的初始方阵，0 代表空格，非 0 数字范围为 1～9。

【输出格式】

输出补充完成后的方阵状态，数字间用一个空格分隔，每行末尾无空格。

【输入样例】

```
060104050
008305600
200000001
800407006
006000300
700901004
500000002
007206900
040508070
```

【输出样例】

```
963174258
```

```
178325649
254689731
821437596
496852317
735961824
589713462
317246985
642598173
```

【算法分析】

数独要求每一行、每一列、每一个 3×3 小方阵内的数字为 1 ～ 9 中的任意一个且不重复，为此定义 3 个布尔型数组 X[9][9]、Y[9][9] 和 Z[9][9]，设 true 表示已使用过，false 表示未使用过，则 X[i][j] = true 表示第 i 行已用过数字 j，Y[i][j] = false 表示第 i 列没有用过数字 j，Z[i][j] = true 表示第 i 个小方阵已用过数字 j。

设数组 G[9][9] 存储数独中的各元素，普通 DFS 的伪代码大致如下。

```
1   void DFS(int x,int y)                    //搜索到x行y列的元素
2   {
3     …
4     if(x==8 && y==8)                       //如果已搜索到第9行第9列的了(0下标表示开始)
5        OutAns();                           //填充完成，输出结果后退出
6     else if(y==8)                          //如果搜索到第9列
7        DFS(x+1,0);                         //搜索下一行第1列
8     else
9        DFS(x,y+1);                         //否则搜索该行的下一列
10    …
11  }
```

但实际上可以先将搜索深度（即步骤数）设为变量 step，再转换为对应的 x 和 y（即行和列）：设 x 表示当前的行号，y 表示当前的列号，则 x = step/9，y = step%9。这样只用存储 step 即可算出当前的行和列，对应到 G[x][y] 为数独当前行列的数字。

设 9 个 3×3 小方阵的编号如图 9.11 所示，则第 x 行第 y 列的元素属于第（x/3×3 + y/3）个编号的小方阵。所以，当搜索到第 x 行第 y 列的元素值为 num 时，只需查看 Z[x/3×3 + y/3][num] 是否等于 1 即可判断该小方阵中的 num 是否已被使用过。

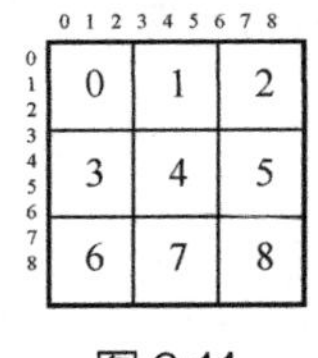

图 9.11

参考代码如下。

```
//数独游戏
#include <bits/stdc++.h>
using namespace std;

int G[9][9];                                     //数独方阵
bool X[9][9],Y[9][9],Z[9][9];                    //标记行、列、小方阵中的数有没有使用过

void Out()
{
  for(int i=0; i<=8; i++)
    for(int j=0; j<=8; j++)
      printf("%d%c",G[i][j],(j==8?'\n':' '));
  exit(0);
}

void DFS(int step)
{
  if(step>80)
    Out();
  int x=step/9,y=step%9;
  if(G[x][y])
    DFS(step+1);
  else
    for(int i=1; i<=9; i++)
      if((!X[x][i]) && (!Y[y][i]) && (!Z[x/3*3+y/3][i]))
      {
        G[x][y]=i;
        X[x][i]=Y[y][i]=Z[x/3*3+y/3][i]=1;
        DFS(step+1);
        G[x][y]=0;
        X[x][i]=Y[y][i]=Z[x/3*3+y/3][i]=0;
      }
}

int main()
{
  for(int i=0; i<=8; i++)
    for(int j=0; j<=8; j++)
    {
      cin>>G[i][j];
      if(G[i][j])
        X[i][G[i][j]]=Y[j][G[i][j]]=Z[i/3*3+j/3][G[i][j]]=1;
    }
  DFS(0);
  return 0;
}
```

□9.2.2 康托展开

【例题讲解】康托展开（Cantor）

给出一个数 N，再给出 N 的全排列中的某一个排列，问该排列在所有全排列中的次序是多少

（按字典序排序，例如 3 的全排列中，123 排第 1 位，321 排最后一位）。

【输入格式】

第 1 行为一个数 N（$N < 20$），第 2 行为 N 的全排列中的某一个排列。

【输出格式】

一个整数，表示该排列在全排列中的次序。

【输入样例】

3

1 2 3

【输出样例】

1

【算法分析】

最容易想到的方法是把所有排列求出来后再进行排序，但事实上有更简单高效的算法来解决这个问题，那就是康托展开式，即把一个整数 X 展开成如下形式：

X = a[n]×(n−1)! + a[n−1]×(n−2)! +⋯+ a[i]×(i−1)! +⋯+ a[2]×1! + a[1]×0!

其中 a[i] 表示当前数在未出现过的元素中是排在第几个。

例如求 52341 在 {1,2,3,4,5} 生成的排列中的次序可以按如下步骤计算。

第 1 位是 5，比 5 小的数有 1、2、3、4 这 4 个数，所以有 4×4！。

第 2 位是 2，比 2 小的数有 1 一个数，所以有 1×3！。

第 3 位是 3，比 3 小的数有 1、2 两个数，因为 2 在前面已经出现过了，所以只有一个数，为 1×2！。

第 4 位是 4，比 4 小的数有 1、2、3 这 3 个数，因为 2、3 在前面已经出现过了，所以只有一个数，为 1×1！。

最后一位数无论是几，比它小的数在前面肯定都出现了，所以为 0×0！= 0。

则 4×4！+ 1×3！+ 1×2！+ 1×1！= 105。

简化后的算式为 (((((4×4) + 1)×3) + 1)×2 + 1)×1 = 105。

这个 X 只是这个排列之前的排列数，而题目要求这个排列的位置，即 52341 排在第 106 位。

同理，43521 的排列数: 3×4! + 2×3! + 2×2! + 1×1! = 89，即 43521 排在第 90 位。

因为比 4 小的数有 3 个: 3、2、1；比 3 小的数有 2 个: 2、1；比 5 小的数有 2 个: 2、1；比 2 小的数有 1 个: 1。

其简化算式为 (((((3×4) + 2)×3) + 2)×2 + 1)×1 = 89。

参考代码如下。

```
1   //康托展开
2   #include <bits/stdc++.h>
3   using namespace std;
4
```

```
5    int a[50];
6
7    long long Cantor(int s[],int n)                          //康托展开
8    {
9      bool used[50] = {0};
10     long long ans = 0;
11     for(int i=n; i>=1; i--)
12     {
13       int NoUse=0;
14       used[s[n-i]] = true;
15       for(int j=0; j<s[n-i]; j++)                          //查找是否有用过的数
16         if(used[j])
17           NoUse++;
18       ans=(ans+s[n-i]-NoUse)*i;                            //康托展开式计算
19     }
20     return ans+1;
21   }
22
23   int main()
24   {
25     int N;
26     cin>>N;
27     for (int i=1; i<=N; i++)
28       cin>>a[i];
29     cout<<Cantor(a,N)<<endl;
30     return 0;
31   }
```

进一步的优化是使用树状数组或线段树（找已用过的数的数量），请感兴趣的读者自行查找相关资料学习。

□9.2.3　康托展开逆运算

【例题讲解】康托展开逆运算（cantor 2）

给出一个数 N，再给出 N 的全排列的某一个排列的次序数，输出该排列。

【输入格式】

第 1 行为一个数 N（$N \leqslant 9$），第 2 行为 N 的全排列的某一个排列的次序数。

【输出格式】

一行字符串，即该排列。

【输入样例】

3

1

【输出样例】

123

【算法分析】

对于此题，可以用康托展开的逆运算来求解。假设已有 {1,2,3,4,5} 的全排列，并且已经从小到大排序完毕，现要找出第 96 个数的排列是什么，则康托展开逆运算的具体计算过程如下：

首先用 96-1 得到 95；

用 95 去除 4! 得到 3 余 23，商为 3 表示有 3 个数比它小，则该数是 4，所以第 1 位是 4；

用 23 去除 3! 得到 3 余 5，商为 3，表示有 3 个数比它小，即该数是 4，但 4 前面已经出现过了，所以第 2 位是 5；

用 5 去除 2! 得到 2 余 1，商为 2，表示有 2 个数比它小，即该数是 3，所以第 3 位是 3；

用 1 去除 1! 得到 1 余 0，表示有 1 个数比它小，即该数是 2，所以第 4 位是 2；

最后一个数只能是 1。

所以这个排列是 45321。

又如找出第 16 个数的排列的计算过程如下：

首先用 16-1 得到 15；

用 15 去除 4! 得到 0 余 15，表示有 0 个数比它小，即该数是 1，第 1 位是 1；

用 15 去除 3! 得到 2 余 3，表示有 2 个数比它小，即该数是 3，但由于 1 已经在之前出现过了，所以第 2 位是 4（因为 1 在之前出现过了，所以实际上比 4 小的数是 2）；

用 3 去除 2! 得到 1 余 1，表示有 1 个数比它小，即该数是 2，但由于 1 已经在之前出现过了，所以第 3 位是 3（因为 1 在之前出现过了，所以实际上比 3 小的数是 1）；

用 1 去除 1! 得到 1 余 0，表示有 1 个数比它小，即该数是 2，但由于 1、3、4 已经在之前出现过了，所以第 4 位是 5（因为 1、3、4 在之前出现过了，所以实际上比 5 小的数是 1）。

最后一个数只能是 2，所以这个数是 14352。

参考代码如下。

```
1   //康托展开逆运算
2   #include <bits/stdc++.h>
3   using namespace std;
4
5   int fac[10]= {1,1,2,6,24,120,720,5040,40320,362880}; //预处理求出阶乘的值
6   int Hash[10];
7
8   int Cantor(int m,int n)
9   {
10    int num=0;
11    int used,digit;
12    m--;
13    for(int i=n-1; i>0; i--)
14    {
15      used=0;
16      digit=m/fac[i]+1;                          //计算有几个数比它小后加 1
17      m%=fac[i];                                 //更新 m
18      for(int j=1; j<=used+digit; j++)           //查找之前有哪些数已被用过
19        if(Hash[j])
```

```
20          used++;
21      num+=(used+digit)*pow(10,i);
22        Hash[used+digit]=1;                        //标记该数被使用过
23      }
24      for(int i=1; i<=n; i++)                      //取出最后的未被使用的数
25        if(Hash[i]==0)
26          return num+i;
27    }
28
29    int main()
30    {
31      int num,n;
32      cin>>num>>n;
33      printf("%d\n",Cantor(n,num));
34      return 0;
35    }
```

9.2.4 八数码问题

【例题讲解】八数码问题（puzzle 8）POJ 1077

一个 3×3 的方阵由 8 个数码构成，其中的一个单元是空的，它的周边单元中的数码可以移到该单元中。试找到一个移动序列，使初始的无序数码转变为指定的目标状态，如图 9.12 所示。

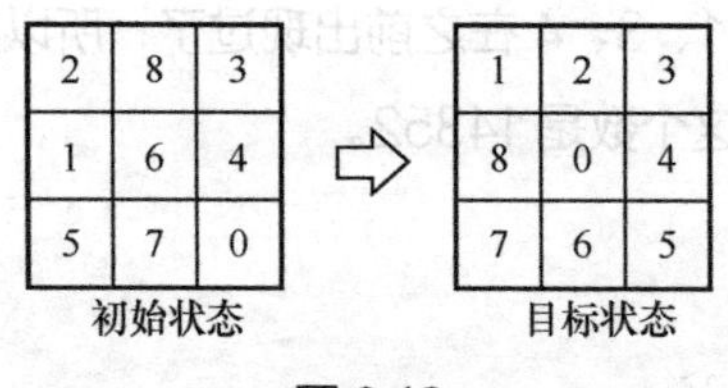

图 9.12

【输入格式】

输入 3 行数据，每行有 3 个整数，表示方阵的初始状态。

【输出格式】

输出一个整数，表示最少步数。若在 5000 步内无解，则输出 -1。

【输入样例】

123

840

765

【输出样例】

1

【算法分析】

搜索最少步数可以用广度优先搜索算法，广度优先搜索算法用一个队列实现，因为需要较少步数达到的状态一定在步数较多的状态前入队列。此外，利用STL里的map去重功能保存步数。

参考程序如下。

```
1    //八数码问题 —广度优先搜索算法
2    #include <bits/stdc++.h>
3    using namespace std;
4
5    int dx[]= {-1,0,0,1},dy[]= {0,-1,1,0};                   //增量数组
6    int state,X0,Y0;
7
8    int main()
9    {
10     for(int i=0,t; i<=8; i++)
11     {
12       cin>>t;
13       state=(state<<3)+(state<<1)+t;                       //相当于 state*10+t
14     }
15     queue<int> q;
16     q.push(state);
17     map<int,int> m;
18     m[state]=0;
19     while(!q.empty())
20     {
21       int top=q.front();
22       q.pop();
23       if(top==123804765)                                   //判断队首是否为目标状态
24         break;
25       int c[3][3],temp=top;
26       for(int i=2; i>=0; i--)
27         for(int j=2; j>=0; j--)
28         {
29           c[i][j]=temp%10,temp/=10;
30           if(c[i][j]==0)                                   //找到 0 所在的坐标
31             X0=i,Y0=j;
32         }
33       for(int i=0; i<4; i++)                               //尝试空格向 4 个方向的移动
34       {
35         int nx=X0+dx[i],ny=Y0+dy[i];
36         if(nx<0||ny<0||nx>2||ny>2)                         //越界
37           continue;
38         swap(c[nx][ny],c[X0][Y0]);
39         state=0;
40         for(int i=0; i<3; i++)                             //转换为新状态
41           for(int j=0; j<3; j++)
42             state=(state<<3)+(state<<1)+c[i][j];
43         if(m.count(state)==0)                              //当没有该状态时
44         {
45           m[state]=m[top]+1;                               //将步数保存
46           q.push(state);                                   //新状态入队列
```

```
47          }
48          swap(c[nx][ny],c[X0][Y0]);                          //状态还原
49        }
50      }
51      cout<<(m[123804765]==0?-1:m[123804765])<<endl;
52      return 0;
53    }
```

1. 哈希函数

哈希函数又称散列函数，简单来说，它的作用就是把一组复杂的数据，通过某种函数关系，映射成另一组易于查找和易于存储的数据。例如某班 64 位学生的学号由 9 位数组成，即 201309001,201309002,201309003,201309004,…,201309064。可以发现，这 9 位数中前 7 位数均是相同的，因此在保存时，完全可以省略前 7 位数，而以 01,02,03,04,…,64 的形式存储和使用。这种方式不但节省空间，查找起来也很方便。

对一组数据取某素数的余数是哈希函数常用的方法之一。例如有一组数据 22,41,53,46,30,14,1，选取一合适的素数，例如 11，则 22%11 = 0、41%11 = 8、53%11 = 10、46%11 = 2、30%11 = 8、14%11 = 3、1%11 = 1，即产生一组新数据 0,8,10,2,8,3,1 映射原始数据 22,41,53,46,30,14,1（此处由于 41 和 31 的余数均为 8 而产生的冲突，或者更换其他素数）。

康托展开可以作为一种特殊的哈希函数，它可以对 n 个数的排列进行状态的压缩和存储。因为这种映射是一对一的关系，不会产生冲突，所以作为排列数的哈希映射是康托展开的主要应用。比如1～8的全排列，如果用直观的哈希数组直接判断，需要87654321大小的布尔型数组，就算减少一位，也接近千万了。而使用康托展开，50000 大小的数组就够了。

又如要对 n 的全排列进行判重时，只需要确定这个排列在总的排列情况中是第几小的就可以了，而无须用一个很大的数组存储该全排列的所有状态。

核心代码如下。

```
1   int Hash(int s[n])                              //判断 s 排列在总排列中是第几小
2   {
3     int ans=0;
4     for (int i=1; i<=n; i++)
5     {
6       int tot=0;
7       for (int j=i+1; j<=n; j++)
8         if (s[j] <s[i])
9            tot++;
10      ans+=(tot*fac[n-i]);                        //fac[i] 中记录了 i 的阶乘
11    }
12    return ans;
13  }
```

2. 哈希 + 广度优先搜索算法

哈希 + 广度优先搜索算法的代码执行流程如图 9.13 所示。

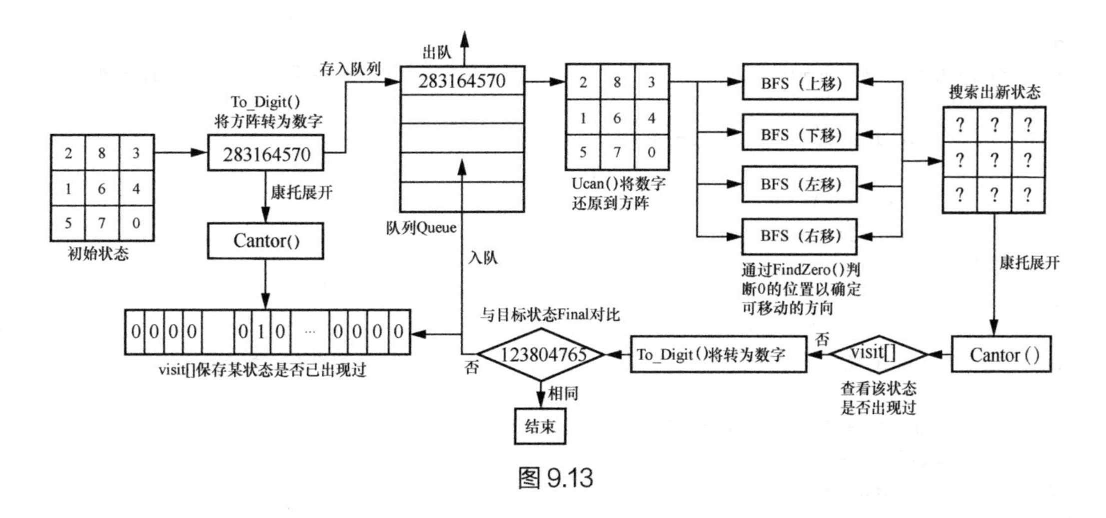

图 9.13

参考代码如下。

```
1   //八数码问题 — 哈希+广度优先搜索算法
2   #include <bits/stdc++.h>
3   using namespace std;
4   const int MAXN=370000;
5   
6   int Final;
7   int Queue[MAXN], Deep[MAXN];
8   bool visit[MAXN];                                   //该状态是否已经出现过
9   int s[9]= {1,2,3,8,0,4,7,6,5};                      //保存当前八数码的状态
10  int front = 1,rear = 1;                             //队列首尾
11  
12  int To_Digit()                                      //将方阵转换成数字
13  {
14    int ans = 0;
15    for(int i = 0; i < 9; i++)
16      ans = (ans<<3)+(ans<<1) + s[i];
17    return ans;
18  }
19  
20  int Cantor()                                        //康托展开
21  {
22    bool used[9] = {0};
23    int ans = 0;
24    for(int i = 8; i >= 1; i--)
25    {
26      int no = 0;
27      used[s[8 - i]] = true;
28      for(int j = 0; j < s[8 - i]; j++)             //查找是否有被用过的数
29        if(used[j])
30          no++;
31      ans = (ans + s[8 - i] - no) * i;              //康托展开式计算
32    }
33    return ans;
34  }
```

```
35
36 void Ucan(int num)                              //将队列中的数字 num 展开到 s[]
37 {
38   for(int i = 8; i >= 0; i--)
39   {
40     s[i] = num % 10;
41     num /= 10;
42   }
43 }
44
45 int Findzero()                                  //找到 0 的位置
46 {
47   for(int i = 0; i < 9; i++)
48     if(s[i] == 0)
49       return i;
50 }
51
52 void BFS(int c,int p)
53 {
54   swap(s[p],s[p+c]);                            //交换数码
55   int num = Cantor();
56   if(!visit[num])
57   {
58     Queue[++rear] = To_Digit();                 //转换成数字
59     visit[num] = true;
60     Deep[rear] = Deep[front] + 1;
61     if(num == Final)                            //得到答案
62       printf("%d\n",Deep[rear]),exit(0);
63   }
64   swap(s[p],s[p+c]);                            //还原
65 }
66
67 int main()
68 {
69   Final = Cantor();                             //将目标状态存入 Final
70   for(int i = 0; i < 9; i++)                    //初始状态转为 9 位数存入 s[]
71     scanf("%d", &s[i]);
72   Queue[1] = To_Digit();                        //初始状态存入队列
73   visit[Cantor()] = true;                       //该状态被标记为已存在
74   if(visit[Final] == true)                      //如果初始状态即末状态
75   {
76     printf("0\n");
77     return 0;
78   }
79   while(front <= rear)
80   {
81     Ucan(Queue[front]);                         //将队首的排列还原到 s[]
82     int p = Findzero();                         //查找 0 的位置
83     if(p >= 3)                                  //向上搜索
84       BFS(-3,p);
85     if(p < 6)
86       BFS(3,p);                                 //向下搜索
```

```
87        if((p % 3) > 0)
88          BFS(-1,p);                                          // 向左搜索
89        if((p % 3) < 2)
90          BFS(1,p);                                           // 向右搜索
91        front++;                                              // 队首元素出队
92      }
93      printf("-1\n");
94      return 0;
95    }
```

3. 双向广度优先搜索

用长度为 9 的字符串来描述八数码的一个排列状态。例如图 9.14（a）的初始状态可以表示为“283164570”，图 9.14（b）的目标状态可以表示为“123804765”。

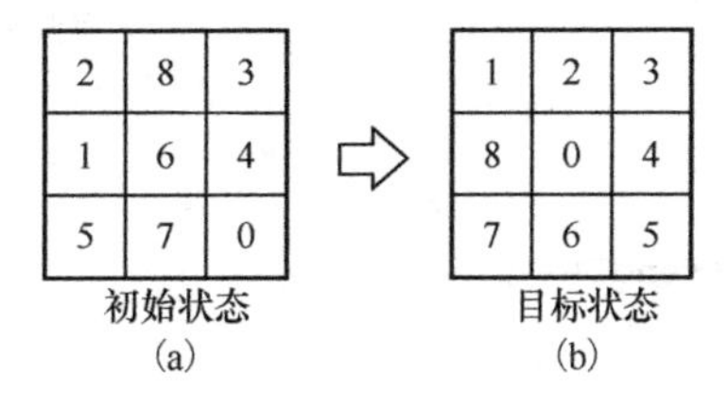

图 9.14

那么其状态的变化即空位四周的数字与 0 对换位置的结果，但如果使用普通的广度优先搜索，从初始状态到目标状态，出现最多的状态是 9 的全排列个数，即 362880 个。存储的空间过于大了，而且要从这么大的空间里寻找结点是否重复，运行时间也长得惊人（可以将 9 个数字的字符串用整型来表示，但这样对节省空间和时间的作用不是太大）。

这里介绍一种减少结点的方法——双向广度优先搜索。双向广度优先搜索的基本思想如下。

（1）一个方向从初始状态开始搜索，另一方向从目标状态开始搜索，形成两个队列，充分利用已知信息。

（2）新结点的产生在两个队列间交叉进行。如果新结点与当前队列结点重复，则舍弃新结点；若新结点与另外一个队列结点相同，则得到了问题的解。

图 9.15 是单向广度优先搜索的示意图和双向广度优先搜索的示意图。从中可以形象地看出，双向广度优先搜索能减少结点的原因。当然，若两个队列的长度相差悬殊，则双向广度优先搜索的优势就不是很明显了。遇到这样的情况，可以优先考虑短队列的多搜索，使两队列等长。

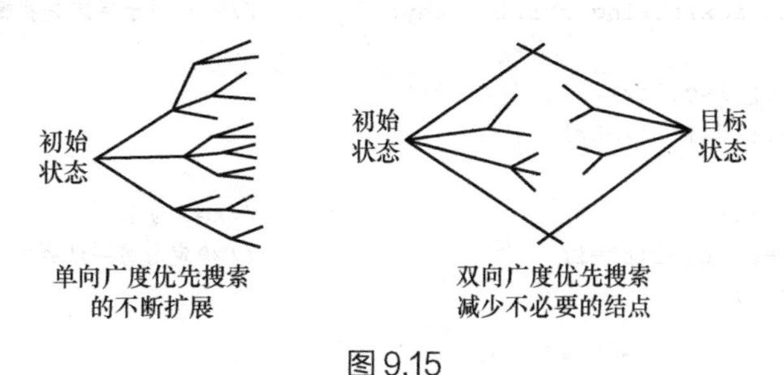

图 9.15

演示代码如下。

```
//八数码问题 — 双向广度优先搜索
#include <bits/stdc++.h>
using namespace std;

struct node
{
  string str;                                          //保存字符串形式的八数码
  int pre;                                             //保存上一步的位置
};
vector <node> c[2];
int p1,p2,t1,t2;                                       //p1、p2指向队首，t1、t2指向队尾
int Step;                                              //Step表示交换次数

void OutC1(int v)                                      //递归逆序输出队列1
{
  Step++;
  if(v==0)
    cout<<c[0][v].str<<endl;
  else
  {
    OutC1(c[0][v].pre);
    cout<<c[0][v].str<<endl;
  }
}

void OutC2(int v)                                      //输出队列2
{
  while(1)
  {
    Step++;
    if(c[1][v].str=="123804765")
    {
      cout<<"123804765\n";
      break;
    }
    cout<<c[1][v].str<<endl;
    v=c[1][v].pre;
  }
}

int Check(int idx,string str,int key)                  //key用于确定查找哪个队列的元素
{
  for(int i=0; i<c[idx].size(); i++)
    if(str==c[idx][i].str)
    {
      if(key==1)                                       //key为1
        idx==0? t1=i:t2=i;                             //确定与另一队列的重合位置
      return 1;
    }
  return 0;
}
```

```
52
53  void BFS(int idx,int &p,int O,int loc)
54  {
55    string st=c[idx][p].str;
56    swap(st[O],st[O+loc]);                          // 交换数码
57    if(Check(idx,st,0)==0)                          // 查找本队列是否有重合位置
58      c[idx].push_back(node {st,p});                // 注意此处是 C++11 写法
59    if(Check((idx+1)%2,st,1))                       // 查找另一队列是否有重合位置
60    {
61      idx==0?t1=c[0].size()-1:t2=c[1].size()-1;     // 确定当前队列的队尾
62      OutC1(c[0][t1].pre);
63      OutC2(t2);
64      printf("%d\n",Step-1);
65      exit(0);                                      // 直接退出程序，返回 0 值
66    }
67  }
68
69  void Add(int idx,int &p)                          // 扩展队列 idx
70  {
71    int O=c[idx][p].str.find('0',0);                // 查找字符串中 0 的位置
72    if(O >= 3)                                      // 向上搜索
73      BFS(idx,p,O,-3);                              //-3 为要交换位置的偏移量
74    if(O < 6)
75      BFS(idx,p,O,3);                               // 向下搜索
76    if((O % 3) > 0)
77      BFS(idx,p,O,-1);                              // 向左搜索
78    if((O % 3) < 2)
79      BFS(idx,p,O,1);                               // 向右搜索
80    p++;                                            // 队首指针后移，即出队
81  }
82
83  int main()
84  {
85    string star;
86    for(int i=0,t; i<=8; i++)
87    {
88      scanf("%d",&t);
89      star+=t+'0';                                  // 初始状态
90    }
91    string goal="123804765";                        // 目标状态
92    c[0].push_back(node {star,0});                  // 队列 1 存入初始值（C++11 写法）
93    c[1].push_back(node {goal,0});                  // 队列 2 存入目标值（C++11 写法）
94    while(c[0].size()<5000 || c[1].size()<5000)
95      c[0].size()<=c[1].size()?Add(0,p1):Add(1,p2); // 优先扩展短队列
96    printf("-1\n");
97    return 0;
98  }
```

需要注意的是，双向广度优先搜索虽然速度上会占一定优势，但是在无解的情况下花的时间比单向广度优先算法还要多，并且无法保证其搜索是按照上下左右的优先顺序进行的。进一步的优化是使用双向广度优先搜索＋康托算法，感兴趣的读者请尝试完成该程序。

4. A* 算法

A* 算法是一种启发式搜索，它的实现方法是利用估价函数 $F(N)$ 找出最接近目标状态的状态，最接近目标状态的状态会被优先搜索，搜索方式类似广度优先搜索，其搜索示意如图 9.16 所示。

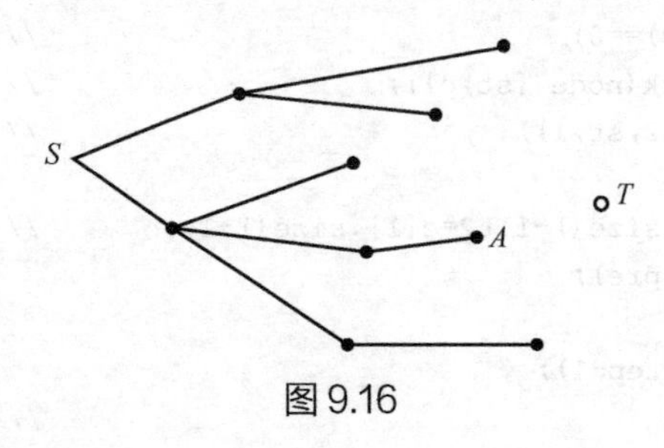

图 9.16

在图 9.16 中，实心点表示当前已经搜索到的状态，空心点（即 T 点）表示目标状态，那么我们先选取离 T 点最接近的点 A 点进行扩展最为合适。

图 9.16 中，各条路径从 S 点到 T 点的“距离”的计算，即估价函数，就是 A* 算法的核心。

估价函数 $F(N) = G(N) + H(N)$。

其中 $G(N)$ 是起始结点 S 到任意结点 N 的最佳路径的实际代价，$H(N)$ 是从任意结点 N 到目标结点 T 的最佳路径的估计代价。启发函数 $H(N)$ 在 A* 算法中最为重要，它不是一个固定的算法，不同的问题，其启发函数一般也不同。

此处最容易想到的启发函数是 difference(初始状态 , 目标状态)，即初始状态和目标状态各位置上数字不同的情况数。例如图 9.17 中 difference = 5，即灰色部分（不包含 0 ）。

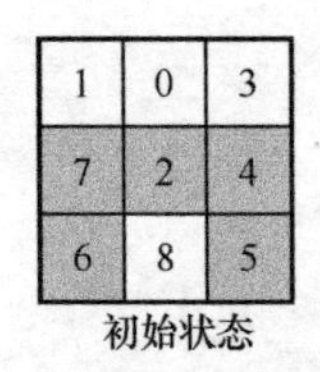

1	0	3
7	2	4
6	8	5

初始状态

1	2	3
4	5	6
7	8	0

目标状态

图 9.17

显然每次扩展结点都应当选择 difference 值尽可能小的待扩展结点进行搜索。可以看出，待扩展结点的变化是动态的。对某个结点进行扩展之后，此结点不再是待扩展结点，并且会得到新的待扩展结点。

我们可以对待扩展结点按照小根堆（关于堆的知识，《信息学竞赛宝典 数据结构基础》一书将进行介绍）的模式建堆，每次取出代价最小的结点维护堆，然后插入扩展结点维护堆。当堆为空时，若依旧无法找到目标结点，则搜索无结果。

但更简单的方法是直接使用 STL 里的优先队列。

参考代码如下。

```
1  //八数码问题 — A* 算法
2  #include <bits/stdc++.h>
```

```
3    using namespace std;
4
5    struct node
6    {
7      int state;                                         //将初始状态用数字保存
8      int cantor;                                        //初始状态的康托值
9      int zero;                                          //0 的位置
10     int G,H;                                           //估值函数 G(N) 和 H(N)
11     int step;                                          //步数
12     bool operator<(const node &a) const                //操作符重载
13     {
14       return a.G+a.H<G+H;                              //按 G(N)+H(N) 从小到大排列
15     }
16   } t;
17   priority_queue <node> Q;
18
19   int s[9],f[9]= {1,2,3,8,0,4,7,6,5};
20   bool visit[10000000];
21
22   int Cantor(int s[])                                  //康托压缩
23   {
24     int ans = 0;
25     int use[9] = {0};
26     for (int i = 0; i <= 7; i++)
27     {
28       int no = 0;
29       use[s[i]] = true;
30       for (int j = 0; j < s[i]; j++)
31         if (use[j])
32           no++;
33       ans = (ans + s[i] - no) * (8 - i);
34     }
35     return ans;
36   }
37
38   int ToDigit()
39   {
40     int ans = 0;
41     for (int i = 0; i < 9; i++)
42       ans = ans * 10 + s[i];
43     return ans;
44   }
45
46   int Difference()                                     //估价
47   {
48     int ans = 0;
49     for (int i = 0; i < 9; i++)
50       if (s[i] != f[i] && s[i] != 0)
51         ans++;
52     return ans;
53   }
54
```

```
55  void GetState(int x)
56  {
57    for (int i = 8; i >= 0; i--)
58    {
59      s[i] = x % 10;
60      x /= 10;
61    }
62  }
63
64  void Add(int nxt,node last)                              //扩展结点
65  {
66    swap(s[last.zero + nxt],s[last.zero]);
67    int k = Cantor(s);
68    node u;
69    if (!visit[k])
70    {
71      visit[k] = true;
72      u.state=ToDigit();
73      u.cantor=k;
74      u.zero=last.zero+nxt;
75      u.G=last.G+1;
76      u.H=Difference();
77      u.step=last.step+1;
78      Q.push(u);
79    }
80    swap(s[last.zero + nxt],s[last.zero]);                  //还原
81  }
82
83  void A_star()                                             //A*算法
84  {
85    while (!Q.empty())
86    {
87      if (Q.top().H == 0)
88      {
89        printf("%d\n", Q.top().step);
90        return;
91      }
92      t = Q.top();
93      GetState(t.state);
94      Q.pop();
95      if (t.zero  > 2)
96        Add(-3,t);
97      if (t.zero < 6)
98        Add(3,t);
99      if (t.zero % 3)
100       Add(-1,t);
101     if ((t.zero % 3) < 2)
102       Add(1,t);
103   }
104   printf("-1\n");
105 }
106
```

```
107  void Init()
108  {
109    for (int i = 0; i < 9; i++)
110    {
111      scanf("%d", &s[i]);
112      if (s[i] == 0)
113        t.zero = i;
114    }
115    t.state=ToDigit();
116    t.cantor=Cantor(s);
117    t.G=0;
118    t.H=Difference();
119    t.step=0;
120    Q.push(t);                                              //初始状态入队
121    visit[t.cantor]=true;
122  }
123
124  int main()
125  {
126    Init();
127    int Final=Cantor(f);
128    if (Q.top().cantor == Final)
129      printf("0\n");
130    else
131      A_star();
132    return 0;
133  }
```

5. IDA* 算法

通过验证可知，很多情形下八数码问题是无解的，如果先判断其解是否存在，再进行搜索效率会更高一些。而判断某个初始状态是否有解一般是通过判断初始状态和目标状态的逆序对个数的奇偶性是否一致来实现的。例如设目标状态为

1 2 3

4 5 6

7 8 _

将之展开为一维数组 { 1,2,3,4,5,6,7,8,_ }，它的逆序对个数为偶数 0。

假设初始状态为

2 3 1

5 8 4

6 7 _

将之展开为一维数组 { 2,3,1,5,8,4,6,7,_ }，其逆序对个数为偶数 6，初始状态和目标状态的逆序对个数的奇偶性一致，故有解。

为什么会这样呢？考虑数字的移动，空格和左右相邻的数字交换并没有改变数列，因此逆序对个数的奇偶性不变。空格和上下相邻的数字交换时，该相邻的数字往前或者往后跳过两个

位置，跳过的这两个位置的数字要么都比它大（小），逆序对个数可能 ±2；要么一个较大一个较小，逆序对个数不变。所以可得出结论：只要是相互可达到的两个状态，它们的逆序对个数奇偶性相同，故初始状态与目标状态的逆序对个数奇偶性一致，则八数码问题有解。但对于 $N \times M$ 数码问题，空格在同一行交换不会导致奇偶性互变。上下行交换，如果列数为奇数，奇偶性不会互变；如果列数为偶数，会导致奇偶性互变。对于最后一种情况，我们可以计算初始状态0的位置与目标状态0的位置的差值 S，这样就可以判定奇偶性如何改变了。

启发函数使用曼哈顿距离（manhattan），即“绝对轴距总和”，用到八数码问题中，相当于计算将所有数字归位需要的最少移动次数总和。在图 9.18 中，初始状态和目标状态的曼哈顿距离为 9，即 1（7 下移 1 位）+ 1（2 上移 1 位）+ 2（4 左移 2 位）+ 3（6 右移 2 位上移 1 位）+ 2（5 上移 1 位左移 1 位）= 9。

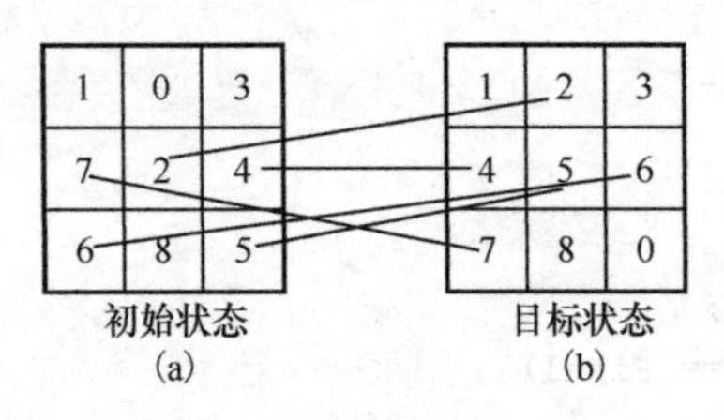

图 9.18

启发函数无论是 difference() 还是 manhattan()，都推荐将空格忽略，因为在 difference() 中空格可有可无，对整体搜索影响不大。而在 manhattan() 中，如果把空格算上，实际只会降低搜索速度。

例如图 9.19 中的两个状态，使用 difference() 启发函数时，含空格时图 9.19(a) 所需的步数比图 9.19(b) 的多 1，但不含空格时图 9.19(a) 只需 3 步即可完成，而图 9.19(b) 需要 4 步才能完成，考虑了空格反而颠倒了优先级。

使用 manhattan() 启发函数时，初始状态 1 的 manhattan 的值为 6，初始状态 2 的 manhattan 的值为 4，不但颠倒了优先级，误差也比使用启发函数 difference() 更大。

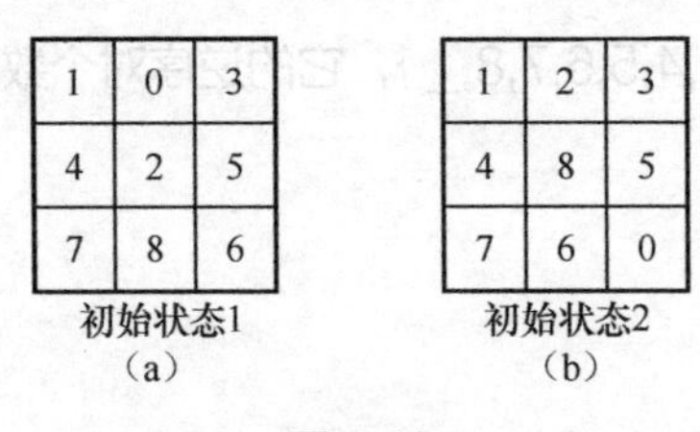

图 9.19

再来谈 IDA* 算法的特点。

IDA*（Iterative Deepening A*）在 1985 年由科尔夫 (Korf) 提出，它综合了 A* 算法的人工智能性和回溯法对空间的消耗较少的优点，在一些规模很大的搜索问题中能达到意想不到的效果。该算法的最初目的是利用深度优先搜索的优势解决广度 A* 的空间消耗过大的问题，其缺点是会产生重复搜索。

IDA* 解决八数码问题的基本思路：首先将初始状态到目标状态的 manhattan 距离值设为阈值 limit，然后进行深度优先搜索，搜索过程中若当前搜索深度 + 当前状态的 manhattan 距离值 > limit，则剪枝（一个非常重要的优化）；若仍没有找到解，则提高阈值 limit，再重复上述搜索，直到找到一个解。

在保证估价函数值的计算满足 A* 算法的要求下，可以证明找到的这个解一定是最优解。在程序实现上，IDA* 算法要比 A* 算法方便，因为不需要保存结点，不需要判重，仅需要用到深度优先搜索的堆栈，也不需要根据估价函数值对结点排序，占用空间小。

IDA* 算法的核心伪代码如下。

```
1   dfs(dep,map)                        // 深度优先搜索
2   {
3     if(dep==limit)                    // 如果深度 = 限制的步数
4       if(ok)                          // 如果找到一个解
5         输出结果
6     if(dep+manhattan(map)>limit)      // 如搜索深度 + 当前状态的 manhattan 距离值 >limit
7       return 0                        // 剪枝
8     try(up,down,left,right)           // 尝试上 / 下 / 左 / 右移动一步
9     dfs(dep+1,newmap)                 // 若成功，则产生新的状态并继续递归搜索
10    恢复原来状态
11  }
12
13  manhattan(map)                      // 计算 manhattan 距离
14  {
15    return sum(abs(map.x-goal.x)+abs(map.y-goal.y))
16  }
17
18  int main()
19  {
20    map[]={3,1,2,0,4,5,6,7,8}         // 设定初始状态
21    MAX=100                           // 设一个最大步数，假设为 100
22    limit=manhattan (map)             // 初始时的 limit 为初始状态的 manhattan 距离
23    while(!dfs(dep,map) && limit<MAX) // 深度优先搜索没成功且 limit 小于设定最大步数时
24      limit++                         // 提高 limit 的值
25  }
```

参考代码如下。

```
1   // 八数码问题 — IDA*
2   #include <bits/stdc++.h>
3   using namespace std;
4
5   const int goal[9]= {1,2,3,8,0,4,7,6,5};          // 目标状态
6   const int seat[9]= {4,0,1,2,5,8,7,6,3};          // 每个数字的目标位置
7   int step[100];                                   // 保存每一步的方向
8   int limit=-1;                                    // 深度限制
9
10  inline int Dis(int loc1,int loc2)
11  {
```

```
12      return abs(loc1/3-loc2/3) + abs(loc1%3-loc2%3);
13    }
14
15    inline int Manhattan(int state[9])
16    {
17      int ans=0;
18      for(int i=0; i<9; i++)
19        if(state[i])
20          ans+=Dis(i,seat[state[i]]);
21      return ans;
22    }
23
24    inline bool Check(int state[9])                    //判断是否成功
25    {
26      for(int i=0; i<9; i++)
27        if(state[i]!=goal[i])
28          return 0;
29      return 1;
30    }
31
32    inline bool Move(int zero, int dir, int &nxt)      //判断空格能否向dir方向移动
33    {
34      switch(dir)
35      {
36        case 0:nxt=zero-3;                             //nxt表示0移动后的位置
37               return zero>2;                          //0的位置大于2才可向上移
38        case 1:nxt=zero+1;
39               return zero%3!=2;                       //0的位置不在第3列才可右移
40        case 2:nxt=zero+3;
41               return zero<6;                          //0的位置不在第3行才可下移
42        case 3:nxt=zero-1;
43               return zero%3;                          //0的位置不在第1列才可左移
44      }
45    }
46
47    bool DFS(int state[], int zero, int dep=0)         //dep表示搜索深度
48    {
49      if(dep==limit)
50        return Check(state);
51      if(dep+Manhattan(state)>limit)
52        return 0;
53      int nxt;                                         //空格移动后的位置
54      for(int d=0; d<4; d++)       //尝试向4个方向移动，0表示上，1表示右，2表示下，3表示左
55        if((!dep || abs(step[dep-1]-d)!=2) && Move(zero,d,nxt)) //差值2为回头路
56        {
57          swap(state[zero],state[nxt]);
58          step[dep]=d;                                 //保存移动方向
59          if(DFS(state, nxt, dep+1))
60            return 1;
61          swap(state[zero],state[nxt]);
62        }
63      return 0;
```

```
64  }
65
66  int main()
67  {
68    int start[9], zero;
69    for(int i=0; i<9; i++)
70    {
71      cin>>start[i];
72      if(start[i]==0)
73        zero=i;
74    }
75    int sum=0;
76    for(int i=0; i<8; i++)                         //计算逆序对数
77      for(int j=i+1; j<9; j++)
78        if(start[i] && start[j] && start[i]>start[j])
79          sum++;
80    if(sum & 1)                                    //如果逆序对数为奇数则有解
81    {
82      limit=Manhattan(start);          //初始时的 limit 为初始状态的 manhattan 距离
83      while(limit<100 && !DFS(start, zero))
84        limit++;
85    }
86    cout<<limit<<endl;
87    return 0;
88  }
```

□ 9.2.5　魔板问题

【上机练习】魔板问题（magic）USACO

魔板由 8 个同样大小的方块组成，每个方块颜色均不相同，按顺时针方向依次写下各方块的颜色代号，例如用序列 { 1,2,3,4,5,6,7,8 } 表示图 9.20 所示的魔板基本状态。

对于魔板可施加 3 种不同的操作，分别以 A、B、C 标识，具体操作方法如图 9.21 所示。

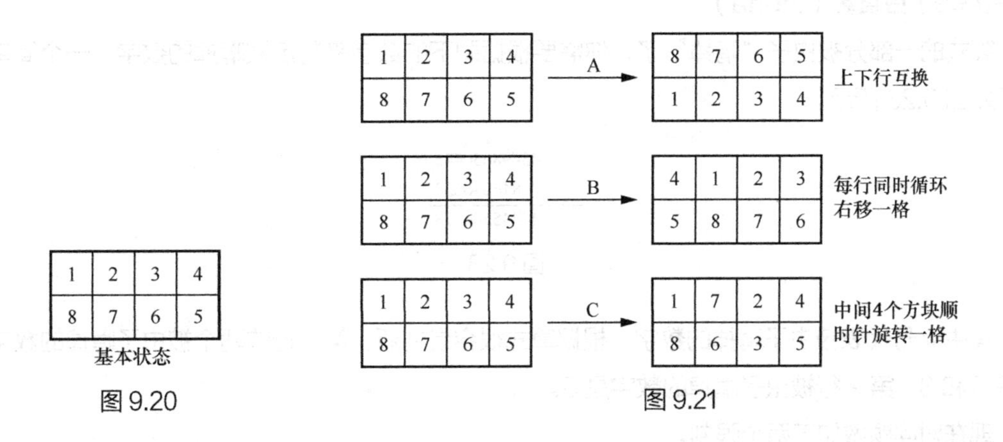

图 9.20　　图 9.21

对于每种可能的状态，这 3 种基本操作都可以使用。你要编程计算出完成基本状态到目标状态的转换所需的最少的基本操作步骤数，最后输出基本操作序列。

【输入格式】

只输入一行数据，包括 8 个整数，用空格分隔（这些整数的范围为 1 ～ 8），表示目标状态。

【输出格式】

输出的第 1 行为一个整数，表示最短操作序列的长度。

第 2 行是字典序中最小的操作序列，用字符串表示。除最后一行外，每行输出不超过 60 个字符。

【输入样例】

2 6 8 4 5 7 3 1

【输出样例】

7

BCABCCB

【样例说明】

样例输入的目标状态是由 BCABCCB 这 7 步操作获得的，如图 9.22 所示。

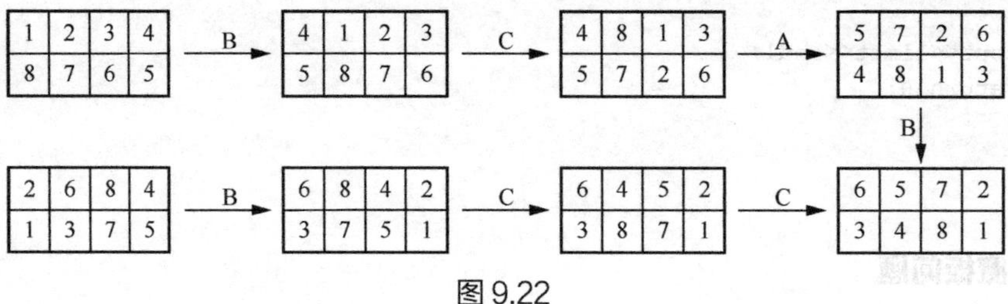

图 9.22

□9.2.6 虫食算

【上机练习】虫食算（alpha）

算式的一部分被虫子"啃掉"了，你需要根据剩下的数字来判定被啃掉的数字。一个简单的例子如图 9.23 所示。

```
  43#98650#45
+   8468#6633
-------------
  44445506978
```

图 9.23

其中 # 号代表被虫子啃掉的数字，根据算式很容易判断：第 1 行的两个被虫子啃掉的数字分别是 5 和 3，第 2 行被虫子啃掉的数字是 5。

现在对问题做如下两个限制。

首先，只考虑加法的虫食算：这里的加法是 N 进制加法，算式中的 3 个数都有 N 位，允许有前导 0。

其次，虫子把所有的数都啃光了，我们只知道哪些数字是相同的，我们把相同的数字用相同的字母表示，不同的数字用不同的字母表示。如果这个算式是 N 进制的，我们就取英文字母表的前 N 个大写字母来表示这个算式中的 0,1,…,N−1 这 N 个不同的数字，但是这 N 个字母并不一定顺序地代表 0,1,…,N−1。输入数据，保证 N 个字母至少都出现一次。

```
  BADC
+ CBDA
------
  DCCC
```

图 9.24

图 9.24 所示是一个四进制的算式。很显然，只要让 A、B、C、D 分别代表 0、1、2、3，便可以使这个式子成立了。现在，对于给定的 N 进制加法算式，求出 N 个不同的字母分别代表的数字，使得该加法算式成立。输入数据要保证有且仅有一组解。

【输入格式】

输入 4 行数据，第 1 行有一个正整数 N（$N \leqslant 26$），后面的 3 行每行为一个由大写字母组成的字符串，分别代表两个加数以及和。这 3 个字符串左右两端都没有空格，输入顺序为从高位到低位，并且恰好有 N 位。

【输出格式】

输出 N 个数字，分别表示 A,B,C…所代表的数字，相邻的两个数字用一个空格分隔，不能有多余的空格。

【输入样例】

```
5
ABCED
BDACE
EBBAA
```

【输出样例】

```
1 0 3 4 2
```

【数据规模】

对于 30% 的数据，$N \leqslant 10$；

对于 50% 的数据，$N \leqslant 15$；

对于 100% 的数据，$N \leqslant 26$。

□9.2.7　15 数码问题

【上机练习】15 数码问题（puzzle 15）UVA 10181

15 数码问题是在一个 4×4 的方格棋盘上，将数字 1,2,3,…,14,15 以任意顺序置入棋盘的各个方格中，空出一格，通过有限次移动，把一个给定的初始状态变成目标状态，如图 9.25 所示。移动规则：每次只能在空格周围的 4 个数字中任选一个移入空格。已知的是，总数为 16！的初始状态中，有一半是不可能移成目标状态的。

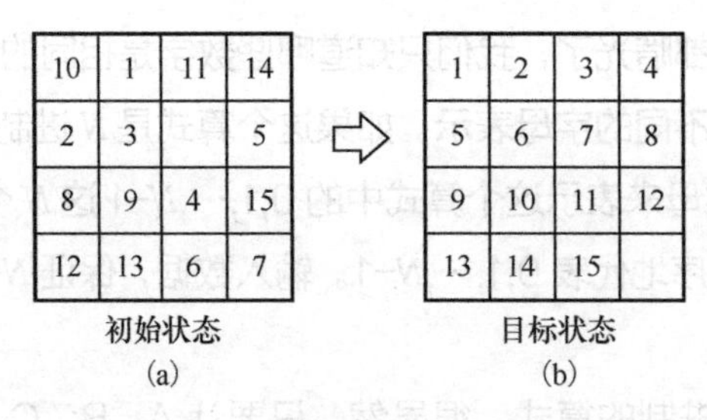

图 9.25

【输入格式】

第 1 行为一个整数 N，表示有 N 组数据，随后是 N 组 4×4 的棋盘初始状态数据。

【输出格式】

若在 50 步内不能完成，输出“This puzzle is not solvable.”，否则输出步数如样例所示。其中 L、R、U 和 D 分别代表左、右、上和下。

【输入样例】

```
2
2 3 4 0
1 5 7 8
9 6 10 12
13 14 11 15
13 1 2 4
5 0 3 7
9 6 10 12
15 8 11 14
```

【输出样例】

```
LLLDRDRDR
This puzzle is not solvable.
```

□9.2.8 靶形数独

【上机练习】靶形数独（sudoku）NOIP 2009

如图 9.26 所示，靶形数独的方格同普通数独一样，在 9×9 的大九宫格中有 9 个 3×3 的小九宫格（用粗黑色线隔开的）。在这个大九宫格中，有一些数字是已知的，根据这些数字，利用逻辑推理，在其他的空格上填入 1～9 的数字。每个数字在每个小九宫格内不能重复出现，每个数字在每行、每列也不能重复出现。但靶形数独有一点和普通数独不同，即每一个方格都有一个分值，而且如同一个靶子一样，离靶心越近则分值越高。

具体的分值分布：最里面一格为 10 分，它外面的一圈每个格子为 9 分，再外面一圈的每个格子为 8 分，接着外面一圈每个格子为 7 分，最外面一圈的每个格子为 6 分。

要求是填完一个给定的数独（每个给定数独可能有不同的填法），而且要争取更高的总分数。总分数即每个方格表示的分值和完成这个数独时填在相应格子中的数字的乘积的总和。如图 9.27 所示，在这个已经填完数字的靶形数独中，总分数为 2829。

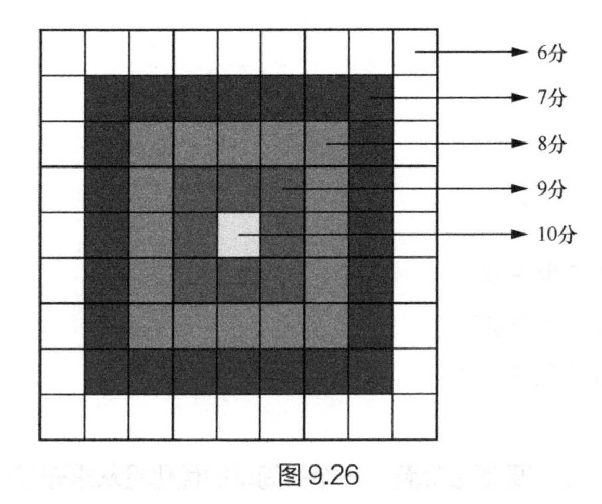

图 9.26

7	5	4	9	3	8	2	6	1
1	2	8	6	4	5	9	3	7
6	3	9	2	1	7	4	8	5
8	6	5	4	2	9	1	7	3
9	7	2	3	5	1	6	4	8
4	1	3	8	7	6	5	2	9
5	4	7	1	8	2	23	9	6
2	9	1	7	6	3	8	5	4
3	8	6	5	9	4	7	1	2

图 9.27

【输入格式】

输入 9 行数据，每行 9 个整数（每个数的取值范围都为 0 ～ 9），表示一行尚未填满的数独方格，未填的空格用“0”表示。每两个数字之间用一个空格分隔。

【输出格式】

输出靶形数独可以得到的最高总分数。如果这个数独无解，则输出 -1。

【输入样例 1】

```
7 0 0 9 0 0 0 0 1
1 0 0 0 0 5 9 0 0
0 0 0 2 0 0 0 8 0
0 0 5 0 2 0 0 0 3
0 0 0 0 0 0 6 4 8
4 1 3 0 0 0 0 0 0
0 0 7 0 0 2 0 9 0
2 0 1 0 6 0 8 0 4
0 8 0 5 0 4 0 1 2
```

【输出样例 1】

```
2829
```

【输入样例 2】

```
0 0 0 7 0 2 4 5 3
9 0 0 0 0 8 0 0 0
```

740005010
195080000
070000025
030579108
000601000
060900001
000000006

【输出样例 2】

2852

【数据规模】

对于 40% 的数据，数独中非 0 数的个数不少于 30。

对于 80% 的数据，数独中非 0 数的个数不少于 26。

对于 100% 的数据，数独中非 0 数的个数不少于 24。

【算法分析】

可以使用深度优先搜索，每搜索出一个方案即更新最优解，一个很简单的优化是从未知量少的行开始搜索，这样可以极大地减少搜索量。

更进一步的优化可以考虑位运算，为此可以定义 3 个整型数组，用 X[9] 表示每行的状态，Y[9] 表示每列的状态，Z[9] 表示每个小方阵的状态。若 X[0] = $(00100100)_2$，则表示第 1 行还有 3 和 6 这两个格子没有被填充；若 Y[1] = $(01000000)_2$，则表示第 2 列还有 2 这个格子没有被填充；若 Z[3] = $(00000000)_2$，则表示第 4 个小方阵中，所有格子都已经被填充。

若获取第 x 行、第 y 列可以填的数，用 X[x] & Y[y] & Z[x/3*3+y/3] 运算可得。

若第 x 行、第 y 列填充了一个数字 k，则标记代码如下:

```
1    X[x]^=1<<k;
2    Y[y]^=1<<k;
3    Z[x/3*3+y/3]^=1<<k;
```

因为要从可以填的数字最少的格子开始枚举，所以有必要预处理出从 $(00000000)_2$ 到 $(11111111)_2$ 所有状态的需填充数的个数。例如 $(00000000)_2$ = 0，表示所有数已填充好；$(00000100)_2$ = 1，表示还有 1 个数需要填充……定义整型数组 cnt[512]、cnt[i] = j，表示 i 的二进制状态下，有 j 个数需要填充，例如 cnt[4] = 1，因为 4 的二进制数为 $(00000100)_2$。预处理代码如下。

```
1    for(int i=0; i<(1<<9); i++)
2      for(int j=i; j; j-=j&-j)
3        cnt[i]++;
```

□ 9.2.9　扑克游戏

【上机练习】扑克游戏（landlords）NOIP 2015

某扑克游戏需要使用黑桃、红心、梅花、方块的 A ~ K 加上大、小王的共 54 张牌来进行。在这种扑克游戏中，牌的大小关系根据牌的数码表示如下：3 < 4 < 5 < 6 < 7 < 8 < 9 < 10 < J < Q < K < A < 2 < 小王 < 大王，而花色并不对牌的大小产生影响。每一局游戏中，一副手牌由 n 张牌组成。游戏者每次可以根据规定的牌型进行出牌，首先“打光”自己的手牌一方取得游戏的胜利。

现在，游戏者想知道，对于自己的若干组手牌，分别最少需要出牌多少次可以将它们打光。

需要注意的是，本题中游戏者每次可以出的牌型与一般的斗地主相似而略有不同。具体规则如图 9.28 所示。

牌型	牌型说明	牌型举例照片
火箭	即双王	王 王
炸弹	4张同点牌。例如4个A	A A A A
单张牌	一张牌，例如3	3
对子牌	2张数码相同的牌，例如对2	2 2
三张牌	3张数码相同的牌，例如3张3	3 3 3
三带一	3张数码相同的牌+一张单牌，例如3张 3+单4	3 3 3 4
三带二	3张数码相同的牌+一对牌，例如3张3+对4	3 3 3 4 4
单顺子	5张或更多数码连续的单牌（不包括2点和双王），例如单7+单8+单 9+单10+单J。另外，在顺牌（单顺子、双顺子、三顺子）中，牌的花色不需要相同	7 8 9 10 J
双顺子	3对或更多数码连续的对牌（不包括2点和双王），例如对3+对4+对5	3 3 4 4 5 5
三顺子	2个或更多数码连续的3张牌（不能包括2点和双王），例如3张3+3张4+3张5	3 3 3 4 4 4 5 5 5
四带二	4张数码相同的牌+任意2张单牌（或任意2对牌），例如4张5+单3+单8或4张4+对5+对7	5 5 5 5 3 8

图 9.28

【输入格式】

第 1 行为用空格分隔的两个正整数 T 和 n，表示手牌的组数以及每组手牌的张数。

接下来 T 组数据，每组数据 n 行，每行用一个非负整数对 a_i 和 b_i 表示一张牌，其中 a_i 表示牌的数码，b_i 表示牌的花色，中间用空格分隔。特别的是，我们用 1 来表示数码 A、11 表示数码 J、12 表示数码 Q、13 表示数码 K；黑桃、红心、梅花、方块分别用 1 ~ 4 来表示；小王的表示方法为 0 1，大王的表示方法为 0 2。

【输出格式】

输出共 T 行，每行一个整数，表示打光第 i 组手牌需要的最少次数。

【输入样例 1】

1 8
7 4
8 4
9 1
10 4
11 1
5 1
1 4
1 1

【输出样例 1】

3

【样例 1 说明】

共有 1 组手牌，包含 8 张牌：方块 7、方块 8、黑桃 9、方块 10、黑桃 J、黑桃 5、方块 A 以及黑桃 A。可以通过打单顺子（方块 7、方块 8、黑桃 9、方块 10、黑桃 J）、单张牌（黑桃 5）以及对子牌（黑桃 A 以及方块 A）用 3 次打光所有手牌。

【输入样例 2】

1 17
12 3
4 3
2 3
5 4
10 2
3 3
12 2
0 1
1 3
10 1
6 2
12 1
11 3
5 2
12 4

2 2

7 2

【输出样例 2】

6

【数据规模】

对于不同的测试点，约定手牌组数与张数的规模如表 9.3 所示。

表 9.3

测试点编号	T	n	测试点编号	T	n
1	100	2	11	100	14
2	100	2	12	100	15
3	100	3	13	10	16
4	100	3	14	10	17
5	100	4	15	10	18
6	100	4	16	10	19
7	100	10	17	10	20
8	100	11	18	10	21
9	100	12	19	10	22
10	100	13	20	10	23

输入数据保证所有的手牌都是随机生成的。

【算法分析】

为了处理方便，将 3 ~ K 用 1 ~ 11 表示，A 用 12 表示，2 用 13 表示，王用 14 表示。

暴力枚举时，可以从以下几种情况考虑。

（1）出单顺子：存在连续 5 张或更多数码连续的单牌；

（2）出双顺子：存在连续 3 张或更多数码连续的对牌；

（3）出三顺子：存在连续 2 张或更多数码连续的 3 张牌；

（4）出三带一：存在某一个数码有 3 张牌和另外的 1 张牌；

（5）出三带二：存在某一个数码有 3 张牌和另外的 1 对牌；

（6）出四带二：存在某一个数码有 4 张牌和另外的 2 张牌；

（7）出四带两对：存在某一个数码有 4 张牌和另外的 2 对牌；

（8）出单张牌：无论当前的数码剩下几张牌，都可以一次出完。

考虑单张牌和对子牌能让四带二（可先尝试四带两张单牌，再尝试四带两对牌，最后再尝试四带一对牌）、三带一（可先尝试三带一张单牌，再尝试三带一对牌）等带走，以及出单顺子、双顺子和三顺子情况下的最少次数。不用考虑如果拆牌打所需次数更少的情况，因为输入数据保证所有的手牌都是随机生成的，所以出现这种情况的概率是微乎其微的（感兴趣的读者可以考虑这种情况的处理）。

注意顺子并不是越长越好，例如手牌为 3,4,5,6,7,8,8,8,9,9，如果按（345678、88、99）来打，要打 3 次，最少的打法应该打 2 次，即（34567、88899）。所以判断顺子情况下的最少次数要逐个尝试顺子的长度。

□9.2.10 Mayan 游戏

【上机练习】Mayan 游戏（mayan）NOIP 2011

Mayan 游戏的界面是一个 7 行 5 列的棋盘，上面堆放着一些方块，方块不能悬空堆放（即方块必须放在最下面一行，或者放在其他方块之上。）游戏通关是指在规定的步数内消除所有的方块，消除方块的规则如下。

（1）每次仅可以沿横向（即向左或向右）移动某一方块一格。移动这一方块时，如果移动后到达的位置（以下称目标位置）也有方块，那么这两个方块交换位置（参见图 9.29）；如果目标位置上没有方块，那么被移动的方块将从原来的竖列中移出，并从目标位置往下掉落，直到不悬空［参见图 9.30(a) 及图 9.30(b)］。

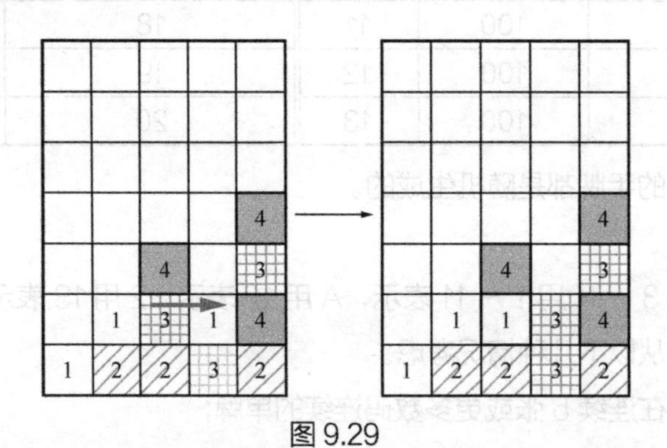

图 9.29

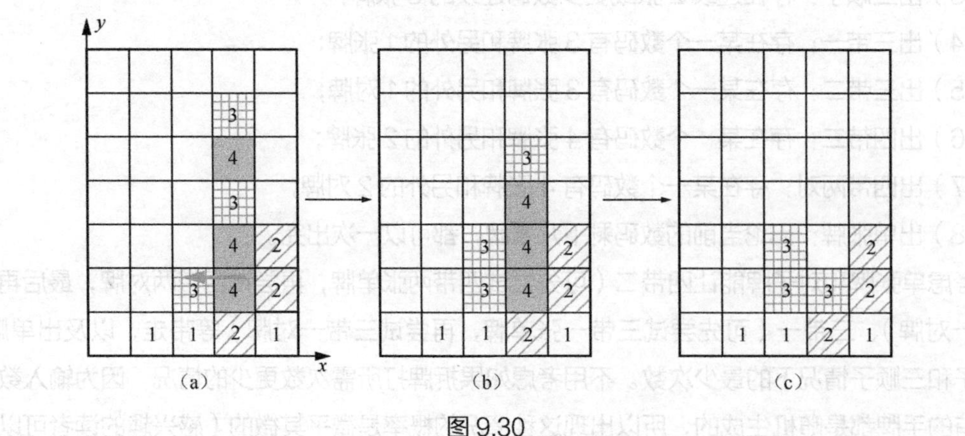

图 9.30

（2）任一时刻，如果在某一横行或者竖列上有连续 3 个或者 3 个以上相同颜色的方块，则它们将立即被消除 [参见图 9.30(a) 到图 9.30(c)]

注意事项如下。

① 如果同时有多组方块满足消除条件，几组方块会同时被消除 [例如图 9.31(a)，3 个颜色为 1 的方块和 3 个颜色为 2 的方块会同时被消除，最后剩下一个颜色为 2 的方块]。

② 当出现行和列都满足消除条件且行列共用某个方块的情况时，行和列上满足消除条件的所有方块会被同时消除 [例如图 9.31(b) 所示的情形，5 个方块会同时被消除]。

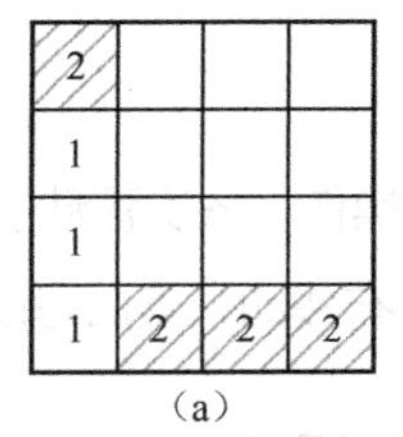

（a）

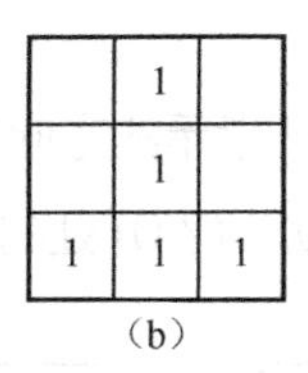

（b）

图 9.31

3 方块消除之后，消除位置之上的方块将掉落，掉落后可能会引起新的方块被消除。此外，掉落的过程中将不会有方块被消除。

图 9.30 给出了移动 1 个方块之后棋盘的变化。棋盘的左下角方块的坐标为 (0,0)，将位于 (3,3) 的方块向左移动之后，游戏界面从图 9.30(a) 变成图 9.30(b) 所示的状态。此时在一个竖列上有连续 3 个颜色为 4 的方块满足消除条件，消除连续 3 个颜色为 4 的方块后，上方的颜色为 3 的方块掉落，形成图 9.30(c) 所示的状态。

【输入格式】

输入数据共 6 行。第 1 行为一个正整数 n，表示要求游戏通关的步数。

接下来的 5 行，描述 7×5 的游戏界面。每行有若干个整数，每两个整数之间用一个空格分隔，每行以一个 0 表示输入结束，自下向上表示每竖列方块的颜色编号（颜色不多于 10 种，从 1 开始依次编号，相同数字表示相同颜色）。

输入数据保证初始时棋盘中没有可以消除的方块。

【输出格式】

如果有解决方案，输出 n 行，每行包含 3 个整数 x、y、g，表示一次移动。每两个整数之间用一个空格分隔，其中 (x,y) 表示要移动的方块的坐标，g 表示移动的方向（g 为 1 时表示方块向右移动，−1 表示方块向左移动）。注意：有多组解时，按照 x 为第一关键字、y 为第二关键字、1 优先于 −1 的规则，给出一组字典序最小的解。游戏界面左下角的坐标为 (0,0)。

如果没有解决方案，输出 −1。

【输入样例】

```
3
1 0
```

210
2340
310
24340

【输出样例】

211
311
301

【样例说明】

如图 9.32 所示，以箭头所指示的方向为顺序操作，依次移动的 3 步是，(2,1) 处的方格向右移动、(3,1) 处的方格向右移动、(3,0) 处的方格向右移动，最后可以将棋盘上的所有方块消除。

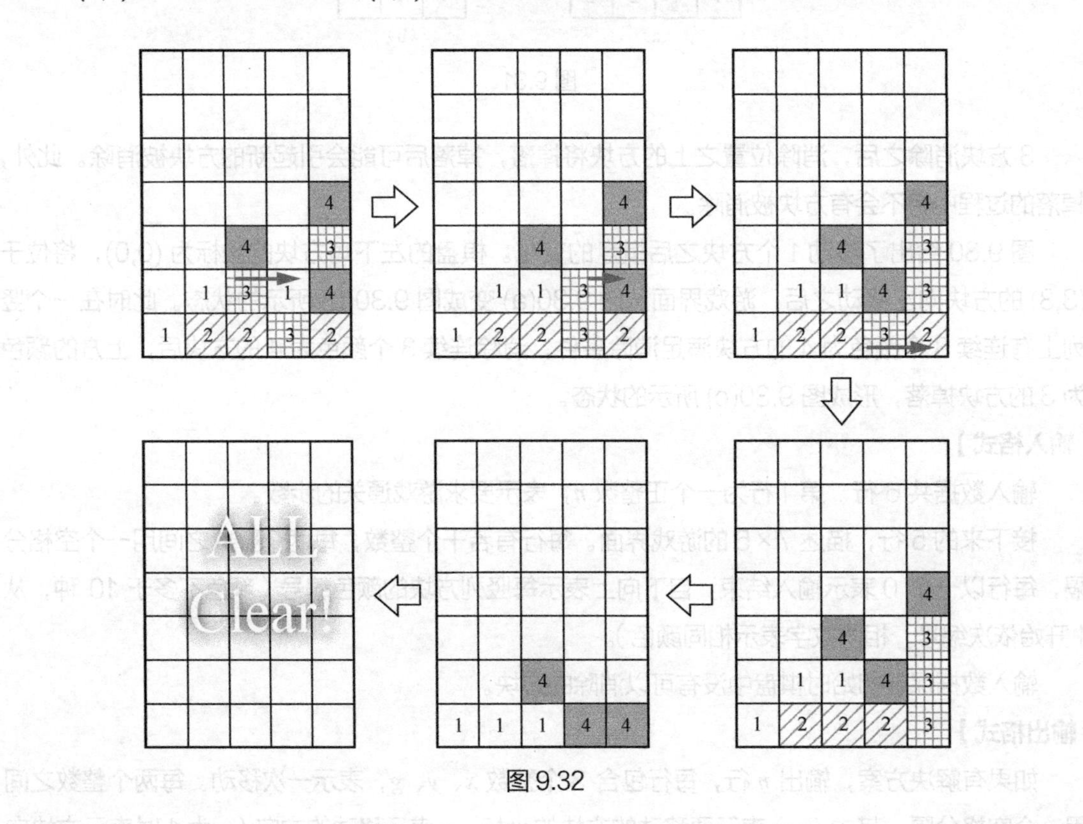

图 9.32

【数据规模】

对于 30% 的数据，初始棋盘上的方块都在棋盘的最下面一行；

对于 100% 的数据，$0 < n \leqslant 5$。

【算法分析】

如果用广度优先搜索（BFS）算法，由于状态过多，可能超内存，因此要用深度优先搜索（DFS）算法。

字典序最小其实就是你搜索到的第 1 组数据（注意搜索顺序：从上到下，先右后左，先右移后左移）。

剪枝条件如下。

如果当前状态有一种颜色的数量小于 3，那么这种颜色就无法被消除，因此可以提前退出递归。

如果两个非空的方块交换，我们只用考虑左边那个方块右移的情况，而不用考虑右边方块左移的情况，这样就能做到右移优先。

如果一个方块是空的，它的右边非空，我们就只用考虑它右边的方块左移的情况，当枚举到它右边方块的时候也不需要再考虑左移的情况。

注意消除下落方块的代码要写成循环形式。因为消除方块以后，下落形成的新状态中可能又出现了能消除的方块。